21世纪高等职业教育
数字艺术与设计规划教材

◎ 张晓景 柳金辉 主编

◎ 徐璐 金琼 胡承鑫 副主编

Maya 2014
基础教程

人民邮电出版社

北　京

图书在版编目（CIP）数据

　　Maya 2014基础教程 / 张晓景，柳金辉主编. —— 北京：人民邮电出版社，2017.4
　　21世纪高等职业教育数字艺术与设计规划教材
　　ISBN 978-7-115-44390-8

　　Ⅰ．①M… Ⅱ．①张… ②柳… Ⅲ．①三维动画软件—高等职业教育—教材 Ⅳ．①TP391.414

　　中国版本图书馆CIP数据核字（2017）第002982号

内 容 提 要

　　本书是一本介绍 Maya 2014 软件的经典教材，系统地介绍了 Maya 2014 的基础理论和实际应用技术，配合大量精美的 3D 模型和动画案例，讲解了有关使用 Maya 2014 制作 3D 模型和动画等效果的相关知识和技巧。让读者能够清晰明了地理解 Maya 2014 制作 3D 模型和动画等效果的相关技术内容，从而达到学以致用的目的。

　　本书共分为 10 章，从初学者的角度出发，全面讲解 Maya 2014 制作 3D 模型和动画等效果的相关知识，内容包括：初识 Maya 2014，Maya 2014 的相关操作，NURBS 建模技术，多边形建模，灯光技术和阴影，摄影机技术，材质与纹理技术，渲染运用，动画技术，动力学与流体。

　　本书适合作为院校和培训机构艺术专业课程的教材，也可以作为 Maya 2014 自学人员的参考用书。

　　本书提供了所有实例的源文件和素材，以及相关的视频教程，请登录人邮教育社区（www.ryjiaoyu.com）下载。

　　◆ 主　　编　张晓景　柳金辉
　　　　副主编　徐　璐　金　琼　胡承鑫
　　　　责任编辑　刘　佳
　　　　责任印制　焦志炜
　　◆ 人民邮电出版社出版发行　　北京市丰台区成寿寺路 11 号
　　　　邮编　100164　电子邮件　315@ptpress.com.cn
　　　　网址　http://www.ptpress.com.cn
　　　　北京天宇星印刷厂印刷
　　◆ 开本：787×1092　1/16
　　　　印张：18.25　　　　　2017 年 4 月第 1 版
　　　　字数：464 千字　　　2024 年 12 月北京第 4 次印刷

定价：49.80 元

读者服务热线：(010)81055256　印装质量热线：(010)81055316
反盗版热线：(010)81055315
广告经营许可证：京东市监广登字 20170147 号

前言

目前，越来越多的用户选择 Maya 2014 作为自己的开发工具，使用该软件可以在虚拟的三维空间中创建出精美的模型，并能输出精美的图像和视频动画文件。它已被广泛应用到很多领域，形成了一种趋势，因此，使用 Maya 2014 是越来越多的开发者的选择。

本书采用边学边练的方式与读者一起探讨使用 Maya 2014 进行 3D 模型和动画等效果制作的各方面知识，逐步使读者理解 Maya 2014 的相关知识，掌握使用 Maya 2014 制作3D 模型和动画等效果的方法和技巧。

本书章节安排

本书内容丰富、条理清晰，全面讲解使用 Maya 2014 进行 3D 模型和动画等效果制作的方法和技巧，不仅应用大量的实例对知识点进行深入的剖析，还结合作者多年的设计经验和教学经验进行点拨，使读者能够学以致用。本书内容安排如下。

第 1 章　初识 Maya 2014，主要向读者介绍 Maya 2014 的相关基本知识，包括它的历史、应用领域、安装操作和软件界面布局等，还详细地介绍 Maya 2014 各个领域中的新功能，让读者对 Maya 2014 有初步的了解。

第 2 章　Maya 2014 的相关操作，重点介绍 Maya 2014 软件的基本操作和对象的基本操作，包括视图的控制、创建对象、曲线捕捉、设置参考图像和背景图片等相关知识，让读者能够简单地掌握如何操作 Maya 2014 软件，为接下来几章的学习打下良好的基础。

第 3 章　NURBS 建模技术，主要介绍有关 NURBS 建模的相关知识和技巧，包括NURBS 理论知识、创建对象和编辑对象等内容，并通过多个小案例来配合讲解相应知识，使读者更加快速熟练地掌握 Maya 2014 软件中 NURBS 建模的技术。

第 4 章　多边形建模，主要介绍多边形建模的相关知识和方法，包括多边形对象的创建和编辑等，其中对编辑对象相关知识进行非常详细的讲解，并通过多种小案例来配合讲解，使读者更加全面地掌握多边形建模的技巧与方法。

第 5 章　灯光技术和阴影，介绍灯光的类型、基本操作、基本属性和各类灯光的高级属性，以及灯光的链接和阴影，普及相关摄影布光的原则，使读者能够更好地运用灯光，做出的效果更具有专业性。

第 6 章　摄影机技术，介绍摄影机的类型、基本设置和相关工具，并且介绍摄影机视图指示器、摄影机图标和操纵器，还讲解景深效果的制作方法。通过实例的讲解使读者掌握摄影机的相关设置方法和技巧。

第 7 章　材质与纹理技术，主要介绍材质和纹理的相关知识和设置方法，包括材质编辑器、类型、属性和纹理的类型、属性等。通过案例的讲解，让读者更容易掌握材质与纹理的相关知识和运用技巧。

第 8 章　渲染运用，介绍渲染的基本知识和方式，并通过实例的方式讲解关于默认渲染器、向量渲染器、硬件渲染器、电影级渲染器设置的方法，还介绍 VRay 的相关知识和使用方法，从而使读者能够更好地制作出渲染效果。

第 9 章　动画技术，主要介绍 Maya 2014 中各种制作动画的技巧和方式，还介绍时间轴的相关知识和用法，普及动画的相关常识，通过案例的搭配讲解，使读者掌握各种动画效果的制作方法和技巧。

第 10 章　动力学与流体，介绍相关动力学与流体的知识和使用方法，包括粒子系统、动力场、柔体和刚体等内容，从而使读者做出更好的效果。

本书特点

本书内容丰富、条理清晰，通过 10 章的内容，为读者全面、系统地介绍 Maya 2014 的相关知识以及使用 Maya 2014 进行 3D 模型和动画等效果制作的方法和技巧，采用理论知识和案例相结合的方法，使知识融会贯通。

- 语言通俗易懂，精美案例图文同步，通过大量 3D 模型和动画等效果的制作，帮助读者深入了解 Maya 2014。
- 实例涉及面广，几乎涵盖 3D 模型和动画等效果中所在的各个领域，每个领域下通过大量的设计讲解和案例制作，帮助读者掌握领域中的专业知识点。
- 注重设计知识点和案例制作技巧的归纳总结，知识点和案例的讲解过程中穿插大量的软件操作技巧和提示等，可帮助读者更好地对知识点进行归纳吸收。
- 每一个案例的制作过程都配有相关视频教程和素材，步骤详细，读者可轻松掌握。

本书读者对象

本书适合作为院校和培训机构艺术专业课程的教材，也可以作为 Maya 2014 自学人员的参考用书。本书配套资源包中提供了书中实例源文件、素材和相关的视频教程，请登录人邮教育社区（www.ryjiaoyu.com）下载使用。

本书由张晓景、柳金辉任主编，徐璐、金琼、胡承鑫任副主编。其中，张晓景编写了第 1 章；柳金辉编写了第 2 章、第 6 章和第 10 章；徐璐编写了第 3 章和第 8 章；金琼编写了第 4 章和第 5 章；胡承鑫编写了第 7 章和第 9 章。书中难免有疏漏之处，希望广大读者朋友批评指正。

编　者
2016 年 12 月

目 录 CONTENTS

第6章　摄影机技术　125

第7章　材质与纹理技术　144

5

目录

PART 1

第 1 章
初识 Maya 2014

本章简介

  Maya 是一款关于 3D 数字动画和视觉效果制作居世界领先的应用软件，它提供了一套全面综合的工具。本章讲述 Maya 2014 相关的基本知识，并介绍 Maya 2014 的新增功能，让读者能够对 Maya 2014 有初步的认识。

本章重点

- 了解 Maya 2014 的基本知识
- 了解 Maya 2014 的应用领域
- 掌握安装、卸载、启动和退出 Maya 2014 的操作方法
- 了解并掌握 Maya 2014 的工作界面
- 了解并掌握 Maya 2014 新增的功能

1.1　Maya 2014 简介

  Autodesk Maya 是世界顶级的三维动画软件之一，Maya 功能强大，自诞生以来就一直受到计算机动画（CG）艺术家们的喜爱。

1.1.1　有关 Maya 2014

在 Maya 推出以前，三维动画软件大部分都应用于 SGI 工作站上，很多强大的功能只能在工作站上完成，而 Alias 公司推出的 Maya 采用了 Windows NT 作为作业系统的 PC 工作站，从而降低了制作要求，使操作更加简便，这样也促进了三维动画软件的普及。Maya 继承了 Alias 所有的工作站级优秀软件的特性，界面简洁合理，操作快捷方便。

作为世界顶级的三维动画软件，Maya 在模型塑造、场景渲染、动画及特效等方面都能制作出高品质的对象，这样也使其在影视特效制作领域占据着领导地位，而快捷的工作流程和批量化的生产也使 Maya 成为游戏行业不可缺少的软件工具。

使用 Maya 的造型、动画和渲染功能，可以制作引人入胜的数字图像、逼真的动画和非凡的视觉特效，无论是胶片和视频制作人员、游戏开发人员、图像艺术家、可视化设计专业人员，还是三维爱好者，Maya 2014 都能帮助用户实现各种创意。

1.1.2　Maya 发展历史

Maya 的发展可谓久经周折，历史内容相当丰富。

1983 年，在数字图形界享有盛誉的史蒂芬、奈杰尔、苏珊·麦肯和大卫在加拿大多伦多创建了数字特技公司，用于研发影视后期特技软件。由于第一款商业化的程序是有关 anti_alias 的，所以公司和软件都称为 Alias。

1984 年，马克·希尔韦斯特、拉里·比尔利斯、比尔·科韦斯在美国加利福尼亚创建了数字图形公司，由于爱好冲浪，所以将公司起名为 Wavefront。

1995 年，Alias 与 Wavefront 公司正式合并，成立 Alias|Wavefront 公司。

1998 年，经过长时间研发的新一代三维特技软件 Maya 终于面世，它在角色、动画和特技效果方面都处于业界领先地位。

2005 年，Alias 公司被 Autodesk 公司并购，并且发布 Maya 8.0 版本。伴随着这样的一个历程，Maya 也通过版本的不断更新，经历了一次次蜕变与升华。

2010 年 3 月，Autodesk 公司发布了 Maya 2011。至此，Maya 以全新的姿态走进人们的视野。

2011 年，Autodesk 公司又在 Maya 2011 的基础上进行改进，发布了 Maya 2012。

2012 年 7 月，Autodesk 公司再次发布新版本 Maya 2013，对现有功能进行了一定的优化和更新。

2013 年 4 月，Autodesk 公司发布 Maya 的最新版本 Maya 2014，随着功能的不断改善，Maya 正变得越来越强大。

1.2　Maya 2014 的应用领域

Maya 被广泛地应用到电影、广播电视制作、动画设计、游戏可视化等各个领域，并且成为三维动画软件中的佼佼者。在众多欧美大片中都能看到 Maya 神秘的身影。Maya 以其强大的角色动画、无与伦比的动力学特效和难以置信的毛发特效，得到了众多影视公司的青睐。

● 电影特效制作

使用 Maya 制作出来的影视作品具有很强的立体感，写实能力较强，能够轻而易举地表现出一些结构复杂的形体，并且能够产生惊人的真实效果。它广泛应用于电影特效等行业中，如《加勒比海盗》《蜘蛛侠》《阿凡达》等电影中的一些影视特效就出自 Maya。

● 影视栏目包装

Maya 被广泛地应用在电视栏目包装上，通常情况下，设计师使用 Maya 软件并结合后期编辑软件制作电视栏目。

● 游戏开发

由于 Maya 自身具备了一些优势，因此成为全球范围内应用最为广泛的游戏角色设计制作软件。因为它能够快速提供直观的多边形建模和 UV 贴图工作流程，以及广泛的关键帧、非线性及高级角色动画与编辑工具。除制作游戏角色外，Maya 还被广泛应用于制作一些游戏场景。

● 建筑效果

Maya 还可以用于制作外部造型复杂的建筑，如宫殿、楼宇等。

● 可视化设计

Maya 被越来越多地应用到可视化产品的设计中，它可以极大地拓展设计师的思维空间；同时在产品和工艺开发中，还可以在生产线建立之间模拟实际工作情况以检测实际的生产线运行情况。

1.3　安装、卸载、启动和退出 Maya 2014

和其他应用程序一样，只有将 Maya 2014 安装在计算机上才能够使用。本节主要向读者介绍 Maya 2014 的安装、卸载、启动及退出操作。

1.3.1　Maya 2014 的系统要求

Maya 的系统要求包括软件要求和硬件要求。下面分别进行介绍。

● 软件要求

64 位的操作系统都支持 Autodesk Maya 2014 软件，主要包括 Windows 8 Professional Edition、Windows 7 Professional Edition、Apple Mac OS X 10.7x 或 10.8x、Fedora 14 Linux Operating System。

● 硬件要求

Autodesk Maya 2014 软件的最低硬件配置要求有：64 位 Intel 或者 AMD 多核处理器；4GB 内存（推荐 8GB）；2GB 的可用磁盘空间；具有 Microsoft Internet Explorer 或 Apple Safari 或 Mozilla Firefox 网页浏览器；3 键鼠标；认证的硬件。

由于在 Maya 的操作过程中，鼠标中键具有重要的作用，所以必须配置一个带滑轮的 3 键鼠标。

1.3.2　安装 Maya 2014

Maya 2014 的安装有点特殊，与其他软件的安装不同，而且有些用户在安装时总是出错，因此有必要在此介绍一下。

STEP 1 打开计算机，把安装人邮教育放进光驱中，也可以把安装程序复制到自己的计算机中，然后按照以下步骤进行安装即可。

STEP 2 找到 Maya 2014 的安装执行文件，使用鼠标左键双击该图标，打开 Autodesk Maya 2014 安装程序对话框，如图 1-1 所示。单击"安装"按钮进行安装。

STEP 3 打开的对话框中显示软件许可协议，选中"我接受"复选框，如图 1-2 所示。单击"下一步"按钮，继续安装。

图 1-1

图 1-2

STEP 4 在打开的安装选项对话框中输入产品序列号和产品密钥，如图 1-3 所示。单击"下一步"按钮，继续安装。

STEP 5 在打开的对话框中更改 Maya 2014 的安装路径，如图 1-4 所示。单击"安装"按钮。

图 1-3

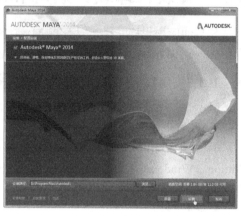

图 1-4

STEP 6 安装完成后如图 1-5 所示，单击"完成"按钮。返回到桌面，双击快捷方式图标运行 Maya 2014 软件，在弹出的对话框中单击"我同意"按钮，即可进入 Maya 2014 软件界面，如图 1-6 所示。

图 1-5

图 1-6

在安装 Maya 时，系统会同时安装 Maya 的帮助文件，它可以帮助读者快速学习该软件的使用。Maya 帮助文件系统基于 HTML 文件标准，整个帮助文件采用了模块化结构，具有完整的搜索系统，可以使用浏览器进行阅读。

1.3.3　卸载 Maya 2014

Maya 2014 可以在"添加或删除程序"窗口中进行卸载；也可以通过执行"开始>程序>Autodesk>Autodesk Maya 2014>uninstall Maya"命令来卸载 Maya 2014。

1.3.4　启动 Maya 2014

Maya 2014 的启动非常简单，只要在计算机桌面上找到 Maya 2014 的启动图标，然后使用鼠标双击即可。还有一种比较烦琐的方法，就是使用计算机窗口左下角的"开始>程序>Autodesk>Autodesk Maya 2014>Maya 2014"命令，也可以打开 Maya 2014 的工作界面。

当初次运行 Maya 2014 时，会弹出"新特性亮显设置"对话框和"教学影片"对话框，如图 1-7 所示。将对话框关闭之后方可进入到 Maya 2014 的工作界面中。

图 1-7

初次打开 Maya 时，会自动弹出"新特性亮显设置"窗口和"1 分钟启动影片"窗口，通过观看"1 分钟启动影片"窗口中的相关视频文件，可以学习 Maya 的部分基础操作。

Maya 2014 新增"新特性亮显设置"窗口，所有新增项目会以绿色高亮显示出来，方便读者学习。如果不希望每次启动 Maya 时都会自动弹出"新特性亮显设置"窗口，可以在窗口左下角取消勾选"启动时显示此"复选框；如果不希望高亮显示新特性，可在窗口左下角取消勾选"亮显新特性"复选框。

1.3.5　退出 Maya 2014

当不需要运行 Maya 2014 或者在制作完成一个项目后，就需要退出 Maya 2014，同时保存制作完成的项目，单击 Maya 工作界面右上角的关闭图标即可。如果在视图中已经制作了模型或者设置了场景，那么将会弹出一个警告对话框询问是否要保存场景，单击"保存"按钮就会保存场景，单击"不保存"按钮就会不保存场景，单击"取消"按钮就会关闭该警告对话框。

在打开 Maya 主窗口之后，还会显示一个小窗口。它显示的是 Maya 的版本和 mental ray 的版本信息。用户不必考虑它，只要关闭 Maya 主窗口，它就会自动关闭。

1.4 界面布局

根据前面介绍的方法，在计算机桌面上双击 Maya 的启动图标，就会打开 Maya 2014 的工作界面，如图 1-8 所示。

菜单栏　　　　　　　　　　　　　　　　　　　　　　标题栏
工具架　　　　　　　　　　　　　　　　　　　　　　状态栏

工具箱　　　　　　　　　　　　　　　　　　　　通道盒和层编辑

视图布局工具按钮

时间标尺
提示栏　　　　　　　　　　　　　　　　　　　　　　命令栏

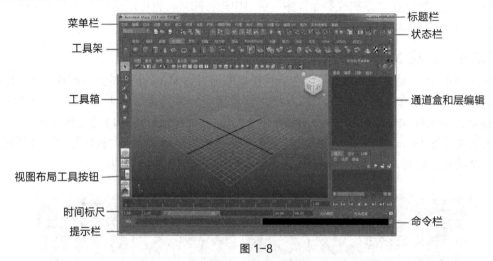

图 1-8

这是默认设置下 Maya 2014 的工作界面。中间是一个视图，也可以通过按键盘上的空格键把视图改变为四视图显示模式，它们分别是顶视图（Top）、前视图（Front）、侧视图（Side）和透视图（Persp）。在建模、设置材质、创建灯光和设置动画时，就要从这几个视图中以可视化方式进行。工作界面中工具栏、菜单栏和通道盒等，每一部分都对应着相应的功能。

1.5 Maya 2014 的工作界面

Maya 2014 的工作界面分为"标题栏""菜单栏""状态栏""工具架""工具箱"等，下面将依次介绍各部分。

1.5.1 标题栏

标题栏用于显示文件的一些相关信息，如当前使用的软件版本、文件存储路径和当前选择对象的名称等，如图 1-9 所示。如果将其隐藏，能扩大工作区域。

软件版本　　　　　　　　　　　　　　　　文件名称

文件保存目录　　　　　　　　　　当前选择对象的名称

图 1-9

1.5.2 菜单栏

菜单栏包含了 Maya 所有的命令和工具，因为 Maya 的命令非常多，无法全部在同一个菜单栏中显示出来，所以 Maya 采用模块化的显示方法，除了公共菜单命令外，其他的菜单命令都归纳在不同的模块中，这样菜单结构就一目了然。比如"多边形"模块的菜单栏可以分为3部分，分别是公共菜单、多边形菜单和帮助菜单，如图1-10所示。

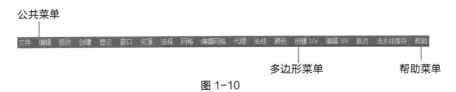

公共菜单

多边形菜单　　　　　　帮助菜单

图 1-10

常用菜单命令的作用介绍如表1-1所示。

表1-1　常用菜单命令的作用

菜　　单	作　　用
文件	该菜单命令集中包含的是与文件相关的命令，比如打开场景文件、保存场景文件、导出和退出等
编辑	该菜单命令集中包含的是对模型进行编辑的一些操作命令，比如复制、粘贴、选择、删除和成组等
修改	该菜单命令集中包含的是用于对齐模型、对齐、添加属性、编辑属性和转换等方面的命令
创建	该菜单命令集中包含的是用于创建各种几何体、灯光、曲线的命令等
显示	该菜单命令集中包含的是显示几何体、隐藏几何体、变换显示、各种界面构成元素显示和隐藏的命令等
窗口	该菜单命令集中包含的是用于显示Maya中的编辑器、窗口设置和视图设置等方面的命令
资源	该菜单命令集中的命令主要用于创建变换资源、添加资源、删除资源和设置资源编辑器等
选择	该菜单命令集中的命令用于选择点、边、面和多组件等
网格	该菜单命令集中的命令用于分离网格、提取网格和布尔等操作
编辑网格	该菜单命令集中的命令用于选择切割面工具、分割工具和滑动边等
代理	该菜单命令集中的命令包括细分曲面代理和折痕工具等
法线	该菜单命令集中的命令用于设置顶点的法线和平均化法线等
颜色	该菜单命令集中的命令主要用于对颜色集的使用
创建 UV	该菜单命令集中的命令包括平面映射、球形映射和自动映射等
编辑 UV	该菜单命令集中的命令主要是对UV的操作，包括规格化、翻转和对齐等
肌肉	该菜单命令集中的命令主要用于创建肌肉和骨骼、进行蒙皮设置、绘制肌肉权重、设置肌肉对象权重和进行装配等
流水线缓存	该菜单命令集中的命令分为Alembic缓存和GPU缓存
帮助	该菜单命令集中包含的是用于打开Maya 2014联机帮助的命令

以上是一些常用菜单命令的介绍，与它们对应的有很多组合键，使用组合键可以提高工

作效率。

1.5.3　状态栏

状态栏分为多个区域，主要包括菜单组选择器、选择模式、遮罩、吸附工具及渲染工具等，如图 1-11 所示。

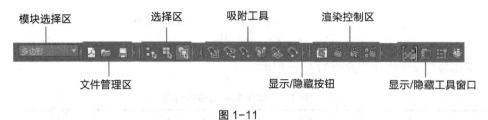

图 1-11

- 模块选择区

模块选择区用于选择在 Maya 的哪个工作模块下进行操作，如图 1-12 所示。

- 文件管理区

文件管理区用于新建、打开和保存场景文件，如图 1-13 所示。

图 1-12

图 1-13

提示　　　新建场景、打开场景和保存场景对应的组合键分别是 Ctrl+N、Ctrl+O 和 Ctrl+S。

- 选择区

三种选择模式分别是按层次和组合选择模式、组件类型选择模式和对象类型选择模式，如图 1-14 所示。如果选择不同模式，后面选择遮罩区域的内容也不同。

- 遮罩区

在选择遮罩区中，如果某个按钮处于按下状态，表示这个图标代表的物体是可以选择的，否则该类型的物体将不能被选中和编辑，如图 1-15 所示。

图 1-14　　　　　　　　　　　　　　　　　　图 1-15

- 吸附工具

将吸附按钮按下后，当场景中的物体移动时，或者在创建新的曲线、多边形平面时，物体或曲线会吸附在某种定义的物体上，如图 1-16 所示。

- 输出输入工具

使用输出输入工具，用户能够观察物体上的输出节点和输入节点，还可以对节点的解算顺序进行一定的调整，如图 1-17 所示。

图 1-16

图 1-17

- 渲染控制区

渲染控制区域集成了 4 个渲染控制工具，用户可以通过它们对场景进行渲染，如图 1-18 所示。

- 显示/隐藏工具窗口

显示/隐藏工具窗口区域一共有 4 个选项，分别是显示或隐藏建模工具包、显示/隐藏属性编辑器、显示/隐藏工具设置和显示/隐藏通道盒。其中显示或隐藏建模工具包是 Maya 2014 中的新特性，如图 1-19 所示。

图 1-18

图 1-19

1.5.4 工具架

"工具架"在状态栏的下方，显示如图 1-20 所示。

图 1-20

Maya 的"工具架"非常有用，它集合了 Maya 各个模块下最常用的命令，并以图标的形式分类显示在"工具架"上。这样，每个按钮就相当于相应命令的快捷链接，只需要单击该按钮，就等效于执行相应的命令。

1.5.5 工具箱和视图布局工具按钮

工具箱位于视图窗口的左侧，其中包含的都是按钮，比如选择按钮、旋转按钮和移动按钮等，使用鼠标左键单击这些按钮即可启用它们。另外，在视图的顶部还有一个工具架，其中包含一些基本的工具按钮。可以把鼠标指针放在这些图标上，就会显示该图标的意义。

工具箱和视图布局工具按钮的功能说明如表 1-2 所示。

表 1-2　工具箱和视图布局工具按钮的功能说明

按　钮	功　能
选择工具	单击该按钮一次，激活该工具，即可在视图中选择对象
套索工具	用于在视图中选择多个对象，类似于 Photoshop 中的套索工具
绘制选择工具	用于在视图中以画笔形式选择对象的"网格点"，选中该工具后，在视图中处于选择状态的对象即可显示出"网格点"

按　　钮	功　　能
移动工具	用于在视图中沿一定的轴向移动对象
旋转工具	用于在视图中沿一定的轴向旋转对象
缩放工具	用于在视图中沿一定的轴向缩放对象
只透视图显示	单击该按钮，工作视图只以透视图模式进行显示
四视图显示	单击该按钮，工作视图将以四视图模式进行显示，它们分别是透视图、顶视图、侧视图和前视图。这和其他的三维软件基本一致，在制作模型时，就需要使用到这 4 个视图
透视图/概略图显示	单击该按钮，工作视图将以两视图模式进行显示，它们分别是概略图和透视图
透视图/图表编辑器显示	单击该按钮，工作视图将以两视图模式进行显示，它们分别是图表编辑器和透视图

> **提示**　　与这些按钮对应的有很多组合键，比如与移动工具对应的是键盘上的 W 键，与旋转工具对应的是 E 键，与缩放工具对应的是 R 键。

1.5.6　通道盒和层编辑器

通道盒也称为通道栏或者属性栏。当在视图中创建出一个对象之后，就会在通道盒中显示出该对象的一些基本属性，比如空间坐标、比例、大小等。在对对象进行修改之后，还会在通道盒中显示出添加过的修改内容，如图 1-21 所示。

Maya 中的图层与 Photoshop 中的图层类似，在 Maya 中引入图层是为了便于对场景中对象的管理。创建好图层后，在视图中选择一个对象，在其上面单击鼠标右键，从弹出的快捷菜单中选择"添加选择对象"命令即可把该对象添加到创建的层中，如图 1-22 所示。

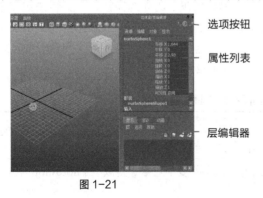

选项按钮

属性列表

层编辑器

图 1-21

图 1-22

1.5.7　时间标尺

在默认设置下，工作窗口的底部是时间标尺，如图 1-23 所示。这里是设置动画、播放动画的地方。如果制作的是静止图片，那么可能使用不到时间标尺。如果设置的动画场景过于复杂或者数据太多，那么可以输出测试性动画或者通过设置缓存来播放动画。

图 1-23

1.5.8 命令栏

在时间标尺的下面是命令栏，在这里可以输入 MEL 命令来执行一定的功能，如图 1-24 所示。

输入 MEL 命令　　　　　　　　　结果　　　　　　显示脚本编辑器

图 1-24

Maya 嵌入式语言（Maya Embedded Language，MEL）是 Maya 的一种专属语言，它的功能极其强大，很多 Maya 的功能都是借助 MEL 来实现的。

1.5.9 热键盒

在 Maya 中，不仅可以使用组合键访问一些命令，而且还独有一种快速访问各种菜单命令的方式，就是热键盒，也有人称之为浮动工具栏。只要把鼠标指针放在视图中，然后按住键盘上的空格键，即可打开图 1-25 所示的热键盒。

把鼠标指针移动到需要的菜单上单击，即可打开相应的命令菜单，然后选择自己需要的命令即可。另外，在创建对象之后，还可以在视图中使用鼠标右键单击，也可以打开快捷菜单，然后把鼠标指针移动到需要的命令选项上即可选择该命令。也有人把这样的右键快捷菜单称为标记菜单。

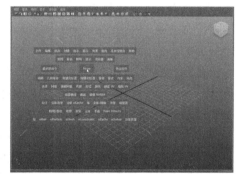

图 1-25

任何事情都有其两面性，热键盒也是如此。根据一些 Maya 用户的反映，有人很喜欢使用热键盒，而有人则不喜欢使用，因为会不小心选错了命令。但是，对这些热键命令使用熟悉了之后一般就不会出现什么问题。

1.6　Maya 2014 新功能概述

Maya 2014 提供了下一代显示技术、加速的建模工作流程，处理复杂数据的新系统，以及令人鼓舞的创意工具集。随着功能的不断改善，Maya 正变得越来越强大。

1.6.1 常用功能

下面介绍常用功能中的新功能。

● 场景集合

场景集合可以让用户从内存消耗中解脱出来，更好地处理复杂的场景。使用场景整合技术创建的新场景具有更佳的视图交互性，文件加载速度也得到了提升，从而有效解决大型场景中处理数据集过程中可能出现的问题。

● GPU 缓存

Maya 2014 的 GPU 缓存性能改进包括：GPU 缓存配置、Viewport 2.0 支持材质与渲染和导入选项。

● 新功能高亮显示

使用新功能高亮显示，可以清楚地辨别新功能和新选项。新功能和命令等都会以绿色的文字很好地标示出来。

● 场景信息

在 Maya 2014 中视图面板对许多工具、模式和操作都提供了有用的提示以及反馈，这项功能不会打断工作进程。

● 工具夹

使用工具夹可以更轻松地学习 Maya 工具方面的知识。

● Alembic 缓存

Maya 2014 中关于 Alembic 缓存的新功能有以下几项：将对象导出到 Alembic 缓存时使用"欧拉过滤器"；使用创建引用命令从 Alembic 缓存中创建文件引用；从文件菜单导入 Alembic 文件；新增了"管道缓存>Alembic Cache>导出"命令和"文件>创建引用"命令。

● 更大的 Maya 场景文件与几何体缓存空间

Maya 2014 支持在 Maya Binary（.mb）场景文件和几何体缓存中存储更大的数据，在 Windows 64 位系统中，.mb 格式的场景文件和几何体缓存文件可以超过 2GB。

● 为 Maya 节点添加元数据

一种新的元数据 API 可以让读者创建任意数量的元数据结构，它们可以被连接到节点和网格对象组件上去。

● 可用图像平面的宽高比属性

打开可用的图像平面的"属性编辑器"窗口，可以勾选"保持图像宽高比"命令，这样就可以调整可用图像平面的大小，同时又能保持原始宽高比。

● 从特定摄影机中显示可用图像平面

可以从任意一个视图中显示可用的图像平面，也可以在视图菜单中执行"显示>从摄影机中显示"命令，在摄影机视图中显示可用图像平面。

● mental ray 支持可用图像平面

使用 mental ray 渲染时，可以渲染可用图像平面。

● 忽略版本全局设置

在加载文件时，勾选"忽略版本"选项，就可以轻松导入任何版本的 Maya 文件。

● 场景文件名包含 CER 报告

环境变量 MAYA_CER_INCLUDE-SCENE_NAME 可以判定场景文件名是否包含了发送给 Autodesk 公司的 CER 报告。

● 阻止建模面板失去焦点

如果将环境变量 MAYA_FORCE_PANEL_FOCUS 设置为 0，那么当视图菜单"面板组>面板"命令中的任意窗口置于 Maya 界面上时，按下 Shift 键不会让建模面板窗口失去焦点。

● 增量保存

执行"文件>递增并保存"命令可以保存一个文件的多个副本，可以轻易地返回先前的版本。

- 在摄影机之间循环切换

如果场景中自定义的摄影机，可以在任意一个视图面板中执行"视图>在摄影机之间循环切换"命令，切换摄影机。

- 为当前视图创建新摄影机

在当前视图中执行"视图>从视图中创建摄影机"命令，或使用组合键 Ctrl+Shift+C，可以创建一台新的摄影机。

- 边界框模式的渲染效果

在默认渲染模式和 Viewport 2.0 渲染模式中，如果设置为边界框模式，则渲染关节、摄影机、灯光和图像平面都会以线框的形式渲染出来。

- 粗线效果

打开"参数"窗口，在"显示"中可以设置"线条宽度"属性，这样就可以更粗的线条在场景中进行绘制了。

- 1 分钟启动影片的多语言支持

1 分钟启动影片支持英语、日语和简体中文 3 种语言。

- 绘制自定义属性

可以使用 3D 绘制工具直接在模型上绘制自定义的数字属性。

1.6.2 基础

Maya 2014 在基础菜单中的新增功能。

- 转换几何体到边界框

执行"修改>转换>转换几何体到边界框"命令，可以将几何体烘焙为边界框并指定颜色，这对于快速减少场景中的细节层级非常有用。

- 新增"文件路径编辑器"

执行"窗口>常规编辑器>文件路径编辑器"命令，打开"文件路径编辑器"窗口，可以直接在 Maya 中管理场景的文件路径，并在"文件路径编辑器"中列出所有被使用文件的路径，还提供了修复路径问题的工具。

- 编辑器布局改进

对"大纲""资源编辑器""图标"编辑器的布局进行了更新，变得更简洁。

- 导航"大纲"窗口

可以使用 Alt+鼠标中键平移"大纲"窗口。

- "属性编辑器"改进

在"属性编辑器"中，可以取消勾选"显示"菜单中新增的"显示记录"命令来禁用记录。

- 属性扩展清单

在属性扩展清单中新增了一个属性过滤器，可以快速过滤出想要的属性。

- 工具架下拉菜单新增选项

工具架下拉菜单中新增了一个子菜单"导航工具架"，可以在前一个/下一个工具架之间切换，或者直接跳转到所选工具架。

- 超图连接显示

在超图中使用"显示来自所选对象的连接"和"显示到所选对象的连接"命令，可以对连接进行过滤。

● 新增正交摄影机

在视图窗口中执行"面板组>正交"命令，可以创建前视图、后视图、右视图、左视图、仰视图、顶视图和底视图。

1.6.3 文件引用

● 对引用属性进行锁定/解锁操作

打开"参数窗口"，在"文件引用"中勾选"允许锁定和解除锁定针对引用属性的编辑"选项，可以锁定属性值。另一种方法是在"鼠标编辑器"窗口中单击鼠标右键，在弹出的菜单中选择"锁定属性"命令。

1.6.4 动画

Maya 2014 在动画中的新增功能。

● 油性铅笔工具

"油性铅笔工具"可以让用户在屏幕上绘制标记，可以使用油性铅笔来合成镜头或背景，绘制动作线，而且不会破坏画面。

● 非线性动画改进

该项的改进内容包括：角色集支持更复杂的角色；片段匹配得到改进；片段重影可以显示更多的姿势；可以轻松查看所有角色集的轨迹。

● "重定时工具"改进

根据用户提供的反馈，Maya 2014 中的"重定时工具"得到了进一步改进，变得更易使用。通过放置和拖动直观的重定时标记，可以更改动画序列中关键帧的位置。

1.6.5 角色动画

Maya 2014 在角色动画中的新增功能。

● 关节对称

在"关节工具"面板中增加了新功能，可以创建对称的关节和关节链。

● 自动关节居中

开启"捕捉到投影中心"选项，可以自动将模型的关节居中。这种捕捉模式对于创建骨骼关节和关节链时格外有用，同时也可用来创建或修改任何类型的对象。

● "弯曲变形器"曲率单位改为度

执行"创建变形器>非线性>弯曲"命令，打开"创建弯曲变形器"窗口，可以发现"曲率"属性的单位由"弧度"变为"角度"，从而可以更加方便地输入想要弯曲的数值，曲率的取值范围为−230～230。

● 小权重扩散限制

在"平滑绑定"选项窗口中和 SkinCluster 节点中新增了"权重分配"属性，可以有效地防止在使用默认的交互式法线模式下绘制权重时发生潜在的不想要的权重扩散。

● "绘制蒙皮权重工具"改进

Maya 2014 对"绘制蒙皮权重工具"进行了改动，可锁定操作，这样在工作时权重就不会由于误操作而发生改变了。

● 在动画层新建 HumanlK 控制装配

在动画层中单击"从选定对象创建层"按钮，可以为一个新的动画层添加一整套HumanlK控制装配。这个功能替代了"角色控制"菜单按钮中的"添加到动画层"菜单项。

1.6.6　建模

Maya 2014在建模中的新增功能。

● "建模工具包"

Maya 2014新增"建模工具包"，其中包含网格编辑和创建工具、预选择高亮工具、顶点锁定等工具，读者可以快速地在它们之间切换，大大加快了工作流程的速度、精准度和效率。

● 折痕集编辑器

执行"编辑网格>折痕集编辑器"命令，打开"折痕集编辑器"窗口，可以编辑折痕值进行更精确的控制。

● "减少"命令改进

执行"网格>减少"命令，可以减少多边形数量。Maya 2014采用了一种更快、更高效的算法，可以通过移除不需要的顶点，但不影响对象的基本形，从而减少多边形的数量。读者可以保持现有多边形线条不变，按百分比或顶点数或三角形数来简化网格模型。

● 编辑边界流

执行"编辑网格>编辑边界流"命令，启用新增的"编辑边界流"工具，可以在保持周围的网格曲率不变的情况下更改边线的曲率。

● 滑动笔刷

雕刻几何体工具中新增一个滑动笔刷，可以在保持曲线现有形状的同时沿着笔刷方向滑动顶点。

● 保持法线

执行"修改>冻结变换"命令，打开相应的选项窗口，其中的"保持法线"选项得到了更新，可以确保所有变换都沿着正确的方向，不会发生翻转或负向缩放。

● 顶点颜色可见性

打开"参数"窗口，其中建模中的"转化显示"选项已经被"自动顶点颜色显示"替换，可以自动地根据不同情况，让场景中的顶点可见。

● 自定义硬边颜色

使用MEL脚本自定义硬边、法线、切线和binormal的颜色。

● "法线大小"更新

执行"显示>多边形>法线大小"命令，打开"法线大小"窗口，Maya 2014中该数值范围已变更为0.02～10.00。

● 对齐摄影机到多边形

在面板菜单中执行"视图>对齐摄影机到多边形"命令，可以将当前的摄影机与所选的多边形面进行对齐。

● 选择类似的多边形组件

在组件模式在，执行"编辑>选择类似对象"命令可以选择与当前所选对象类似的多边形组件。在对象模式中，这个命令可以选择属于同一节点类型的其他对象。

● 新顶点法线方法

打开"参数"窗口，在"建模"中可以设置"默认顶点法线方法"，从而确定顶点法线权重的默认方法。

● 多组件选择

在鼠标右键菜单中新增"多组件"选项，可以快速选择面、顶点和边，省去了需在不同模式间切换的麻烦。

1.6.7　画笔特效

Maya 2014 在画笔特效中的新增功能。

● 曲面交互

画笔特效属性增强了曲面交互效果和几何体的碰撞效果。通过设置"曲面捕捉"和"曲面吸引"属性，可以将画笔特效笔刷拉向对象，从而使笔刷精确地沿着曲面的轮廓运动。开启"曲面碰撞"效果能够让画笔特效笔刷和曲面上的点发生碰撞。

● "占有曲面"和"占有量"

Maya 2014 新增了"占有曲面"和"占有量"属性，使用这两个属性，可以在画笔特效笔刷和直线修改器的帮助下创建更逼真的树叶。无论是浓密的灌木丛、精细的爬藤、树叶的细节，还是其他的生物类型，这两种属性都能够很好地表现出来。

● "使碰撞"选项

"画笔特效"菜单中添加了"使碰撞"选项，可以在画笔特效笔刷和选定几何体之间发生碰撞，这对于创建草丛中的足迹、碰撞的雨滴等效果很有帮助。

● 随机的树叶和花朵大小

"画笔特效笔刷设置"窗口中新增了"树叶大小随机"和"花大小随机"两个属性，可以轻松地为树叶和花朵增加随机大小效果，而不用对每一片叶子和花瓣进行修改，或者使用复杂的工作流程。

● 直接修改器填充对象

执行"设置修改器填充对象"命令，可以在直线修改器效果的基础上创建不规则形状的边界框，这对于创建特定形状的树枝效果十分有用。

1.6.8　动力学和 n 动力学

Maya 2014 在动力学中的新增功能。

● n 头发改进

通过改进工作流程，可以基于变形的 n 布料对象的基础上创建 n 头发系统，可以将这两者结合起来创建非常逼真的皮毛大衣效果、毛绒生物效果等。

"禁用毛囊动画"属性可以不解算头发毛囊就直接播放模拟效果，这一新功能对于一个拥有大量带毛囊动画的头发系统很有帮助，性能得到了显著提升。

在创建 n 头发时，可以勾选"与网格碰撞"选项，它会自动将选择的网格转换为被碰撞对象，在头发系统和 Nucleus 解算器之间产生内部连接。这样解算器在模拟的初始帧时就有了毛囊位置的信息，在模拟动态表面上的 n 头发时效果显著。

执行"n 头发>删除头发"命令，可以删除使用头发曲线、"画笔特效"制作的头发，但并不移除其他的头发系统节点。

● 组件 n 约束更新

组件 n 约束可以控制 n 布料网格模型的拉伸和弯曲。使用组件 n 约束可以模拟服装上的橡皮筋、T 恤的立领、裙子上的自然褶皱等。

● 流体效果新增内容

"填充对象体积"属性可以将流体注入选定几何体内部，"开始帧发射"属性可以不经过设置初始状态就发射流体。这两个属性也使得在初始帧创建喷发效果变得更简单。

● 图标重新设计

n 动力学对象的图标都经过了重新设计，读者可以在"节点编辑器"和"大纲"中清楚地找到 Nucleus 对象、dynamicConstraint 节点和 n 头发毛囊。

● 新增.mcx 缓存格式

可以使用新增的.mcx 缓存文件创建更大的 n 缓存文件。通过设置.mcx 缓存格式可以保存超过 2GB 的文件，如高分辨率的流体效果等。之前的 n 缓存文件最大不能超过 2GB。

● 输入吸引方法

Maya 2014 中新增了一种输入吸引方法，读者可以指定一个 n 布料网格模型上的部分点参与模拟解算

1.6.9　渲染和渲染设置

Maya 2014 在渲染中的新增功能。

● Viewport 2.0 新特性

Viewport 2.0 支持 Windows 64 位系统上的 DirectX11 渲染引擎。在 Viewport 2.0 渲染环境中，可以在 DirectX11 或 OpenGL 模式之间切换，Viewport 2.0 还支持新的着色器和节点、mental ray 对象、NURBS 对象等。可在 Viewport 2.0 中查看场景

● mental ray 统一采样

打开"渲染设置"窗口，在 mental ray 渲染器的"质量"选项卡中找到"采样模式"选项，其中新增了"统一采样"，它是通过智能地对场景进行采样，减少了调整局部灯光、着色器和对象采样设置的需求。使用"统一采样"时，可以同时创建一个诊断性帧缓存，将其存储在.exr文件中。可以在这个帧缓存中分析采样率，查看每像素采样数和每像素渲染时间。

提示　　mental ray 渲染预设已经从"质量"选项卡中移动到了"预设"菜单中。

● Viewport 2.0 模式中为顶点着色

可以在 Viewport 2.0 模式中为顶点绘制颜色。

● "跳过现有帧数"属性

打开"渲染设置"窗口，切换到"公用"选项卡，在"帧范围"卷展栏中新增"跳过现有帧数"选项，如果勾选该选项，则渲染器会检测并跳过已渲染的帧，节省渲染时间。

● 支持自定义硬件着色器

Maya 2014 支持源自 MPxHwShaderNode 的硬件着色器。可以执行"照明/着色>传递贴图"命令来将一张着色输出贴图烘焙到另一个对象上。

● mental ray 渲染疑难解答

当使用 mental ray 进行批量渲染出错时，可以使用新增的渲染标志从头开始重新对帧进行解析。

● mental ray version 3.11 版

Maya 2014 使用 mental ray 3.11 版。

1.7 本章小结

本章介绍有关 Maya 2014 的基本知识和新增功能，包括 Maya 的使用、用途及其安装流程等。由于 Maya 功能比较强大，涉及的内容也比较多，读者初次接触 Maya 时，可能不知道从何处着手，因此必须首先对它有一个初步的认识，才能够更好地学习它。

1.8 课后测试题

一、选择题

1. Maya 2014 是 Autodesk 公司哪年发布？（   ）

    A. 2012   B. 2013   C. 2011   D. 2014

2. Maya 2014 中新增什么窗口？（   ）

    A. 新特性高亮设置   B. 1 分钟启动影片

    C. 设置   D. 帮助

3. Maya 2014 在哪些方面新增了功能？（   ）（多选）

    A. 动画   B. 渲染设置   C. 画笔特效   D. 建模

二、判断题

1. Maya 四种视图分别是仰视图、前视图、侧视图和主视图。（   ）

2. 1 分钟启动影片支持英语、日语和简体中文 3 种语言。（   ）

3. 由于在 Maya 的操作过程中，鼠标中键具有很重要的作用，所以必须配置一个带滑轮的 3 键鼠标。（   ）

三、简答题

1. 简单介绍 Maya 2014 可以在哪些领域应用？

2. 简单介绍 Maya 2014 在动画中新增的功能。

PART 2

第 2 章
Maya 2014 的相关操作

本章简介

  Maya 是当前最为流行的一种三维动画制作软件,从它产生的第一天就获得了各界极高的赞誉。现在,Maya 在原有基础上发布了 Maya 2014,使其功能又一次飞跃。本章主要介绍 Maya 2014 的相关操作。希望通过这些操作,读者能够对 Maya 有进一步的认识和了解。

本章重点

- 了解 Maya 中的基本操作
- 理解并掌握改变视图的类型
- 掌握对象的基本操作
- 了解关于曲线捕捉
- 了解并掌握背景图片和组合键等相关操作

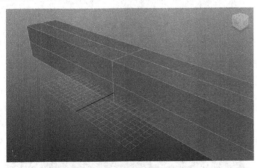

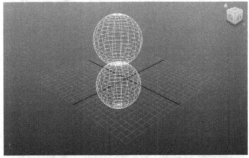

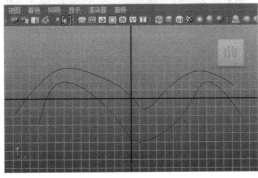

2.1 Maya 2014 中的基本操作

本节介绍在 Maya 中的一些关于文件的基本操作，比如保存与打开文件的操作，复制模型和合并场景元素的操作等。这些基本操作必须要掌握。

2.1.1 项目窗口

开始工作之前，为了更好地管理项目及相关的各种文件，首先需要新建一个项目，使用项目可以对各类文件进行分类保存和管理，方便后期使用。

> 在使用 Maya 制作一个较大的动画项目时，涉及的各类文件数量巨大。在这种情况下，对所有文件进行清晰的分类和有条理的管理是非常重要的，而项目可以帮助我们实现这一目的。

执行"文件>项目窗口"命令，弹出"项目窗口"对话框，如图 2-1 所示。"项目窗口"对话框分为上下两个部分，上方的"当前项目"和"位置"可以用来定义新建项目的名称及路径。在"当前项目"文本框中可以使用系统默认的 default 设置，也可以单击后方的"新建"按钮创建新项目。单击"位置"后方的 📁 按钮，可在弹出的窗口中设置项目的保存路径。

"项目窗口"对话框下方的"主项目位置"卷展栏列出了当前的主项目目录，如图 2-2 所示。默认情况下 Maya 会创建这些目录，也可以重新为其命名，或者单击各目录后方的 📁 按钮，更改保存名称和路径。

图 2-1

图 2-2

"转换器数据位置"卷展栏列出了项目转换器数据的位置，如图 2-3 所示。"自定义数据位置"卷展栏列出了新创建的自定义项目的位置，如图 2-4 所示。单击"添加新文件规则"按钮，在弹出的"输入新文件规则"对话框中可以新建自定义项目。所有项目都设置完毕后，单击对话框左下方的"接受"按钮，保存当前设置。

这样，Maya 项目就被分类且自动保存在这个文件夹中了，可以方便今后的查找与操作。

图 2-3   图 2-4

2.1.2 新建与保存 Maya 2014 场景

按照通用的制作流程，在新建了项目文件之后，就可以新建场景，开始实际的工作了。首先来介绍一下新建场景操作。新建场景就是创建一个新的场景文件或者清空遗留的场景文件，从而开始一项新的任务。执行"文件>新建场景"命令，或者按组合键 Ctrl+N，新建一个场景。这个场景是在默认设置下创建的。

如果需要设置新建场景的某些参数，可以单击"新建场景"命令后方的口按钮，弹出"新建场景选项"窗口，如图 2-5 所示。在该窗口中可以根据需要对新建的场景进行一系列的设置。通常要对"默认工作单位"中的"时间"及"默认时间滑块设置"中的"播放开始/结束"和"动画开始/结束"参数进行设置，如果勾选"不要重置工作单位"选项，则会使用默认的单位进行设置。设置完成后单击"新建"按钮创建新的场景，单击"应用"按钮保存新建场景。

当创建完一个场景或者暂时中断创建该场景时，就需要把正在创建的场景保存起来。有两种方法可以保存 Maya 文件，一种方法是执行"文件>保存场景"命令，另一种方法是使用键盘组合键 Ctrl+S，都会打开"另存为"对话框，如图 2-6 所示。在该对话框中设置保存的路径，也就是设置保存在哪个磁盘的文件夹中，再设置好保存的文件名称，然后单击"另存为"按钮，这样就可以把创建的场景保存起来了。

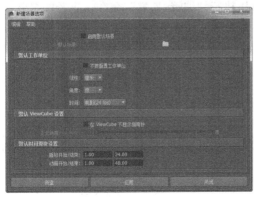
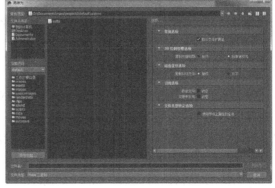

图 2-5   图 2-6

读者可以尝试通过在工具架中单击 中的一个工具按钮，在一个视图中单击并拖动来创建一个简单的基本体模型后进行保存。

如果需要把一个场景另外保存一份，那么可以执行"文件>场景另存为"命令，就会打开"另存为"对话框。在该对话框中设置好保存的路径和文件名就可以了。

在保存自己创建的文件时，最好能够把文件保存在特定的磁盘中，并在特定的磁盘中创建特定的文件夹，为文件夹设置一个比较特殊的名称，以便在以后需要时可以随时找到它们。

2.1.3　打开 Maya 2014 文件

如果想继续制作或者查看已经保存并关闭的文件，那么就需要把它再次打开。只要执行"文件>打开场景"命令，或者按组合键 Ctrl+O，就会弹出"打开"对话框，如图 2-7 所示。在该对话框中找到并选定需要打开的文件，然后单击"打开"按钮，就可以把创建好的场景在 Maya 2014 中重新打开了。

图 2-7

2.1.4　合并场景

在以后的创建工作中，会经常需要把多个已经创建好的场景合并到一起，这个操作是非常有用的。

首先打开一个场景，然后执行"文件>导入"命令，则会弹出"导入"对话框，如图 2-8 所示。然后选定好需要的场景名称，再单击"导入"按钮，即可把两个场景文件合并在一起。

当两个场景中的对象名称或者材质名称相同时，需要重新命名对象的名称或者材质的名称。

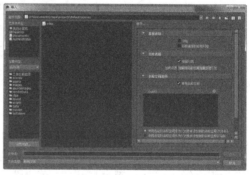

图 2-8

当操作有误或者出现错误时，可以执行"编辑>撤销"命令，或者按组合键 Ctrl+Z，这样可以后退一步，执行多次则可恢复多步。

2.1.5　文件归档

文件归档功能，是为了确保用户之间互传文件的正确性。这一点对于多人合作项目是非常有用的。

文件归档就是将场景文件和相关的文件打包为一个.zip 文件。在文件归档之前必须先将场景保存，否则归档场景命令将失效。

例如，对当前一个名称为某某的场景文件进行归档。执行"文件>归档场景"命令，弹出"归档场景选项"对话框，如图 2-9 所示。如果勾选"包含卸载引用的外部文件"选项，则与卸载文件引用关联的所有文件（如纹理）都会包含在归档中。文件归档之后，可以在保存的路径中找到归档之后的.zip文件，如图2-10所示。

图2-9   图2-10

2.2 视图控制

Maya的视图控制非常简单、方便，按键盘上的空格键就可以进行单视图和多视图的切换，使用Alt键与鼠标左键、中键或右键组合就可以对视图的工作区进行翻转、平移或缩放等操作。

2.2.1 空间视图切换

打开Maya，默认的是单视图显示方式，如图2-11所示。用鼠标激活此视图窗口，按空格键，即可切换到标准的四视图显示方式，只是每个视图都变小了，如图2-12所示。随意选择顶视图、前视图、侧视图，单击鼠标左键，将该视图激活，然后按空格键，该视图就会以最大化方式来显示。

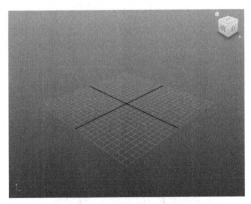

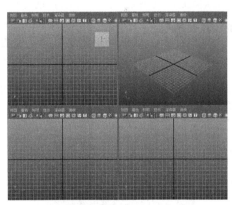

图2-11   图2-12

在对视图的操作中，往往不只使用单视图或者四视图这两种方式，通常也会使用二视图或三视图，并且视图的排列方式及大小可以改变。在视图菜单中执行"面板>布局"命令，就可以得到视图的任意布局。

2.2.2 窗口和编辑器切换

在通常情况下，我们不仅需要在空间视图之间进行切换，有时候也要切换到一些非空间视图，例如，切换为曲线图编辑器、材质编辑器、UV 纹理编辑器等以方便操作。

在视图菜单中执行"面板>面板"命令，可以将当前视图切换为编辑器，如执行"面板>面板>曲线图编辑器"命令，场景就会切换到曲线图编辑器中，如图 2-13 所示。

在视图菜单中执行"面板>保存的布局"菜单中的子命令，可以设置多种视图窗口、编辑器的组合布局类型。如执行"面板>保存的布局>材质编辑器/大纲视图/透视"命令，就能得到图 2-14 所示的界面。

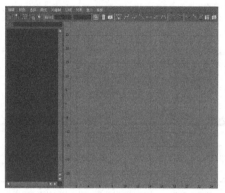

图 2-13

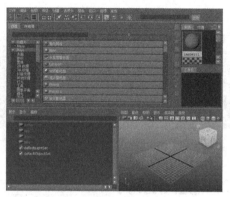

图 2-14

提示　　也可以通过执行"窗口>视图布局"命令或者在视图菜单中执行"面板>面板编辑器"命令，得到以上布局方式，结果完全相同。

2.2.3　改变视图的类型

根据工作需要，有时要把顶视图改变成前视图，或者把前视图改变成顶视图或者其他视图，以便更好地观察场景。下面就通过一个简单的例子介绍如何把侧视图改变成前视图。

自测
1

实现侧视图改变成前视图
源文件：人邮教育\源文件\第 2 章\2-2-3.mb
视　频：人邮教育\视频\第 2 章\2-2-3.swf

STEP 1 新建场景，在视图中创建一个球体，如图 2-15 所示。执行"面板>正交>side"命令，将侧视图激活，如图 2-16 所示。

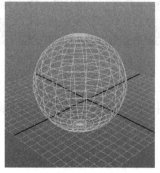

图 2-15

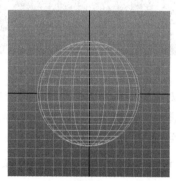

图 2-16

STEP 2 继续在视图命令栏中执行"面板>正交>front"命令，如图 2-17 所示。执行命令后，就可以将侧视图转换成前视图，如图 2-18 所示。

图 2-17

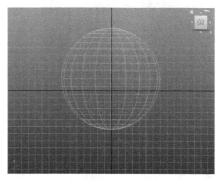

图 2-18

STEP 3 使用同样的操作方法，可以把一个现有视图改变为任意视图，比如把顶视图改变为透视图，效果如图 2-19 所示。

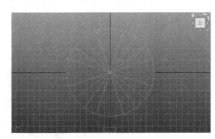

图 2-19

提示　可以把鼠标指针移动到其中的任意一个视图中，然后轻按键盘上的空格键使某个视图最大化显示。再次按空格键就可以把最大化显示的视图恢复为原来的状态。

2.3 创建基本的对象

可以观察一下周围的对象，它们有的是规则的形状，有的是不规则的形状。不过，不规则的形状也是由规则的形状演变而来的。下面将通过一个立方体的创建过程来演示基本体的创建。使用立方体创建的模型比较多，比如在制作建筑效果时，墙体、地面、顶及桌面等，一般都是使用立方体创建的。

自测 2	创建多边形立方体
	源文件：人邮教育\源文件\第 2 章\2-3.mb
	视　频：人邮教育\视频\第 2 章\2-3.swf

STEP 1 新建场景，执行"创建>多边形基本体>立方体"命令，弹出"工具设置"对话框，设置如图 2-20 所示。关闭"工具设置"对话框，在视图中单击，可在视图中生成一个线框模式的立方体，如图 2-21 所示。

26

图 2-20

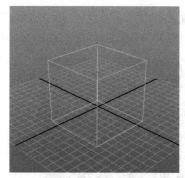

图 2-21

提示 注意，要单击"立方体"命令后面的小方框才能打开该对话框。

STEP 2 继续执行"创建>多边形基本体>立方体"命令，在弹出的对话框中将宽度、高度和深度的分段数都设置为 2，效果如图 2-22 所示。按键盘上的 5 键，透视图中的立方体将会改变成实体模式，如图 2-23 所示。

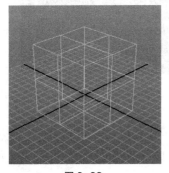

图 2-22

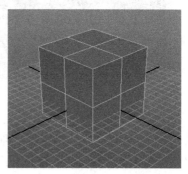

图 2-23

提示 也可以通过单击工具架中的"多边形立方体"按钮来进行创建。

STEP 3 还可以在右侧的通道盒中通过设置参数来改变对象的大小。单击"缩放 X"选项后的数字，将其修改为 8，如图 2-24 所示。在视图中看到的立方体效果如图 2-25 所示。

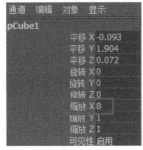

图 2-24

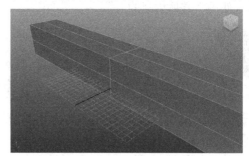

图 2-25

> **提示**　可以使用"缩放工具"调整模型的大小，也可以在工具架中单击"多边形立方体"按钮，然后在视图中单击并拖动来创建长方体，当然，也可以使用这样的方法来创建其他模型。

当创建的模型大小不合适或者不正确时，就可以采用这样的方法来修改模型的大小。其他基本体的创建方法与立方体的创建方法是相同的，比如圆柱体、圆环、球体等。

2.4　对象的基本操作

本节将介绍如何在场景中操作所创建的模型，比如对象的选择、移动、缩放、复制、组合及对齐，这些操作知识是非常重要的，必须要掌握这些基本操作技能，因为这些技能在以后的制作中是必须要使用的。

2.4.1　选择对象

在 Maya 中，选择对象是最为重要的一环，几乎所有的操作都离不开选择这一操作。而且选择的方法也有多种，下面详细介绍各种选择对象的方法。

在 Maya 的工具栏中，有一个按钮，它的名称是"选择工具"。使用该工具可以选择一个对象，也可以选择多个对象。下面分别进行讲解。

如果选择一个对象，那么只需要在场景中单击需要选择的对象即可，在默认设置下，视图中选中的对象将会以绿色显示，如图 2-26 所示。如果想取消选择该对象，那么在其外侧单击即可，如图 2-27 所示。

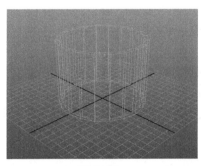
图 2-26

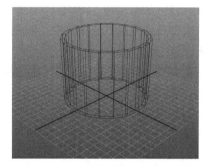
图 2-27

如果要选中多个对象，则可以使用框选方式。如果视图中的对象很多，但是只选择其中相互交叉的几个，那么可以使用"套索选择工具"。如果想同时取消多个对象的选择，那么可以在视图的空白处单击。这种方法是最常使用的一种方法。

另外，还可以使用"移动工具""旋转工具"和"缩放工具"进行选择，其方法将在接下来的内容中进行介绍。

2.4.2　移动、旋转和缩放对象

在 Maya 中，移动、旋转和缩放场景中的模型也是非常重要的基本操作，这些操作都是使用专门的工具来实现的。

● 移动对象

如果要移动场景中的对象，则需要使用工具箱中的"移动工具"。首先要选择该工具，并在不同的视图中选择该对象，然后按需要沿一定的轴向拖动移动手柄就可以了。

可以通过键盘上的 W 键来激活"移动工具"，用户可以把对象移动到视图中的任意位置。

● 旋转对象

旋转场景中的对象需要使用工具箱中的"旋转工具" 。在旋转对象时，只需要选择该工具，然后在不同的视图中选择对象，再按需要沿一定的轴向进行拖动就可以旋转对象了。

可以通过键盘上的 E 键来激活"旋转工具"。

● 缩放对象

缩放场景中的对象需要使用工具箱中的"缩放工具" 。在缩放对象时，只需要选择该工具，然后在不同的视图中选择该对象，再按需要沿一定的轴向拖动缩放手柄就可以把对象放大，也可以把对象缩小。

2.4.3 对视图的操作

创建好对象之后，有时会根据需要将视图进行缩放、移动或者旋转，下面就介绍如何实现这样的操作。

● 旋转视图

只需要按住键盘上的 Alt 键，然后按住鼠标左键进行移动即可旋转视图。

● 移动视图

只需要按住键盘上的 Alt 键，然后按住鼠标中键进行移动即可移动视图。

● 缩放视图

只需要按住键盘上的 Alt 键，然后按住鼠标右键进行移动即可缩放视图。也可以同时按住鼠标左键和中键执行这样的操作。

如果使用的鼠标中键是滚轮的，那么在按 Alt 键的同时转动滚轮中键就可以缩放视图。

2.4.4 复制对象

Maya 有一个非常重要的功能，即复制，有了这一功能，可以帮助我们节省大量的工作。比如，在制作室外高层楼房效果图时，只需要制作出一层，然后通过复制把其他楼层复制出来就可以了。或者制作出一栋楼房之后，复制出另外一栋，也可以在同一座楼上复制柱子和玻璃幕墙。

有 3 种复制的方法，分别是使用组合键、菜单命令和镜像复制，下面分别进行介绍。

● 使用组合键复制

如果学习过办公软件 Word，那么一定知道它里面的复制组合键 Ctrl+C 和 Ctrl+V。在 Maya 中也可以使用这两个组合键。

如果想复制多个对象，那么可以多次按复制组合键即可。复制后，需要移动一下才能看到复制出的对象。

 提示　也可以通过按组合键 Ctrl+D 进行复制操作，同样需要使用"移动工具"移动一下才能看到复制的结果。

● 使用菜单命令复制

我们还可以使用菜单命令来复制对象，即执行"编辑>复制"命令和"编辑>粘贴"命令复制对象，然后使用"移动工具"进行移动即可。

● 使用镜像复制

当创建对称的模型时，就需要使用镜像复制的方法，这种方法也是非常方便的。

 自测 3

复制对象
源文件：人邮教育\源文件\第 2 章\2-4-4.mb
视　频：人邮教育\视频\第 2 章\2-4-4.swf

STEP 1 新建场景，单击工具架上的"多边形球体"按钮 ，在视图中创建一个球体，如图 2-28 所示。按组合键 Ctrl+C 复制，按组合键 Ctrl+V 粘贴，并使用"移动工具" 移动复制后的对象，如图 2-29 所示。

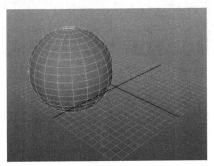
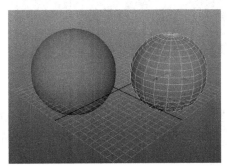

图 2-28　　　　　　　　　　　　　　　　图 2-29

STEP 2 新建场景，单击工具架上的"多边形管道"按钮 ，在视图中创建一个圆管对象，如图 2-30 所示。执行"编辑>复制"命令和"编辑>粘贴"命令复制对象，再使用"移动工具"进行移动，效果如图 2-31 所示。

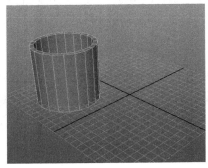
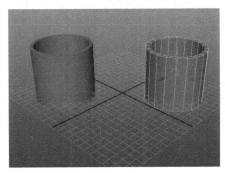

图 2-30　　　　　　　　　　　　　　　　图 2-31

STEP 3 新建场景，如图 2-32 所示。单击工具架上的"多边形球体"按钮 ，在视图中创建一个球体，如图 2-33 所示。

图 2-32

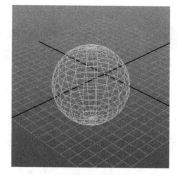

图 2-33

STEP 4 执行"网格>镜像几何体"命令，弹出"镜像选项"对话框，设置如图 2-34 所示。单击"应用"按钮，在视图中可以看到的效果如图 2-35 所示。

图 2-34

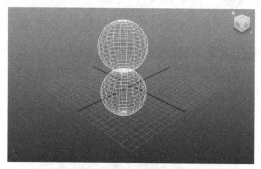

图 2-35

>
> 提示
>
> 在"镜像选项"对话框中可以设置沿着不同的轴向进行镜像复制，通过设置不同的镜像轴，可以复制出不同类型的复制品。

2.4.5　分组对象

创建出的对象都具有独立的编辑属性，如果需要同时编辑多个对象，那应该怎么办呢？比如，同时编辑 3 个球体。Maya 还有一个非常好的功能，就是"分组"功能。

首先选中 3 个球体，如图 2-36 所示。然后执行"编辑>分组"命令就可以把它们组成一组了，也可以按组合键 Ctrl+G，这样就可以同时对 3 个球体进行移动、旋转和缩放操作了。

> 提示
>
> 必须在组合模式下才能选择组中的所有对象。组内的对象还具有独立的属性，编辑其中的一个对象的属性时，不会影响到其他对象，只有选择整个组后才会影响到其他对象。

可以直接在视图中选择组，也可以执行"窗口>大纲视图"命令，打开"大纲视图"窗口，在其中选择设置的组，如图 2-37 所示。

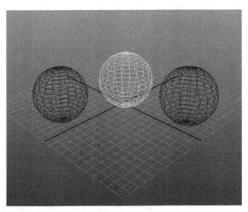

图 2-36   图 2-37

如果分组之后，需要将它们分开，那么只需要执行"编辑>解组"命令，就可以把它们分开了。

2.4.6　删除对象

有时，需要删除场景中的一个或者多个对象，那该怎么办呢？有两种比较方便的方法来删除不需要的对象。

● 在视图中选中不需要的对象，然后按 Delete（删除）键就可以删除了。
● 在视图中选中不需要的对象，然后执行"编辑>删除"命令就可以了。把场景中的对象删除后就成为一个空的场景了。

2.4.7　创建父子关系

在 Maya 中，会经常创建一些父子关系的对象，这样可以为制作动画提供很大的便利。下面就通过一个简单的实例来制作一个父级对象。

自测 4	创建父子关系 最终文件：人邮教育\源文件\第 2 章\2-4-7.mb 视　　频：人邮教育\视频\第 2 章\2-4-7.swf

STEP 1 新建场景，在视图中分别创建一个圆锥体和一个立方体，如图 2-38 所示。选择立方体，在键盘上按 Shift 键选择圆锥体，执行"编辑>父对象"命令，为对象创建父子关系，如图 2-39 所示。

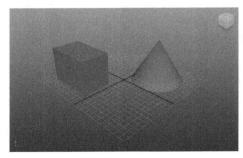

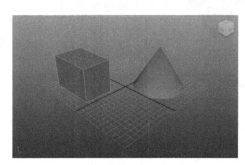

图 2-38   图 2-39

提示 或者按键盘上的 P 键，也能在它们之间创建父子关系，在视图中先选择的对象为子对象，按 Shift 键选择的对象为父对象。

STEP 2 使用"移动工具"移动子对象的立方体，但是父对象圆锥体不会被移动，如图 2-40 所示。使用"移动工具"移动父对象的圆锥体，子对象会跟随父对象一起移动，如图 2-41 所示。

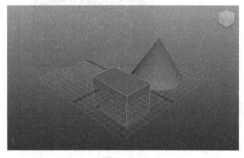

图 2-40

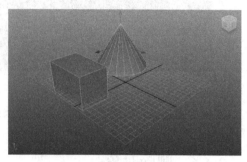

图 2-41

提示 移动子对象时，如果选中立方体，那么圆锥体不会被选中。如果选中圆锥体，那么立方体同时会被选中。读者也可以通过旋转对象或者缩放对象进行测试。

STEP 3 如果要解除对象之间的父子关系，只需要选中子对象，然后按组合键 Shift+P，或者执行"编辑>断开父子关系"命令就可以了。

2.5 曲线捕捉

捕捉命令在以后的建模工作中会经常使用到，共有 4 种捕捉命令：栅格捕捉、边线捕捉、点捕捉和曲面捕捉。下面就简要介绍一下 Maya 的这些捕捉功能。

栅格捕捉可以让我们在绘制曲线时，使曲线的顶点都被吸附到栅格的交叉点上，这样，绘制的曲线会比较精确一些。下面利用一个实例介绍如何进行栅格捕捉。

> **自测 5**　**使用栅格绘制曲线**
> 源文件：人邮教育\源文件\第 2 章\2-5.mb
> 视　频：人邮教育\视频\第 2 章\2-5.swf

STEP 1 打开 Maya，可以看到的场景模式如图 2-42 所示。轻按键盘上的空格键切换到四视图显示模式，如图 2-43 所示。

STEP 2 执行"创建>EP 曲线工具"命令，按住键盘上的 X 键，在前视图中使用鼠标左键依次单击几次，绘制一条曲线，如图 2-44 所示。松开 X 键，再通过单击创建几个点绘制一条曲线，效果如图 2-45 所示。

图 2-42

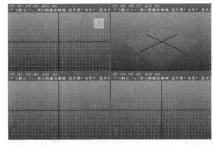

图 2-43

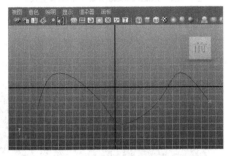

图 2-44

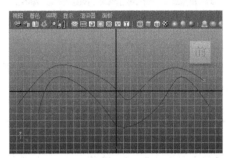

图 2-45

　　　"EP 曲线"是"带有可编辑点的曲线"的意思。注意不要单击该命令后面的小方框。绘制完成后，按 Enter 键结束曲线的绘制。

　　使用点捕捉可以让我们把目标点和目标对象捕捉到其他对象上。在进行捕捉时，一般都是以该对象的中心为中心点进行捕捉的。可以在选择目标对象后，按 Insert 键调整对象的中心点，再次按 Insert 键结束对中心点的调整。

　　使用曲面捕捉可以让我们把曲线捕捉到其他对象的曲面上，就像被映射到曲面的曲线上一样，而且它还具有映射曲面的所有属性。它的操作非常简单，只要在视图中创建好 NURBS 对象和曲线之后，单击工具栏中的"捕捉到视图平面"按钮 ，即可进行捕捉，再次单击该按钮停止捕捉，也可以执行"修改>激活"命令来进行捕捉。

2.6　设置参考图像和背景图片

　　在进行建模时，尤其是复杂的模型，有时需要一些参考图像。在 Maya 中，可以设置背景图像来进行参考，比如在制作一个角色时，可以把准备好的图像作为背景图像，从而比较精确地把握好模型的比例和尺寸。

2.6.1　设置参考图像

　　在 Maya 中，设置参考图像首先要把需要的图像进行扫描、拍摄或者复制到计算机中。一般需要正面图、侧视图和顶视图。当然也可以使用其他视图。在视图菜单中执行"视图>图像平面>导入图像"命令，弹出"打开"对话框，如图 2-46 所示。找到需要的文件之后，单击"导入"按钮即可，效果如图 2-47 所示。然后就可以根据该图像来制作模型了。使用这种方法制作的模型，在大小和比例方面都比较真实，用户也可以更好地进行控制。

图 2-46

图 2-47

还可以把一个角色的侧面图像等引入视图中作为参考图像，然后根据参考图像制作模型。该模型在大小、比例、形状上都会非常接近于前期的构思。通常，建模师都是采用这种方法来制作模型的。

2.6.2　设置背景图片

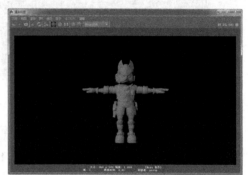

在默认设置下，Maya 的背景是空的，也就是没有背景图片，当制作一个模型并单击"渲染当前帧"按钮 进行渲染时，可以看到背景是黑色的，如图 2-48 所示。

在 Maya 中可以添加一幅任意的背景图片，使渲染的效果看起来好看一些。有时，也需要在制作的场景后面添加适当的背景。

图 2-48

自测 6　**设置背景图片**

最终文件：人邮教育\源文件\第 2 章\2-6-2.mb

视　　频：人邮教育\视频\第 2 章\2-6-2.swf

STEP 1　执行"文件>打开场景"命令，打开文件"人邮教育\源文件\第 2 章\素材\2-6-2.mb"，切换到前视图中，效果如图 2-49 所示。按组合键 Ctrl+A，打开"属性编辑器"面板，执行"视图>选择摄影机"命令，在"属性编辑器"面板中显示相关选项，如图 2-50 所示。

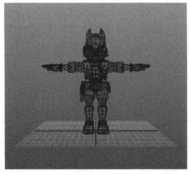

图 2-49

图 2-50

STEP 2　展开"环境"选项，如图 2-51 所示。单击"创建"按钮，在视图中显示的效果如图 2-52 所示。

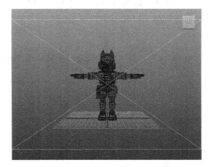

图 2-51   图 2-52

STEP 3 在右侧显示的选项中单击"图像名称"右侧的文件夹按钮，如图 2-53 所示。在弹出的对话框中选择需要打开的背景图片"人邮教育\源文件\第 2 章\素材\26201.jpg"，如图 2-54 所示。

图 2-53   图 2-54

STEP 4 单击"打开"按钮，在视图中显示的效果如图 2-55 所示。单击"渲染当前帧"按钮，效果如图 2-56 所示。

图 2-55   图 2-56

提示

我们还可以在所要表现的模型后面创建一个比较大的平面，然后为平面赋予一幅贴图作为背景。

2.7 自定制 Maya 2014

本节向读者介绍自定制 Maya 2014 中的一些构成元素，比如组合键和背景颜色等。

2.7.1 自定制键盘组合键

在 Maya 中工作的时候，使用键盘组合键可以在很大程度上提高我们的工作效率。在默认设置下，大部分操作都被指定了键盘组合键，一般只使用这些键盘组合键就可以了。但是每个人的喜好都不同，有人喜欢这样，有人喜欢那样，因此，可以根据自己的喜好自定制键盘组合键或者为一些没有键盘组合键的命令设置键盘组合键。下面就介绍一下如何为一些没有键盘组合键的命令设置键盘组合键。

通常，在制作多边形模型的时候，经常使用到编辑网格命令栏中的"分割多边形工具"命令，可以把一个多边形分割成两个多边形，但是它没有默认的组合键，因此决定为它设置组合键。读者可以根据这里介绍的方法为自己喜欢的命令设置键盘组合键。下面简单介绍一下把"分割多边形工具"的键盘组合键设置为 9 的操作步骤。

设置组合键

源文件：无

视　频：人邮教育\视频\第 2 章\2-7-1.swf

STEP 1　执行"窗口>设置/首选项>热键编辑器"命令，弹出"热键编辑器"对话框，在"类别"列表中选择 Edit Mesh 选项，在"命令"列表中选择 SplitPolygonTool 选项，如图 2-57 所示。在"热键编辑器"对话框右侧的"指定新的热键"选项区中设置"键"为 9，单击"指定"按钮，如图 2-58 所示。

图 2-57

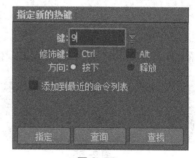

图 2-58

如果该键已经被指定了其他的命令，那么系统将会弹出提示对话框。

STEP 2 关闭"热键编辑器"对话框，在视图中创建一个立方体，如图 2-59 所示。按刚设置的组合键 9，依次在立方体线框上单击，分割立方体，让其成为 2 个立方体，如图 2-60 所示。

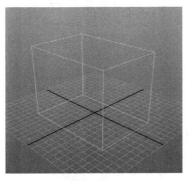

图 2-59

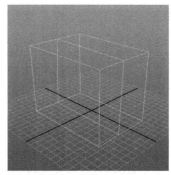

图 2-60

提示

分割多边形工具只能用于分割多边形，而不能用于分割细分表面或者曲面。分割完成后，按 Enter 键结束操作。

2.7.2　自定制视图的背景颜色

在默认设置下，视图的背景颜色是灰色，如果不喜欢使用这种颜色，可以把它改变成自己喜欢的颜色，比如设置为白色或者淡绿色。

自测
8

设置背景颜色
源文件：无
视　频：人邮教育\视频\第 2 章\2-7-2.swf

STEP 1 新建场景，执行"窗口>设置/首选项>颜色设置"命令，弹出"颜色设置"对话框，如图 2-61 所示。单击"3D 视图"选项左侧的三角形，展开"3D 视图"设置选项，如图 2-62 所示。

图 2-61

图 2-62

STEP 2 调整"背景"选项右侧的滑块，把背景设置为白色，如图 2-63 所示。使用相同的操作方法，设置视图的背景色为黄色，效果如图 2-64 所示。

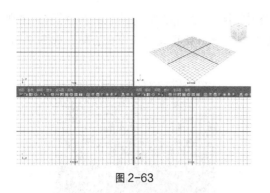
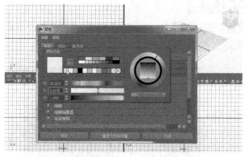

图 2-63 　　　　　　　　　　　　　图 2-64

2.7.3　自定制模型在视图中的显示颜色

默认设置下，在视图中处于激活状态（选中）的模型颜色是以绿色显示的，而处于非激活（非选中）的模型颜色是以暗蓝色显示的。如果我们不喜欢使用这种颜色，那么可以把它们改变成自己喜欢的颜色，比如设置为亮蓝色或者其他颜色。下面介绍改变模型显示颜色的方法，我们以改变非激活状态下的模型颜色为例进行介绍。

自测
9

设置背景颜色
源文件：无
视　频：人邮教育\视频\第 2 章\2-7-3.swf

STEP 1 新建场景，在视图中创建几个多边形模型，让它们处于非激活状态，如图 2-65 所示。执行"窗口>设置/首选项>颜色设置"命令，打开"颜色设置"对话框，单击"非活动"选项卡，如图 2-66 所示。

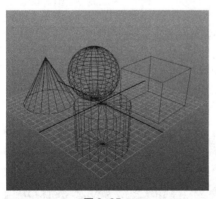
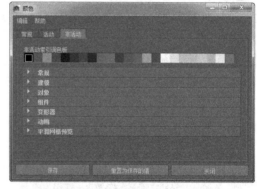

图 2-65　　　　　　　　　　　　　图 2-66

STEP 2 在"颜色设置"对话框中单击"对象"左侧的展开按钮，展开对象选项，调整"多边形曲面"滑块向右移动，设置颜色为白色，如图 2-67 所示。可以看到的模型效果如图 2-68 所示。

提示

也可以把处于非激活状态的模型设置为其他的颜色显示。注意，单击多边形右侧的颜色框，不会打开"颜色设置"对话框。

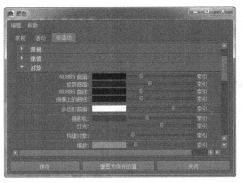

图 2-67

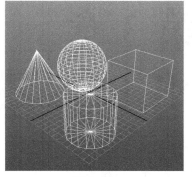

图 2-68

还可以使用这种方法来设置处于激活状态下的模型的显示颜色，也可以设置超图、渲染视图、动画编辑器、IK/FK、轮廓图的颜色等。在此不再一一赘述。另外，也可以对标记菜单、对象显示、工具架、面板编辑器、工具等进行自定义设置，关于具体方法，读者可以参考前面内容的介绍。

2.8 本章小结

本章主要讲解 Maya 2014 中的一些基本操作，如基本对象、基本工具等使用方法介绍。本章是初学者认识并了解 Maya 2014 的重要章节，希望大家对 Maya 2014 的各种重要工具多加练习，为后面技术章节的学习打下牢固的基础。

2.9 课后测试题

一、选择题

1. 文件归档是将场景文件和相关的文件打包成什么文件？（　　　　）

   A．.mb 　　　　　 B．.stl 　　　　　 C．.zip 　　　　　 D．.igs

2. 以下哪项属于旋转视图的组合键？（　　　　）

   A．Alt+鼠标中键 　　　　　　　　　　 B．Alt+鼠标左键

   C．Alt+鼠标右键 　　　　　　　　　　 D．鼠标左键+鼠标中键

3. 以下属于对视图的操作工具是（　　　　）。（多选）

   A．移动 　　　　 B．选择 　　　　 C．旋转 　　　　 D．缩放

二、判断题

1. 在合并场景时，当两个场景中的对象名称或者材质名称相同时，需要重新命名对象的名称或者材质的名称才能合并。（　　　　）

2. 选择目标对象后，按 Insert 键可以调整对象的中心点，也可以结束对中心点的调整。（　　　　）

3. 在默认设置下，在视图中处于激活状态下的模型是以暗蓝色显示的。（　　　　）

三、简答题

1. 使用渲染设置方法除了设置模型的显示颜色外，还可以设置哪些？

2. 简单介绍在建模工作中的多种捕捉命令。

第 3 章
NURBS 建模技术

PART 3

本章简介

NURBS 是一种非常优秀的建模方式，它能够比传统的网格建模方式更好地控制物体表面的曲线度，从而能够创建出更逼真、生动的造型。本章主要介绍 Maya 2014 的 NURBS 建模技术，包括 NURBS 曲线与 NURBS 曲面的创建方法和编辑方法。

本章重点

- 了解 NURBS 的理论知识
- 了解 NURBS 对象的组成元素
- 掌握如何创建 NURBS 对象
- 掌握如何编辑 NURBS 对象
- 掌握 NURBS 建模的方法和技巧

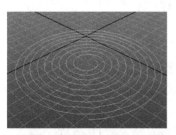
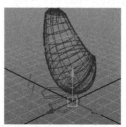
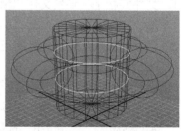
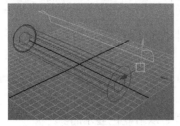
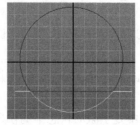
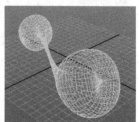

3.1   NURBS 理论知识

NURBS 是 Non-Uniform Rational B-Spline（非均匀有理 B 样条曲线）的缩写。NURBS

是用数学函数来描述曲线和曲面，并通过参数来控制精度，这种方法可以让 NURBS 对象达到任何想要的精度，这就是 NURBS 对象的最大优势。

现在 NURBS 建模已经成为一个行业标准，广泛应用于工业和动画领域。NURBS 的有条理、有组织的建模方法让用户很容易上手和理解，通过 NURBS 工具可以创建出高品质的模型，并且 NURBS 对象可以通过较少的点来控制平滑的曲线或曲面，很容易让曲面达到流线型效果。

3.1.1 NURBS 建模方法

NURBS 的建模方法可以分为以下两大类。

- 用原始的几何体进行变形来得到想要的造型，这种方法灵活多变，对美术功底要求比较高。
- 通过由点到线、由线到面的方法来塑造模型，通过这种方法创建出来的模型的精度比较高，很适合创建工业领域的模型。

各种建模方法当然也可以穿插起来使用，然后配合 Maya 的雕刻工具、置换贴图（通过置换贴图可以将比较简单的模型模拟成比较复杂的模型）或者配合使用其他雕刻软件（如 ZBrush）来制作出高精度的模型。

3.1.2 NURBS 对象的组成元素

NURBS 的基本组成元素有点、曲线和曲面，通过这些基本元素可以构成复杂的高品质模型。

- NURBS 曲线

Maya 2014 中的曲线都属于 NURBS 物体，可以通过曲线来生成曲面，也可以从曲面中提取曲线。展开"创建"菜单，可以从菜单中观察到直接创建曲线的工具，如图 3-1 所示。

不论何种创建方法，创建出来的曲线都由控制顶点、编辑点和壳线等基本元素组成，在曲线上按住鼠标右键，可以看到这些元素，如图 3-2 所示。可以通过这些基本元素对曲线进行变形。

图 3-1

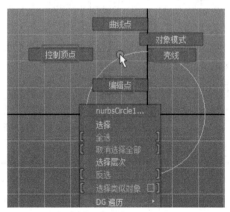

图 3-2

NURBS 曲线元素说明如表 3-1 所示。

NURBS 曲线是一种平滑的曲线，在 Maya 中，NURBS 曲线的平滑度由"次数"来控制，次数其实是一种连续性的问题，也就是切线方向和曲率是否保持连续。

表 3-1　NURBS 曲线元素说明

元　素	作　用
CV 控制点	CV 控制点是壳线的交接点。通过对 CV 控制点的调节，可以在保持曲线良好平滑度的前提下对曲线进行调整，很容易达到想要的造型而不破坏曲线的连续性，这充分体现了 NURBS 的优势
EP 编辑点	在 Maya 中，EP 编辑点用一个小叉来表示，EP 编辑点是曲线上的结构点，每个 EP 编辑点都在曲线上，也就是说曲线都必须经过 EP 编辑点
壳线	壳线是 CV 控制点的边线。在曲面中，可以通过壳线来选择一组控制点对曲面进行变形操作
段	段是 EP 编辑点间的部分，可通过改变段数来改变 EP 编辑点的数量

曲线的次数介绍如下。

次数为 1 时：表示曲线的切线方向和曲率都不连续，呈现出来的曲线是一种直棱直角曲线。这个次数适合建立一些尖锐的物体。

次数为 2 时：表示曲线的切线方向连续而曲率不连续，从外观上观察比较平滑，但在渲染曲面时会有棱角，特别是在反射比较强烈的情况下。

次数为 3 以上时：表示切线方向和曲率都处于连续状态，此时的曲线非常光滑，因为次数越高，曲线越平滑。

提示　　执行"曲线"模块下的"重建曲线"菜单命令，可以改变曲线的次数和其他参数。

● NURBS 曲面

前面已经介绍了 NURBS 曲线的优势，曲面的基本元素和曲线大致类似，都可以通过很少的基本元素来控制一个平滑的曲面，在曲面上按住鼠标右键，可以看到相应元素，如图 3-3 所示。

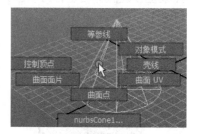

图 3-3

NURBS 曲面元素说明如表 3-2 所示。

表 3-2　NURBS 曲面元素说明

元　素	作　用
曲面起始点	它是 U 方向和 V 方向上的起始点，V 方向和 U 方向是两个分别用 V 和 U 字母来表示的控制点，它们与起始点一起决定了曲面的 UV 方向，这对后面的贴图制作非常重要
CV 控制点	它和曲线的 CV 控制点作用类似，都是壳线的交点，可以很方便地控制曲面的平滑度，在大多数情况下都是通过 CV 控制点来对曲面进行调整

元　素	作　用
壳线	壳线是 CV 控制点的边线。可以通过选择壳线来选择一组 CV 控制点，然后对曲面进行调整
曲面面片	NURBS 曲面上的等参线将曲面分割成无数的面片，每个面片都是曲面面片，可以将曲面上的曲面面片复制出来加以利用
等参线	等参线是 U 方向和 V 方向上的网格线，用来决定曲面的精度
曲面点	它是曲面上等参线的交点

3.1.3　物体级别与元素间的切换

从物体级别切换到元素级别的方法主要有以下 3 种。

第 1 种方法：通过单击状态栏上的"按对象类型选择"工具和"按组件类型选择"工具来进行切换，前者是物体级别，后者是元素（次物体）级别。

第 2 种方法：通过组合键进行切换，重复按 F8 键可以实现物体级别和元素级别之间的切换。

第 3 种方法：使用右键快捷菜单来进行切换。

3.1.4　NURBS 曲面的精度控制

NURBS 曲面的精度有两种类型：一种是控制视图的显示精度，为建模过程提供方便；另一种是控制渲染精度，NURBS 曲面在渲染时都是先转换成多边形对象后才渲染出来的，所以就有一个渲染精度的问题。NURBS 曲面最大的特点就是可以控制渲染精度。

在视图显示精度上，系统有几种预设的显示精度。在模块选择区中选择"曲面"选项，切换到"曲面"模块，执行"显示>NURBS"命令，在该菜单的子菜单中有"壳线""粗糙""中等""精细"和"自定义平滑度"5 种显示精度的方法。如图 3-4 所示。

图 3-4

提示　　"粗糙""中等"和"精细"3 个选项分别对应的组合键为 1、2、3，它们都可以用来控制不同精度的显示状态。

自测
1

修改 NURBS 曲面模型显示精度

源文件：人邮教育\源文件\第 3 章\3-1-4.mb

视　频：人邮教育\视频\第 3 章\3-1-4.swf

STEP 1　新建场景，将模块切换到"曲面"模块。执行"创建>NURBS 基本体>圆环"命令，创建圆环，效果如图 3-5 所示。选中圆环，按组合键 1，可以看到此时圆环变成有棱角的多面形状，如图 3-6 所示。

STEP 2　按组合键 2，可以看到此时的圆环变成较平滑的多面体状，效果如图 3-7 所示。按组合键 3，可以看到圆环恢复显示成光滑的球体，如图 3-8 所示。

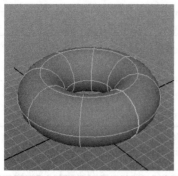

图 3-5

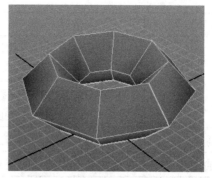

图 3-6

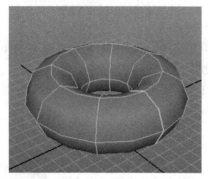

图 3-7

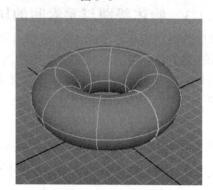

图 3-8

3.2 创建 NURBS 对象

在 Maya 中，最基本的 NURBS 对象分别是 NURBS 曲线和 NURBS 基本体两种，这两种对象都可以直接创建出来。

3.2.1 创建 NURBS 曲线

切换到"曲面"模块，展开"创建"菜单，该菜单下有几个创建 NURBS 曲线的工具，如"CV 曲线工具""EP 曲线工具"等。

● CV 曲线工具

"CV 曲线工具"通过创建控制点来绘制曲线。执行"创建>CV 曲线工具■"命令，弹出"工具设置"对话框，如图 3-9 所示。

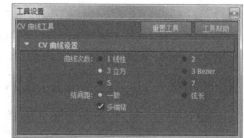

图 3-9

CV 曲线工具的相关参数说明如下。

➢ 曲线次数：该选项用来设置创建的曲线的次数，一般情况下都使用"1 线性"或"3 立方"曲线，特别是"3 立方"曲线。

➢ 结间距：设置曲线曲率的分布方式。其中"一致"选项可以随意增加曲线的段数；"多端结"选项开启后，曲线的起始点和结束点位于两端的控制点上；如果关闭该选项，起始点和结束点之间会产生一定的距离。

➢ 重置工具：单击该按钮，可以将"CV 曲线工具"的所有参数恢复到默认设置。

➢ 工具帮助：单击该按钮，可以打开 Maya 的帮助文档，该文档会说明当前工具的具体功能。

● EP 曲线工具

"EP 曲线工具"是绘制曲线的常用工具，通过该工具可以精确地控制曲线所经过的位置。执行"创建>EP 曲线工具▣"命令，弹出"工具设置"对话框，如图 3-10 所示。

这里的参数与"CV 曲线工具"的参数相似，只是"EP 曲线工具"是通过绘制编辑点的方式来绘制曲线。

● Bezier 曲线工具

执行"创建>Bezier 曲线工具▣"命令，弹出"工具设置"对话框，如图 3-11 所示。

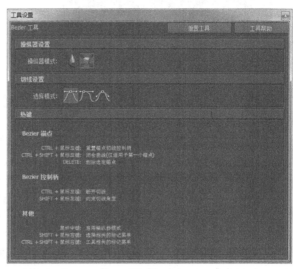

| 图 3-10 | 图 3-11 |

在"操纵器设置"选项中，操纵器模式为"平移"和"缩放"两种；"切线设置"选项中，选择模式为"法线选择""加权选择"和"切线选择"三种。

● 铅笔曲线工具

"铅笔曲线工具"是通过绘图的方式来创建曲线，可以直接使用"铅笔曲线工具"在视图中绘制曲线，也可以通过手绘板等绘图工具来绘制流畅的曲线，同时还可以使用"平滑曲线"和"重建曲线"命令对曲线进行平滑处理。"铅笔曲线工具"的参数很简单，和"CV 曲线工具"的参数相似。

提示

使用"铅笔曲线工具"绘制的曲线的缺点是控制点太多。绘制完成后难以对其进行修改，只有使用"平滑曲线"和"重建曲线"命令精减曲线上的控制点后，才能进行修改，但这两个命令会使曲线发生很大的变形，所以一般情况下都使用"CV 曲线工具"和"EP 曲线工具"来创建曲线。

● 弧工具

"弧工具"可以用来创建圆弧曲线，绘制完成后，可以用鼠标中键再次对圆弧进行修改。"弧工具"菜单中包括"三点圆弧"和"两点圆弧"两个子命令。

三点圆弧：执行"创建>弧工具>三点圆弧▣"命令，弹出"工具设置"对话框，如图 3-12

所示。其中"圆弧次数"参数用来设置圆弧的度数，这里有"1 线性"选项可以选择；"截面数"参数用来设置曲线的截面段数，最少为 8 段。

两点圆弧：使用"两点圆弧"工具可以绘制出两点圆弧曲线，执行"创建>弧工具>三点圆弧▣"命令，弹出"工具设置"对话框，如图 3-13 所示。可以看到参数与"三点圆弧"一致。

图 3-12   图 3-13

提示   在菜单命令下方单击虚线 ——————————— 横条，可以将该菜单中的所有命令作为一个独立的窗口放置在视图中。

自测 2   巧用曲线工具绘制螺旋线
源文件：人邮教育\源文件\第 3 章\3-2-1.mb
视　频：人邮教育\视频\第 3 章\3-2-1.swf

STEP 1 新建场景，将模块切换到"曲面"模块。执行"创建>NURBS 基本体>圆锥"命令，创建圆锥，效果如图 3-14 所示。选中圆锥底面，执行"修改>激活"命令，可以看到底面的变化，如图 3-15 所示。

 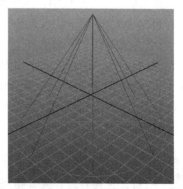

图 3-14   图 3-15

STEP 2 执行"创建>CV 曲线工具"命令，在底面上绘制 4 个控制点，如图 3-16 所示。按 Insert 键，出现控制手柄，按住鼠标左键将曲线一圈一圈地围绕底面，最后单击鼠标右键，选择"完成工具"选项，效果如图 3-17 所示。

STEP 3 执行"编辑曲线>复制曲面曲线"命令，将螺旋线复制一份出来，选择底面，执行"修改>取消激活"命令，如图 3-18 所示。选中圆锥体，并删除，可以看到所绘制的螺旋线的最终效果，如图 3-19 所示。

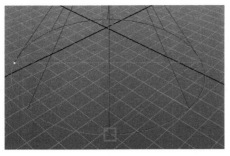

图 3-16

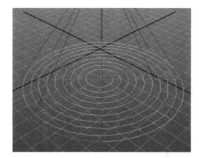

图 3-17

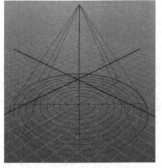

图 3-18

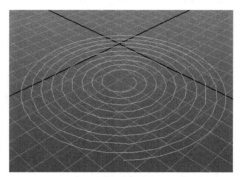

图 3-19

提示

在 Maya 里制作螺旋曲线并不是一件容易的事情，因此一般情况下都使用一些技巧来制作这种类型的曲线。

3.2.2　文本

Maya 可以通过输入文字来创建 NURBS 曲线、NURBS 曲面、多边形曲面和倒角物体，执行"创建>文本▢"命令，弹出"文本曲线选项"对话框，如图 3-20 所示。

文本曲线选项的相关参数说明如下。

➢ 文本：在该选项文本框中可以输入要创建的文本内容。

➢ 字体：设置文本字体的样式，单击后面的▼按钮可以打开"选择字体"对话框，在该对话框中可以设置文字的字符样式和大小等属性。

图 3-20

➢ 类型：设置要创建的文本对象的类型，有"曲线""修剪""多边形"和"倒角"4 个选项可以选择。

3.2.3　创建 NURBS 基本体

"创建>NURBS 基本体"是菜单中 NURBS 基本几何体的创建命令，用这些命令可以创建出 NURBS 最基本的几何体对象。

Maya 提供了两种建模方法：一种是直接创建一个几何体在指定的坐标上，几何体的大小也是提前设定的；另一种是交互式创建方法，这种方法是在执行命令后，在视图中拖曳光标才能创建出几何体对象，大小和位置由光标的位置决定，这是 Maya 默认的创建方法。

48

提示　　在"创建>NURBS 基本体"菜单下勾选"交互式创建"选项可以启动交互式创建方法。

● 球体

选择"球体"命令后，在视图中拖曳光标就可以创建出 NURBS 球体，拖曳的距离就是球体的半径。执行"创建>NURBS 基本体>球体▣"命令，弹出"工具设置"对话框，如图 3-21 所示。

球体重要参数说明如下。

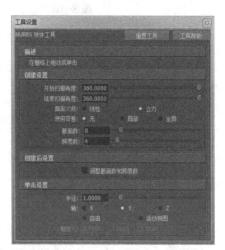
图 3-21

➤ 开始扫描角度：设置球体的起始角度，其值在 0～360，可以产生不完整的球面。

➤ 结束扫描角度：用来设置球体终止的角度，其值在 0～360，可以产生不完整的球面，与"开始扫描角度"正好相反。

➤ 曲面次数：用来设置曲面的平滑度，"线性"为直线型，可形成尖锐的棱角；"立方"会形成平滑的曲面。

➤ 使用容差：该选项默认处于关闭状态，是另一种控制曲面精度的方法。

➤ 截面数：用来设置 V 向的分段数，最小值为 4。

➤ 跨度数：用来设置 U 向的分段数，最小值为 2。

➤ 调整截面数和跨度数：勾选该选项时，创建球体后不会立即结束命令，再次拖曳光标可以改变 U 方向上的分段数，结束后再次拖曳光标可以改变 V 方向上的分段数。

➤ 半径：用来设置球体的大小，设置好半径后直接在视图中单击左键可以创建出球体。

➤ 轴：用来设置球体中心轴的方向，有 X、Y、Z、"自由"和"活动视图"5 个选项可以选择。勾选"自由"选项可激活下面的坐标设置，该坐标与原点连线方向就是所创建球体的轴方向。勾选"活动视图"选项后，所创建球体的轴方向将垂直于视图的工作平面，也就是视图中网络所在的平面。

提示　　"起始扫描角度"值不能等于 360°。如果等于 360°，"起始扫描角度"就等于"终止扫描角度"，这时候创建球体，系统将会提示错误信息，在视图中也观察不到创建的对象。

● 立方体

执行"创建>NURBS 基本体>立方体▣"命令，弹出"工具设置"对话框，如图 3-22 所示。所创建的立方体由 6 个独立的平面组成，整个立方体为一个组。立方体重要参数说明如下。

➤ 曲面次数：该选项比球体的创建参数多了 2、5、7 这 3 个次数。

➤ U/V 面片：设置 U/V 方向上的分段数。

➤ 调整 U 和 V 面片：这里与球体不同的是，添加 U 向分段数的同时也会增加 V 向的分段数。

➤ 宽度/高度/深度：分别用来设置立方体的长、宽、高。设置好相应的参数后，在视图里单击鼠标左键就可以创建出立方体。

● 圆柱体

执行"创建>NURBS 基本体>圆柱体■"命令，弹出"工具设置"对话框，如图 3-23 所示。可以看到圆柱体的相关参数，重要参数说明如下。

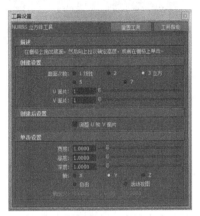

图 3-22

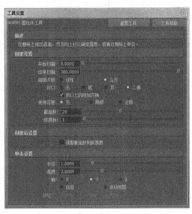

图 3-23

➤ 封口：用来设置是否为圆柱体添加盖子，或者在哪一个方向上添加盖子。"无"选项表示不添加盖子；"底"选项表示在底部添加盖子，而顶部镂空；"顶"选项表示在顶部添加盖子，而底部镂空；"二者"选项表示在顶部和底部都添加盖子。

➤ 封口上的附加变换：勾选该选项时，盖子和圆柱体会变成一个整体；如果关闭该选项，盖子将作为圆柱体的子物体。

➤ 半径：设置圆柱体的半径。

➤ 高度：设置圆柱体的高度。

提示

在创建圆柱体时，并且只有在使用单击鼠标左键的方式创建时，设置的半径和高度值才起作用。

● 圆锥体

执行"创建>NURBS 基本体>圆锥体■"命令，弹出"工具设置"对话框，如图 3-24 所示。可以看到圆锥体重要参数与圆柱体基本一致。

● 平面

执行"创建>NURBS 基本体>平面■"命令，弹出"工具设置"对话框，如图 3-25 所示。可以看到平面的重要参数也与圆柱体基本一致。

● 圆环

执行"创建>NURBS 基本体>圆环■"命令，弹出"工具设置"对话框，如图 3-26 所示。可以看到圆环的相关参数，重要参数说明如下。

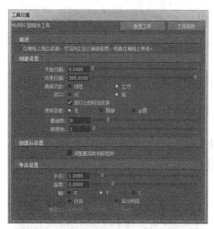

图 3-24

图 3-25

➢ 次扫描：该选项表示在圆环截面上的角度。

➢ 次半径：设置圆环在截面上的半径。

➢ 半径：用来设置圆环整体半径的大小。

● 圆形

执行"创建>NURBS 基本体>圆形▣"命令，弹出"工具设置"对话框，如图 3-27 所示。可以看到圆形的相关参数，重要参数说明如下。

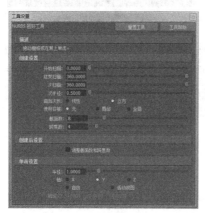

图 3-26

图 3-27

➢ 截面数：用来设置圆的段数。

➢ 调整截面数：勾选该选项时，创建完模型后不会立即结束命令，再次拖曳光标可以改变圆的段数。

● 方形

执行"创建>NURBS 基本体>方形▣"命令，弹出"工具设置"对话框，如图 3-28 所示，可以看到方形的相关参数，重要参数说明如下。

➢ 每个边的跨度数：用来设置每条边上的段数。

➢ 调整每个边的跨度数：勾选该选项后，在创建完矩形后可以再次对每条边的段数进行修改。

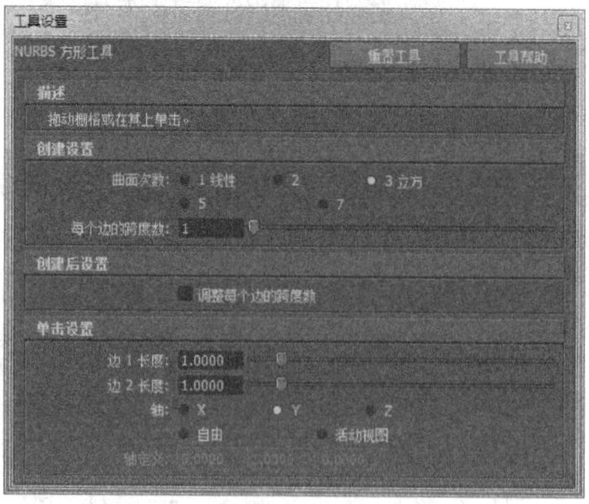

图 3-28

➢ 边 1/2 长度：分别用来设置两条对边的长度。

提示　　　　在实际工作中，经常会遇到切换显示模式的情况。如果将实体切换为"控制顶点"模式，这时可以在对象上单击鼠标右键（不松开鼠标右键），然后在弹出的快捷菜单中选择"控制顶点"命令；如果要将"控制顶点"模式切换为"对象模式"，可以在对象上单击鼠标右键（不松开鼠标右键），然后在弹出的菜单中选择"对象模式"命令。

3.2.4　创建 NURBS 曲面

在"曲面"菜单中包含 9 个创建 NURBS 曲面的命令，分别是"旋转""放样""平面""挤出""双轨成形""边界""方形""倒角"和"倒角+"命令。

● 旋转

使用"旋转"命令可以将一条 NURBS 曲线的轮廓线生成一个曲面，并且可以随意控制旋转角度。执行"曲面>旋转▣"命令，弹出"旋转选项"对话框，如图 3-29 所示。可以看到相关参数，重要参数说明如下。

➢ 轴预设：用来设置曲线旋转的轴向，共有 X、Y、Z 和"自由"4 个选项。

➢ 枢轴：用来设置旋转轴心点的位置。"对象"选项表示以自身的轴心位置作为旋转方向；"预设"选项表示通过坐标来设置轴心点的位置。

➢ 枢轴点：用来设置枢轴点的坐标。

➢ 曲面次数：用来设置生成的曲面的次数。"线性"选项表示为 1 阶，可生成不平滑的曲面；"立方"选项可生成平滑的曲面。

➢ 开始/结束扫描角度：用来设置开始/结束扫描角度。

➢ 使用容差：用来设置旋转的精度。

➢ 分段：用来设置生成曲线的段数，段数越多，精度越高。

➢ 输出几何体：用来选择输出几何体的类型，有 NURBS、多边形、细分曲面和 Bezier 四种类型。

● 放样

使用"放样"命令可以将多条轮廓线生成一个曲面。执行"曲面>放样▣"命令，弹出"放样选项"对话框，如图 3-30 所示。放样重要参数说明如下。

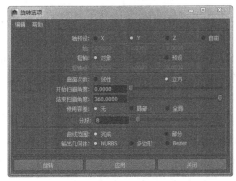

图 3-29

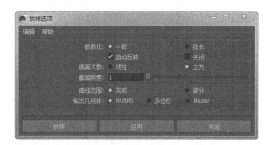

图 3-30

➢ 参数化：用来改变放样曲面的 V 向参数值。"一致"选项表示统一生成的曲面在 V

方向上的参数值；"弦长"选项使生成的曲面在 V 方向上的参数值等于轮廓线之间的距离。

- ➢ 自动反转：在放样时，因为曲线方向的不同会产生曲面扭曲现象，该选项可以自动统一曲线的方向，使曲面不产生扭曲现象。
- ➢ 关闭：勾选该选项后，生成的曲面会自动闭合。
- ➢ 截面跨度：用来设置生成曲面的分段数。

● 平面

使用"平面"命令可以将封闭的曲线、路径和剪切边等生成一个平面，但这些曲线、路径和剪切边都必须位于同一平面内。执行"曲面>平面▣"命令，弹出"平面修剪曲面选项"对话框，如图 3-31 所示。

● 挤出

使用"挤出"命令可将一条任何类型的轮廓曲线沿着另一条曲线的大小生成曲面。执行"曲面>挤出▣"命令，弹出"挤出选项"对话框，如图 3-32 所示。可以看到相关的参数，挤出的重要参数说明如下。

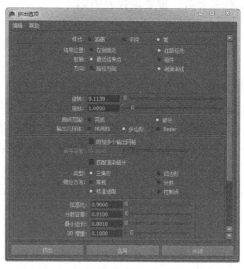

| 图 3-31 | 图 3-32 |

- ➢ 样式：用来设置挤出的样式。"距离"选项表示将曲线沿指定距离进行挤出；"平坦"选项表示将轮廓线沿路径曲线进行挤出，但在挤出过程中始终平行于自身的轮廓线；"管"选项将轮廓线以与路径曲线相切的方式挤出曲面，这是默认的创建方式。
- ➢ 结束位置：决定曲面挤出的位置。"在剖面处"表示挤出的曲面在轮廓线上，如果轴心点没有在轮廓线的几何中心，那么挤出的曲面将位于轴心点上；"在路径处"表示挤出的曲面在路径上。
- ➢ 枢轴：用来设置挤出时的枢轴点类型。"最近结束点"表示使用路径上最靠近轮廓曲线边界盒中心的断点作为枢轴点；"组件"表示让各轮廓线使用自身的枢轴点。
- ➢ 方向：用来设置挤出曲面的方向。"路径方向"表示沿着路径的方向挤出曲面；"剖面法线"表示沿着轮廓线的法线方向挤出曲面。
- ➢ 旋转：设置挤出的曲面的旋转角度。
- ➢ 缩放：设置挤出的曲面的缩放量。

● 双轨成形

"双轨成形"命令包含 3 个子命令，分别是"双轨成形 1 工具""双轨成形 2 工具"和"双轨成形 3+工具"。

使用"双轨成形 1 工具"命令可以让一条轮廓线沿两条路径线进行扫描，从而生成曲面。执行"曲面>双轨成形>双轨成形 1 工具▣"命令，弹出"双轨成形 1 选项"对话框，如图 3-33 所示。双轨成形 1 工具重要参数说明如下。

图 3-33

➢ 变换控制：用来设置轮廓线的成形方式。"不成比例"表示以不成比例的方式扫描曲线，"成比例"表示以成比例的方式扫描曲线。

➢ 连续性：保持曲面切线方向的连续性。

➢ 重建：重建轮廓线和路径曲线。有"剖面""第一轨道"和"第二轨道"3 种选项。

使用"双轨成形 2 工具"命令可以沿着两条路径线在两条轮廓线之间生成一个曲面。执行"曲面>双轨成形>双轨成形 2 工具▣"命令，弹出"双轨成形 2 选项"对话框，如图 3-34 所示。

使用"双轨成形 3+工具"命令可以通过两条路径曲线和多条轮廓曲线来生成曲面。执行"曲面>双轨成形>双轨成形 3+工具▣"命令，弹出"双轨成形 3+选项"对话框，如图 3-35 所示。

图 3-34

图 3-35

● 边界

"边界"命令可以根据所选的边界曲线或等参线来生成曲面。执行"曲面>边界▣"命令，弹出"边界选项"对话框，如图 3-36 所示。边界重要参数说明如下。

➢ 曲线顺序：用来选择曲线的顺序。"自动"选项使用系统默认的方式创建曲面；"作为选定项"选项使用选择的顺序来创建曲面。

➢ 公用端点：判断生成曲面前曲线的端点是否匹配，从而决定是否生成曲面。有"可选"和"必需"2 个选项。

● 方形

"方形"命令可以在 3 条或 4 条曲线间生成曲面，也可以在几个曲面相邻的边生成曲面，并且会保持曲面间的连续性。执行"曲面>方形▣"命令，弹出"方形曲面选项"对话框，如图 3-37 所示。方形的重要参数说明如下。

➢ 连续性类型：用来设置曲面间的连续类型。

➢ 固定的边界：不对曲面间进行连续处理。

➢ 切线：使曲面保持连续。

➢ 暗含的切线：根据曲线在平面的法线上创建曲面的切线。

图 3-36

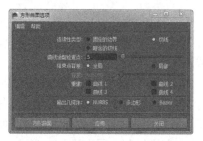

图 3-37

● 倒角

"倒角"命令可以用曲线来创建一个倒角曲面对象，倒角对象的类型可以通过相应的参数来进行设定。执行"曲面>倒角■"命令，弹出"倒角选项"对话框，如图 3-38 所示。倒角的重要参数说明如下。

➢ 倒角：用来设置在什么位置产生倒角曲面。有"顶边""底边""二者"和"禁用"4 个选项。

➢ 倒角宽度：设置倒角的宽度。

➢ 倒角深度：设置倒角的深度。

➢ 挤出高度：设置挤出面的高度。

➢ 倒角的角点：用来设置倒角的类型，共有"笔直"和"圆弧"2 个选项。

➢ 倒角封口边：用来设置倒角封口的形状，有"凸""凹"和"笔直"3 个选项。

提示

不同的倒角参数可以产生不同的倒角效果，用户要多对通道盒中的参数进行测试。

● 倒角+

"倒角+"命令是"倒角"命令的升级版，该命令集合了非常多的倒角效果。执行"曲面> 倒角+■"命令，弹出"倒角+选项"对话框，如图 3-39 所示。可以看到相关参数。

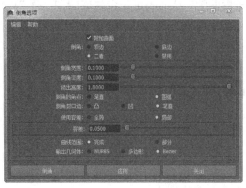

图 3-38

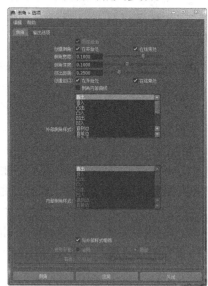

图 3-39

3.3 编辑 NURBS 曲线

展开"编辑曲线"菜单，可以看到 NURBS 曲线的编辑菜单，这些命令全是一些基础命令，只有掌握好了这些命令才能创建出各种样式的曲线。下面将介绍几个基础命令。

3.3.1 复制曲面曲线

通过"复制曲面曲线"命令可以将 NURBS 曲面上的等参线、剪切边或曲线复制出来。
执行"编辑曲线>复制曲面曲线▣"命令，弹出"复制表面曲线选项"对话框，如图 3-40 所示。可以看到复制曲面曲线的相关参数，重要参数说明如下。

图 3-40

> 与原始对象分组：勾选该选项后，可以让复制出来的曲线作为源曲面的子物体；关闭该选项时，复制出来的曲线作为独立的物体。

> 可见曲面等参线：U、V 和"二者"选项分别表示复制 U 向、V 向和两个方向上的等参线。

提示　除了以上的复制方法，经常使用到的还有一种方法：首先进入 NURBS 曲面的等参线编辑模式，然后选择指定位置的等参线，接着执行"复制曲面曲线"命令，这样可以将指定位置的等参线单独复制出来，而不复制出其他等参线；若选择剪切边或 NURBS 曲面上的曲线进行复制，也不会复制出其他等参线。

自测 3　复制曲面上的曲线
源文件：人邮教育\源文件\第 3 章\3-3-1.mb
视　频：人邮教育\视频\第 3 章\3-3-1.swf

STEP 1 执行"文件>打开场景"命令，在弹出的对话框中设置相关选项，如图 3-41 所示。打开文件"人邮教育\源文件\第 3 章\素材\3-3-1.mb"，效果如图 3-42 所示。

图 3-41

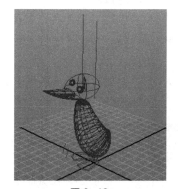

图 3-42

STEP 2 选中中间部分，单击鼠标右键，在弹出菜单中选择"等参线"命令。进入等参线编辑模式，如图 3-43 所示。选择任何一条等参线，执行"编辑曲线>复制曲面曲线"命令，将表面曲线复制出来，如图 3-44 所示。

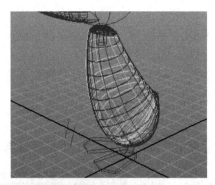

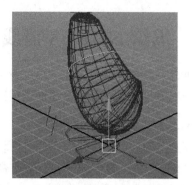

图 3-43   图 3-44

提示

      因为复制出来的表面曲线具有历史记录，记录着与原始曲线的关系，所以在改变原始曲线时，复制出来的曲线也会跟着一起改变。

3.3.2 附加曲线

使用"附加曲线"命令可以将断开的曲线合并为一条整体曲线。执行"编辑曲线>附加曲线▣"命令，弹出"附加曲线选项"对话框，如图 3-45 所示。可以看到相关参数，附加曲线的重要参数说明如下。

> 附加方法：曲线的附加模式，包括"连接"和"混合"两个选项。"连接"方法可以直接将两条曲线连接起来，但不进行平滑处理，所以会产生尖锐的角；"混合"方法可使两条曲线的附加点以平滑的方式过渡，并且可以调节平滑度。

图 3-45

> 多点结：用来选择是否保留合并处的结构点。"保持"选项为保留结构点；"移除"为移除结构点，移除结构点时，附加处会变成平滑的连接效果。

> 混合偏移：当开启"混合"选项时，该选项用来控制附加曲线的连续性。

> 插入结：开启"混合"选项时，该选项可用来在合并处插入 EP 点，以改变曲线的平滑度。

> 保持原始：勾选该选项时，合并后将保留原始的曲线；关闭该选项时，合并后将删除原始曲线。

自测
4

连接断开的曲线
源文件：人邮教育\源文件\第 3 章\3-3-2.mb
视　频：人邮教育\视频\第 3 章\3-3-2.swf

STEP 1 执行"文件>打开场景"命令，打开"人邮教育\源文件\第 3 章\素材\3-3-2.mb"，如图 3-46 所示。执行"窗口>大纲视图"命令，弹出"大纲视图"对话框，从该对话框中和视图中可以看到曲线是断开的，如图 3-47 所示。

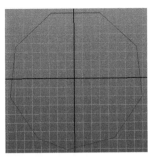

图 3-46

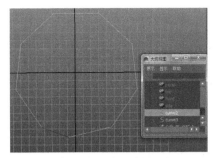

图 3-47

STEP 2 选择其中一段曲线,按住 Shift 键加选另一段曲线,如图 3-48 所示。执行"编辑曲线>附加曲线▣"命令,在弹出的对话框中设置相关选项,如图 3-49 所示。

STEP 3 设置完成后,单击"附加"按钮,最终效果如图 3-50 所示。

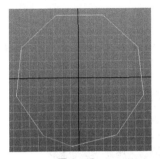

图 3-48

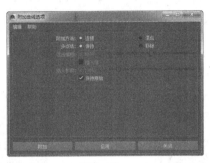

图 3-49

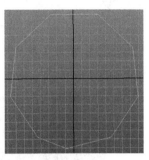

图 3-50

提示

"附加曲线"命令在编辑曲线时经常使用到,熟练掌握该命令可以创建出复杂的曲线。NURBS 曲线在创建时无法直接产生直角的硬边,这是由 NURBS 曲线本身特有的特性所决定的,因此需要通过该命令将不同次数的曲线连接在一起。

3.3.3 分离曲线

使用"分离曲线"命令可以将一条 NURBS 曲线从指定的点分离开,也可以将一条封闭的 NURBS 曲线分离成开放的曲线。执行"编辑曲线>分离曲线▣"命令,弹出"分离曲线选项"对话框,如图 3-51 所示。勾选"保持原始"复选框时,执行"分离曲线"命令会保留原始的曲线。

图 3-51

3.3.4 对齐曲线

使用"对齐曲线"命令可以对齐两条曲线的最近点,也可以按曲线上的指定点对齐。执行"编辑曲线>对齐曲线▣"命令,弹出"对齐曲线选项"对话框,如图 3-52 所示。可以看到相关参数,对齐曲线的重要参数说明如下。

➢ 附加:将对接后的两条曲线连接为一条曲线。

➢ 多点结:用来选择是否保留附加处的结构点。"保持"为保留结构点;"移除"为移除结构点,移除结构点

图 3-52

时，附加处将变成平滑的连接效果。

➤ 连续性：决定对齐后的连接处的连续性。"位置"选项使两条曲线直接对齐，而不保持对齐处的连续性；"切线"选项将两条曲线对齐后，保持对齐处的切线方向一致；"曲率"选项将两条曲线对齐后，保持对齐处的曲率一致。

➤ 修改位置：用来决定移动哪条曲线来完成对齐操作。"第一个"选项表示移动第一个选择的曲线来完成对齐操作；"第二个"选项表示移动第二个选择的曲线来完成对齐操作；"二者"选项将两条曲线同时向均匀的位置上移动来完成对齐操作。

➤ 修改边界：用来决定移动哪条边界来完成对齐操作。

➤ 保持原始：勾选该选项后会保留原始的两条曲线。

自测 5	对齐曲线的顶点
	源文件：人邮教育\源文件\第 3 章\3-3-4.mb
	视　频：人邮教育\视频\第 3 章\3-3-4.swf

STEP 1 新建场景，使用曲线工具，在场景中创建两段曲线，如图 3-53 所示。按住 Shift 键，选择两段曲线，如图 3-54 所示。

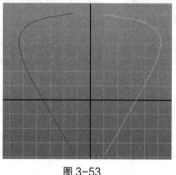

图 3-53

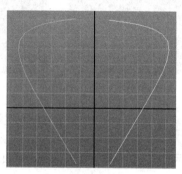

图 3-54

STEP 2 执行"编辑曲线>对齐曲线▣"命令，在弹出的对话框中设置相关选项，如图 3-55 所示。设置完成后，单击"对齐"按钮，可以看到两条曲线的顶点对齐连接在一起，如图 3-56 所示。

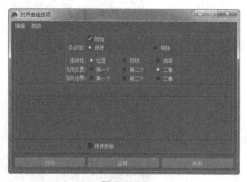

图 3-55

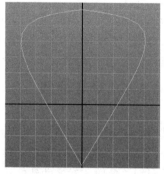

图 3-56

3.3.5　开放/闭合曲线

使用"开放/闭合曲线"命令可以将开放曲线变成封闭曲线，或将封闭曲线变成开放曲线。

执行"编辑曲线>开放/闭合曲线▣"命令，弹出"开放/闭合曲线选项"对话框，如图 3-57
所示。可以看到相关参数，重要参数说明如下。

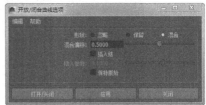

➤ 形状：当执行"开放/闭合曲线"命令后，该选
项用来设置曲线的形状。"忽略"选项表示不保
持原始曲线的形状；"保留"选项表示通过加入
CV 点来尽量保持原始曲线的形状；"混合"选
项可以调节曲线的形状。

➤ 混合偏移：当勾选"混合"选项时，该选项用来
调节曲线的形状。

图 3-57

➤ 插入结：当封闭曲线时，在封闭处插入点，以保持曲线的连续性。

➤ 保持原始：保留原始曲线。

| 自测 6 | 闭合断开的曲线 |
| 源文件：人邮教育\源文件\第 3 章\3-3-5.mb |
| 视　频：人邮教育\视频\第 3 章\3-3-5.swf |

STEP 1 新建场景，使用"铅笔曲线工具"，在场景中创建一段曲线，如图 3-58 所示。执
行"编辑曲线>开放/闭合曲线▣"命令，在弹出的对话框中设置"形状"为"忽略"，如
图 3-59 所示。

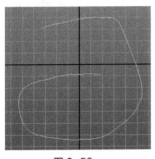

图 3-58

图 3-59

STEP 2 设置完成后，单击"打开/关闭"按钮，效果如图 3-60 所示。按组合键 Ctrl+Z
返回，使用相同的操作方法，在"开放/闭合曲线选项"对话框中设置"形状"为"保留"，
如图 3-61 所示。

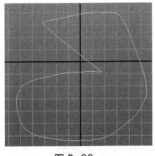

图 3-60

图 3-61

STEP 3 设置完成后，单击"打开/关闭"按钮，效果如图 3-62 所示。使用相同的操作方

法，当"形状"为"混合"时，效果如图 3-63 所示。

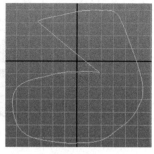

图 3-62　　　　　　　　　　　图 3-63

3.3.6　切割曲线

使用"切割曲线"命令可以将多条相交曲线从相交处剪断。执行"编辑曲线>切割曲线▣"命令，弹出"切割曲线选项"对话框，如图 3-64 所示。可以看到相关参数，切割曲线的重要参数说明如下。

图 3-64

> 查找相交处：用来选择两条曲线的投影方式。"在 2D 和 3D 空间"选项表示在正交视图和透视图中求出投影交点；"仅在 3D 空间"选项表示只在透视图中求出交点；"使用方向"选项表示使用自定义方向来求出投影交点，有 X、Y、Z、"活动视图"和"自由"5 个选项可以选择。

> 切割：用来决定曲线的切割方式。"在所有相交处"选项表示切割所有选择曲线的相交处；"使用最后一条曲线"选项表示只切割最后选择的一条曲线。

> 保持：用来决定最终保留和删除的部分。"最长分段"选项表示保留最长线段，删除较短的线段；"所有曲线分段"选项表示保留所有曲线段；"具有曲线点的分段"选项表示根据曲线点的分段进行保留。

自测 7

切割曲线
源文件：人邮教育\源文件\第 3 章\3-3-6.mb
视　频：人邮教育\视频\第 3 章\3-3-6.swf

STEP 1 新建场景，使用曲线工具，在场景中创建圆形和一段曲线，如图 3-65 所示。按 Shift 键，选中两段曲线，如图 3-66 所示。

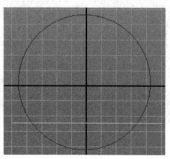　　　　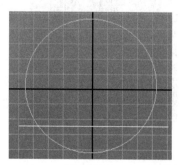

图 3-65　　　　　　　　　　　图 3-66

STEP 2 执行"编辑曲线>切割曲线█"命令，在弹出的对话框中设置相关选项，如图 3-67 所示。设置完成后，单击"切割"选项，可以看到相交曲线都被分割开，效果如图 3-68 所示。

图 3-67

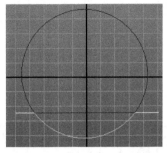

图 3-68

3.3.7 曲线圆角

使用"曲线圆角"命令可以让两条相交曲线或两条分离曲线之间产生平滑的过渡曲线。执行"编辑曲线>曲线圆角█"命令，弹出"圆角曲线选项"对话框，如图 3-69 所示。可以看到相关参数，曲线圆角的重要参数说明如下。

图 3-69

> 修剪：开启该选项时，将在曲线倒角后删除原始曲线的多余部分。

> 接合：将修剪后的曲线合并成一条完整的曲线。

> 保持原始：保持倒角前的原始曲线。

> 构建：用来选择倒角部分曲线的构建方式。"圆形"选项表示倒角后的曲线为规则的圆形；"自由形式"选项表示倒角后的曲线为自由的曲线。

> 半径：设置倒角半径。

> 自由形式类型：用来设置自由倒角后曲线的连接方式。"切线"选项表示让连接处与切线方向保持一致；"混合"选项表示让连接处的曲率保持一致；"混合控制"选项被勾选时，将激活混合控制的参数。

> 深度：控制曲线的弯曲深度。

> 偏移：用来设置倒角后曲线的左右倾斜度。

3.4 编辑 NURBS 曲面

在"编辑 NURBS"菜单下是一些编辑 NURBS 曲面的命令，下面将介绍基本常用的命令。

3.4.1 复制 NURBS 面片

使用"复制 NURBS 面片"命令可以将 NURBS 物体上的曲面面片复制出来，并且会形成一个独立的物体。执行"编辑 NURBS>复制 NURBS 面片█"命令，弹出"复制 NURBS 面片选项"对话框，如图 3-70 所示。勾选"与原始对象分组"选项时，复制出来的面片将作为原始物体的子物体。

图 3-70

当移动复制出来的曲面时，原始曲面不会跟着移动，但是移动原始曲面时，复制出来的曲面也会跟着移动。

STEP 1 执行"文件>打开场景"命令，打开"人邮教育\源文件\第 3 章\素材\3-4-1.mb"，如图 3-71 所示。在模型上单击鼠标右键，在弹出的菜单中选择"曲面面片"命令，进入面片编辑模式，如图 3-72 所示。

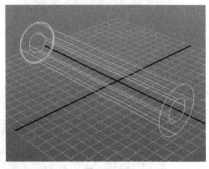

图 3-71

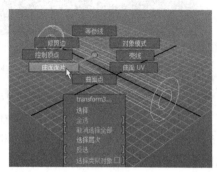

图 3-72

STEP 2 任意框选其中的面片，如图 3-73 所示。执行"编辑 NURBS>复制 NURBS 面片 ▣"命令，在弹出的对话框中设置相关选项，如图 3-74 所示。

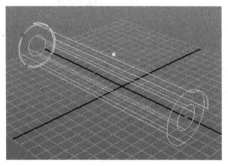

图 3-73

图 3-74

STEP 3 设置完成后，单击"复制"按钮，效果如图 3-75 所示。使用"移动工具"，移出刚复制的面片，如图 3-76 所示。

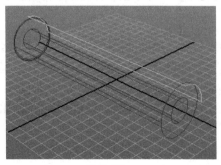

图 3-75

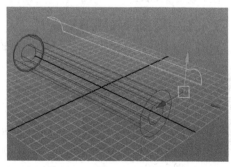

图 3-76

提示 复制出来的曲面与原始曲面是群组关系，当移动复制出来的曲面时，原始曲面不会跟着移动，但是移动原始曲面时，复制出来的曲面也会跟着移动。

3.4.2　在曲面上投影曲线

使用"在曲面上投影曲线"命令可以将曲线按照某种投射方法投影到曲面上，以形成曲面曲线。执行"编辑 NURBS>在曲面上投影曲线▣"命令，弹出"在曲面上投影曲线选项"对话框，如图 3-77 所示。对话框中的重要参数说明如下。

图 3-77

> ➤ 沿以下项投影：用来选择投影方式。"活动视图"选项用垂直于当前激活视图的方向作为投影方向；"曲面法线"表示用垂直于曲面的方向作为投影方向。

3.4.3　曲面相交

使用"曲面相交"命令可以在曲面的交界处产生一条相交曲线，以用于后面的剪切操作。执行"编辑 NURBS>曲面相交▣"命令，弹出"曲面相交选项"对话框，如图 3-78 所示。曲面相交的重要参数说明如下。

> ➤ 为以下项创建曲线：用来决定生成曲线的位置。有"第一曲面"和"两个面"2 个选项。
> ➤ 曲线类型：用来决定生成曲线的类型。"曲面上的曲线"表示生成的曲线为曲面曲线；"3D 世界"被勾选后，生成的曲线是独立的曲线。

78

```
自测   用曲面相交在曲面的相交处生成曲线
 9    源文件：人邮教育\源文件\第 3 章\3-4-3.mb
      视　频：人邮教育\视频\第 3 章\3-4-3.swf
```

STEP 1 执行"文件>打开场景"命令，打开"人邮教育\源文件\第 3 章\素材\3-4-3.mb"，如图 3-79 所示。按住 Shift 键，选择圆环和圆柱体，如图 3-80 所示。

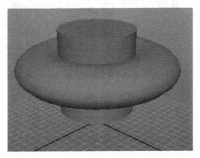

图 3-79

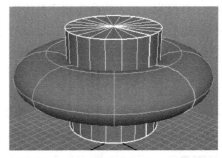

图 3-80

STEP 2 执行"编辑 NURBS>曲面相交▣"命令，在弹出的对话框中设置相关选项，如图 3-81 所示。设置完成后，单击"相交"按钮，按快捷键 4，切换到线框显示模式，可以看到两个模型的相交处产生了相交曲线，如图 3-82 所示。

图 3-81

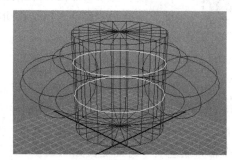

图 3-82

3.4.4 布尔

"布尔"命令可以对两个相交的 NURBS 对象进行并集、差集、交集计算，确切地说是一种修剪操作。"布尔"命令包含 3 个子命令，分别是"并集工具""差集工具"和"交集工具"。

布尔运算有 3 种运算方式："并集工具"可以去除两个 NURBS 物体的相交部分，保留未相交的部分，弹出"NURBS 布尔并集选项"对话框，如图 3-83 所示。

"差集工具"用来消去对象上与其他对象的相交部分，同时其他对象也会被去除，弹出"NURBS 布尔差集选项"对话框，如图 3-84 所示。

图 3-83

图 3-84

使用"交集工具"命令后，可以保留两个 NURBS 物体的相交部分，但是会去除其余部分，弹出"NURBS 布尔交集选项"对话框，如图 3-85 所示。

➢ 删除输入：勾选该选项后，在关闭历史记录的情况下，可以删除布尔运算的输入参数。

➢ 工具行为：用来选择布尔工具的特性。

➢ 完成后退出：关闭该选项，在布尔运算操作完成后，会继续使用布尔工具，这样可以不必继续在菜单中选择布尔工具就能进行下一次的布尔运算。

图 3-85

➢ 层级选择：勾选该选项后，选择物体进行布尔运算时，会选中物体所在层级的根节点，如果需要对群组中的对象或者子物体进行布尔运算，需关闭该选项。

自测 10	运用布尔运算
	源文件：人邮教育\源文件\第 3 章\3-4-4.mb
	视　频：人邮教育\视频\第 3 章\3-4-4.swf

STEP 1 新建场景，使用曲面工具，在场景中创建一个 NURBS 立方体和 NURBS 圆锥体，如图 3-86 所示。执行"编辑 NURBS>布尔>并集工具"命令，选择立方体，如图 3-87 所示。

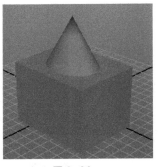

图 3-86

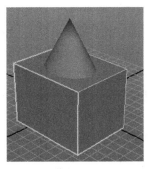

图 3-87

STEP 2 按 Enter 键，再单击圆锥体，这样立方体与圆锥体的相交部分就被去掉了，而保留了未相交部分，如图 3-88 所示。按组合键 Ctrl+Z 返回，执行"编辑 NURBS>布尔>差集工具"命令，单击立方体，如图 3-89 所示。

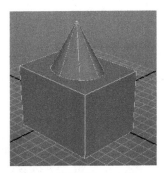

图 3-88

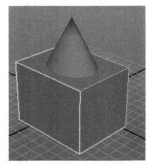

图 3-89

STEP 3 按 Enter 键，再单击圆锥体，这样立方体与圆锥体的相交部分会保留，而未相交部分就会被去掉，如图 3-90 所示。按组合键 Ctrl+Z 返回，执行"编辑 NURBS>布尔>交集工具"命令，使用相同的操作方法，可以看到只保留相交部分，如图 3-91 所示。

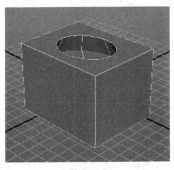

图 3-90

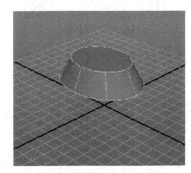

图 3-91

提示

布尔运算的操作方法比较简单。首先选择相关的运算工具，然后选择一个或多个曲面作为布尔运算的第 1 组曲面，接着按 Enter 键，再选择另外一个或多个曲面作为布尔运算的第 2 组曲面就可以进行布尔运算了。

3.4.5 附加曲面

使用"附加曲面"命令可以将两个曲面附加在一起形成一个曲面，也可以选择曲面上的等参线，然后在两个曲面上指定的位置进行合并。执行"编辑 NURBS>附加曲面▣"命令，弹出"附加曲面选项"对话框，如图 3-92 所示。附加曲面的重要参数说明如下。

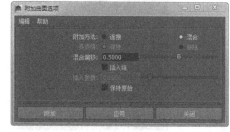

图 3-92

> 附加方法：用来选择曲面的附加方式。

> 连接：不改变原始曲面的形态进行合并。

> 多点结：使用"连接"方式进行合并时，该选项可以用来决定曲面结合处的复合结构点是否保留下来。

> 混合偏移：设置曲面的偏移倾向。

> 插入结：在曲面的合并部分插入两条等参线，使合并后的曲面更加平滑。

> 插入参数：用来控制等参线的插入位置。

自测 11	用附加曲面合并曲面
	源文件：人邮教育\源文件\第 3 章\3-4-5.mb
	视　频：人邮教育\视频\第 3 章\3-4-5.swf

STEP 1 执行"文件>打开场景"命令，打开"人邮教育\源文件\第 3 章\素材\3-4-5.mb"，如图 3-93 所示。按住 Shift 键，选择两个曲面，如图 3-94 所示。

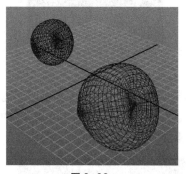

图 3-93

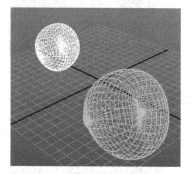

图 3-94

STEP 2 执行"编辑 NURBS>附加曲面▣"命令，在弹出的对话框中设置相关选项，如图 3-95 所示。设置完成后，单击"附加"按钮，可以看到两个曲面连接在一起，效果如图 3-96 所示。

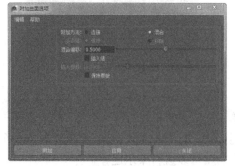

图 3-95

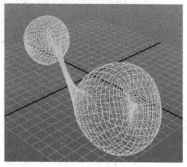

图 3-96

3.4.6 附加而不移动

"附加而不移动"命令是通过选择两个曲面上的曲线，在两个曲面间产生一个混合曲面，并且不对原始物体进行移动变形操作。

3.4.7 分离曲面

"分离曲面"命令是通过选择曲面上的等参线将曲面从选择位置分离出来，以形成两个独立的曲面。

3.4.8 对齐曲面

选择两个曲面后，执行"对齐曲面"命令可以将两个曲面进行对齐操作，也可以通过选择曲面边界的等参线来对曲面进行对齐。执行"编辑 NURBS>对齐曲面□"命令，弹出"对齐曲面选项"对话框，如图 3-97 所示。对齐曲面的重要参数说明如下。

图 3-97

- ➤ 附加：将对齐后的两个曲面合并为一个曲面。
- ➤ 多点结：用来选择是否保留合并处的结构点。"保持"为保留结构点；"移除"为移除结构点，当移除结构点时，合并处会以平滑的方式进行连接。
- ➤ 连续性：决定对齐后的连接处的连续性。"位置"表示让两个曲面直接对齐，而不保持对接处的连续性；"切线"表示将两个曲面对齐后，保持对接处的切线方向；"曲率"表示两曲面对齐，保持对接处的曲率一致。
- ➤ 修改位置：用来决定移动哪个曲面来完成对齐操作。有"第一个""第二个"和"二者"3 个选项。
- ➤ 修改边界：设置对齐后的哪个边界发生切线变化。有"第一个""第二个"和"二者"3 个选项。
- ➤ 保持原始：勾选该选项后，会保留原始的两个曲面。

3.4.9 开放/闭合曲面

使用"开放/闭合曲面"命令可以将曲面在 U 向或 V 向进行打开或封闭操作，开放的曲面执行该命令后会封闭起来，而封闭的曲面执行该命令后会变成开放的曲面。执行"编辑 NURBS>开放/闭合曲面□"命令，弹出"开放/闭合曲面选项"对话框，如图 3-98 所示。开放/闭合的重要参数说明如下。

图 3-98

- ➤ 曲面方向：用来设置曲面打开或封闭的方向，有 U、V 和"二者"3 个方向可以选择。
- ➤ 形状：用来设置执行"开放/闭合曲面"命令后曲面的形状变化。设置"形状"为"忽略"，则不考虑曲面形状变化，直接在起始点处打开或封闭曲面；设置"形状"为"保留"，则尽量保护开口处两侧曲面的形态不发生变化；设置"形状"为"混合"，尽量使封闭处的曲面保持光滑的连接效果，同时会产生大幅度的变形。

STEP 1 执行"文件>打开场景"命令，打开文件"人邮教育\源文件\第 3 章\素材\3-4-9.mb"，如图 3-99 所示。选中需要闭合的曲面，如图 3-100 所示。

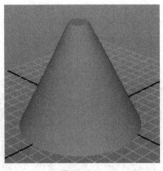

图 3-99

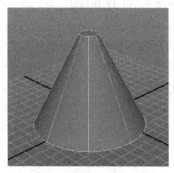

图 3-100

STEP 2 执行"编辑 NURBS>开放/闭合曲面▣"命令，在弹出的对话框中设置相关选项，如图 3-101 所示。设置完成后，单击"打开/关闭"按钮，效果如图 3-102 所示。

图 3-101

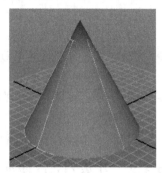

图 3-102

3.5　本章小结

本章是一个非常重要的章节，基本上在实际工作中运用到的 NURBS 建模技术都包含在本章中，这些都是必须掌握的有关 NURBS 建模的基础知识和技巧。希望读者能够认真学习本章，可以更深入地了解 Maya 2014 软件的功能和使用技巧，以便在制作中得心应手。

3.6　课后测试题

一、选择题

1. 在编辑 NURBS 曲线命令中，哪个命令可以将断开的曲线合并为一条整体曲线？（　　）

A. 分离曲线　　　　B. 附加曲线　　　　C. 附加曲面　　　　D. 开放/闭合曲面

2. 字体是哪个命令的参数选项？（　　　）

    A. 文本　　　　　　　B. 类型　　　　　　　　C. 文字　　　　　　　D. NURBS 基本体

3. 下列对"分离曲线"命令的叙述正确的是（　　　）。

    A. 可以将一条 NURBS 曲线从指定的点分离开，但不可以将一条封闭的 NURBS 曲线分离成开放的曲线

    B. 不可以将一条 NURBS 曲线从指定的点分离开，但可以将一条封闭的 NURBS 曲线分离成开放的曲线

    C. 可以将一条 NURBS 曲线从指定的点分离开，也可以将一条封闭的 NURBS 曲线分离成开放的曲线

    D. 不可以将一条 NURBS 曲线从指定的点分离开，也不可以将一条封闭的 NURBS 曲线分离成开放的曲线

二、判断题

1. NURBS 的基本组成元素有点、曲线和曲面。（　　　）

2. 布尔运算中，"交集工具"可以去除两个 NURBS 物体的相交部分，保留未相交的部分。（　　　）

3. "分离曲面"命令是通过选择曲面上的等参线将曲面从选择位置分离出来，以形成两个独立的曲面。（　　　）

三、简答题

1. 详细介绍出布尔运算的几种运算方式。

2. 除了使用"复制曲面曲线"命令复制曲线，还能用什么方法复制？

第 4 章
多边形建模

PART 4

本章简介

本章主要介绍 Maya 2014 的多边形建模技术，包括如何创建多边形和编辑多边形。由于在 Maya 中创建模型主要采用 NURBS 建模技术和多边形建模技术，所以本章是很重要的一章，通过本章的学习，读者可以掌握多边形建模的制作方法和技巧，为以后的学习打下良好的基础。

本章重点

- 了解什么是多边形
- 认识多边形对象的创建
- 了解多边形对象
- 掌握多边形对象的方法和技巧

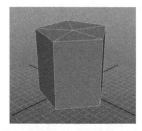
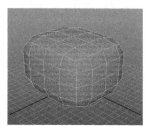
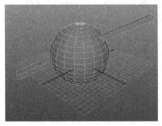
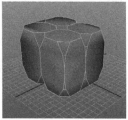

4.1　多边形建模概述

这一部分内容主要简单介绍多边形的相关知识，包括多边形的概念、创建、编辑等方面的知识。

4.1.1 多边形的概念

如果学习过几何，那么就很容易理解多边形的概念了。多边形是指由一组有序顶点和顶点之间的边构成的带有 n 个边的 n 边形，可以是三边形、四边形、五边形等。多边形一般由点构成边，由边构成面，如图 4-1 所示。

多边形对象就是由多个多边形组成的集合，多边形对象可以是简单的，也可以是复杂的，可以是封闭的，也可以是开放的，如图 4-2 所示。

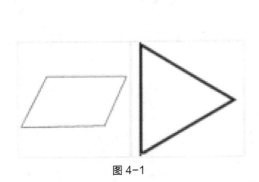

图 4-1

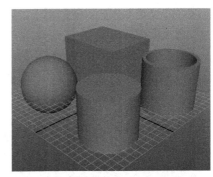

图 4-2

多边形建模方法在很多领域有广泛的应用，比如影视制作、游戏开发和建筑效果图制作等。多边形建模方法可以通过使用一个基本的多边形对象为基础来制作出非常复杂的对象模型。

4.1.2 多边形的子对象元素

前面介绍过多边形对象是由顶点、边和面构成的。实际上，顶点、边和面就是多边形对象的子元素，另外还包括多边形的 UV 坐标，简称 UVs。有了这些子对象后，就可以分别进入到这些子对象模式下对多边形进行各种各样的编辑。下面介绍如何进入这些子对象模式下，或者说如何选择多边形的子对象。

选择多边形子对象的组合键如表 4-1 所示。

表 4-1　选择多边形子对象的组合键

组　合　键	功　　能
F8	可以在对象选择模式和元素选择模式之间切换
Ctrl+F9	选择顶点/面
F9	选择顶点（简称为点）
F10	选择边
F11	选择面
F12	选择 UV 点

使用键盘组合键可以提高工作效率。当然，也可以使用标记菜单，只要在多边形对象上单击鼠标右键，在弹出的快捷菜单中选择需要的元素即可，如图 4-3 所示。

1.进入顶点模式

选择多边形对象，按 F9 键，就可以进入对象的顶点模式，此时可以看到多边形物体上的点，如图 4-4 所示。也可以使用热键进入顶点模式。

如果在顶点模式下使用"移动工具"调整顶点的位置，那么就可以改变多边形对象的形状，效果如图 4-5 所示。

2. 进入边模式

选择多边形对象，按 F10 键，就可以进入对象的边模式，如图 4-6 所示。也可以使用热键进入边模式。

如果在边模式下使用"移动工具"移动一条边的位置，那么就可以改变多边形对象的形状，效果如图 4-7 所示。

3. 进入面模式

选择多边形对象，按 F11 键，就可以进入对象的面模式，如图 4-8 所示。也可以使用热键进入面模式。

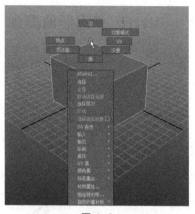

图 4-3

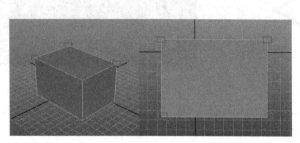

图 4-4

图 4-5

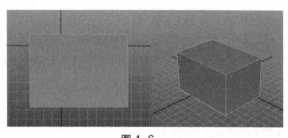

图 4-6

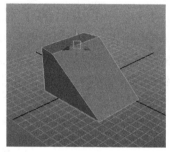

图 4-7

如果在面模式下使用"移动工具"移动一个面的位置，那么就可以改变多边形对象的形状，效果如图 4-9 所示。

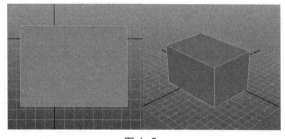

图 4-8

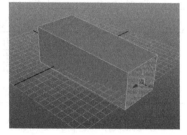

图 4-9

4. 进入 UV 模式

选择多边形对象，按 F12 键，就可以进入对象的 UVs 模式，如图 4-10 所示。

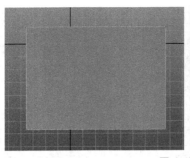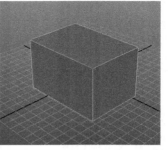

图 4-10

5.法线

法线是一个数学上的概念，在 Maya 中也是一个很重要的概念，法线就是垂直于面的矢量线，具有一定的方向。法线分为面法线和顶点法线，位于面上的法线就是面法线，位于顶点上的法线就是顶点法线。

在创建出一个多边形对象后，它是不显示法线的。执行"显示 > 多边形 > 面法线"命令即可显示出多边形的面法线。执行"显示 > 多边形 > 顶点法线"命令，即可显示出多边形的顶点法线，如图 4-11 所示。

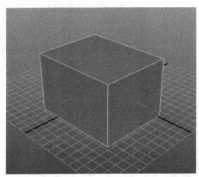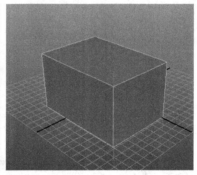

图 4-11

4.2 多边形对象的创建

多边形对象的创建非常简单，本节主要介绍多边形的创建方法。在 Maya 中，可以通过两种方法来创建多边形对象，一种是使用菜单命令进行创建，另一种是使用工具架上的多边形创建工具进行创建。

1.使用菜单命令创建多边形

在 Maya 中，可以直接使用命令创建各种多边形对象，执行"创建>多边形基本体"命令，在该命令的子菜单中列出了创建不同多边形的命令，如图 4-12 所示。

例如，执行"创建>多边形基本体>球体"命令，在任意一个视图中单击并拖动鼠标即可创建一个多边形球体，如图 4-13 所示。

如果单击创建多边形对象命令后面的小方框▢，那么将会在工作界面的右侧打开一个带有多个参数选项的面板，一般称为通道盒，如图 4-14 所示。可以根据需要在通道盒中设置创建对象的参数，如长度、宽度、半径、分段数等，然后在视图中单击并拖动鼠标即可创建出需要的对象，如图 4-15 所示。

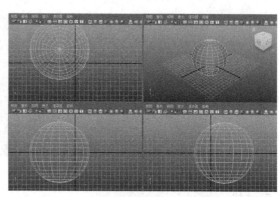

图 4-12   图 4-13

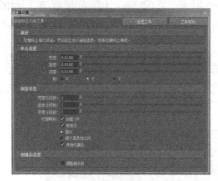

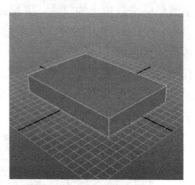

图 4-14   图 4-15

2.使用工具架创建多边形

使用工具架中的按钮工具也可以创建多边形对象,单击工具架上的"多边形"标签,这样在工具架中显示的就是所有用于创建多边形对象的按钮,如图 4-16 所示。

图 4-16

在工具架中单击需要的多边形创建工具,然后在视图中单击并拖动即可创建出需要的多边形对象。例如,在工具架中单击"多边形立方体"按钮,然后在任意一个视图中单击并拖动即可创建出一个多边形立方体,如图 4-17 所示。

可以在 Maya 中创建的基本多边形对象很多,使用菜单命令或者单击工具架上的按钮即可进行创建,如图 4-18 所示。

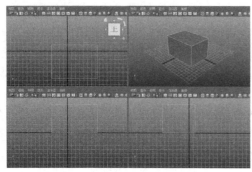

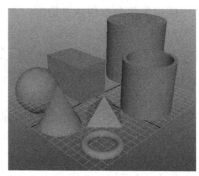

图 4-17   图 4-18

实际上，使用这些基本的多边形就可以搭建或者制作一个比较简单的模型了，比如可以制作一个常见的小板凳的模型。

自测 1　制作板凳
源文件：人邮教育\源文件\第 4 章\4-2.mb
视　频：人邮教育\视频\第 4 章\4-2.swf

STEP 1　新建场景，在工具架中单击"多边形立方体"按钮，在视图中创建一个长方体，如图 4-19 所示。执行"编辑网格>倒角"命令，按组合键 Ctrl+A，打开"属性编辑器"面板，在其中打开"多边形倒角历史"卷展栏，并设置相关选项，如图 4-20 所示。

图 4-19　　　　　　　　　　　　　图 4-20

STEP 2　在视图中单击一下，可以看到倒角后的效果，如图 4-21 所示。使用"多边形立方体"，在视图中创建另一个长方体，如图 4-22 所示。

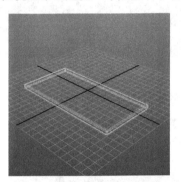

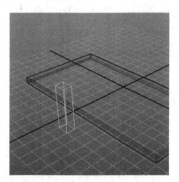

图 4-21　　　　　　　　　　　　　图 4-22

STEP 3　使用"移动工具"，将长方体调整在板凳面的一角处，如图 4-23 所示。继续使用"旋转工具"，分别在前视图和侧视图中将板凳腿旋转一定的角度，如图 4-24 所示。

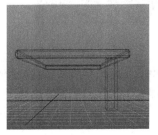

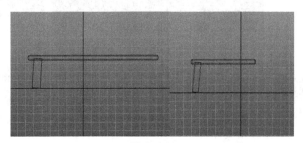

图 4-23　　　　　　　　　　　　　图 4-24

STEP 4 选择板凳腿对象，按组合键 Ctrl+C 进行复制，按组合键 Ctrl+V 进行粘贴，打开通道盒，并设置相关选项，如图 4-25 所示。使用"移动工具"，将复制出的长方体调整至板凳的另一侧，如图 4-26 所示。

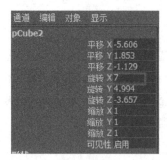

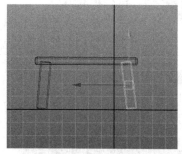

图 4-25　　　　　　　　　　　　　　　　　图 4-26

STEP 5 使用"多边形工具"，在视图中创建一个长方体，并使用"移动工具"将其调到板凳腿间适当的位置，如图 4-27 所示。使用相同的操作方法，完成另一侧的制作，如图 4-28 所示。

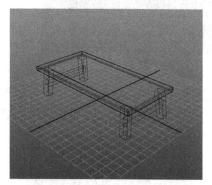

图 4-27　　　　　　　　　　　　　　　　　图 4-28

STEP 6 完成操作后，按组合键 5，为模型着色，效果如图 4-29 所示。

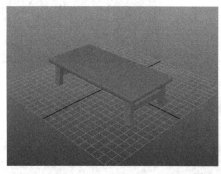

图 4-29

提示　　像一些规则的模型，都可以通过这样的方式堆积起来，尤其是在室内外建筑效果图的制作中，墙壁、地面、顶、门窗等，都可以很容易地制作出来。读者可以根据凳子的制作方法来制作一些比较常见的室外模型，如各种家具和楼房等。

4.3 多边形显示操作

多边形建模是一种非常直观的建模方法，也是 Maya 中最为重要的一种建模方法，多边形建模是通过控制三维空间中物体的点、线、面来塑造物体的外形，而对于多边形的显示操作也非常重要，下面对多边形的显示操作进行详细介绍。

4.3.1 多边形数量显示

用户在进行多边形建模的过程中经常需要了解模型各种构成数据，因此需要一个显示多边形数量的方法。为此，Maya 提供了一个非常直观的多边形数量显示模板。

 提示 显示如模型的点、边和面数，特别是在模型精度比较高时，可以选择所需要了解的多边形对象的某一种构成元素（顶点、边、面等）的具体数目。

执行"显示>平视显示仪>多边形计数"命令，在视图左上角会显示出多边形元素数量动态列表，显示数据分为五类：顶点、边、面、三角形和 UV，如图 4-30 所示。

每个数据类的右侧有三组数据，从左至右分别为：当前视图中所有多边形在该类下的总数量，用户选择物体在该类下的总数量和用户实际选择该类的具体数量。当用户不选择任何物体时，上述三类数据只有第一组数据，其他组都显示为 0。

4-30

4.3.2 多边形菜单

执行"显示>多边形"命令，在该命令菜单中的子菜单命令可以帮助用户控制多边形的显示，如图 4-31 所示，重要命令说明如下。

> 背面消隐：设置是否显示多边形的背面。隐藏背面的线框可以节省系统资源，当需要在一个精度很高的模型上快速选取多个点时，屏蔽背面的点，可以避免错选。

> 顶点：永远显示物体顶点位置，再执行一次该命令，可恢复默认状态。

> UV：永远显示物体 UV 的位置，再执行一次该命令，可恢复默认状态。

> 未共享 UV：永远显示物体不共享 UV 的位置，再执行一次该命令，可恢复默认状态。

> 组件 ID：显示每个元素的 ID 地址。分别为顶点、边、面和 UV。

> 面法线：显示物体面的法线，再执行一次该命令可恢复默认状态。

> 顶点法线：显示物体上顶点的法线，再执行一次该命令可恢复默认状态。

> 切线：显示物体上每个点的切线，再执行一次该命令可恢复默认状态。

> 法线大小：调整法线显示的大小。

> 标准边：按标准模式显示物体边。

> 软边/硬边：按软边/硬边模式显示物体边。

图 4-31

> 硬边：按硬边模式显示物体边。

显示多边形物体
源文件：人邮教育\源文件\第 4 章\4-3-2.mb
视　频：人邮教育\视频\第 4 章\4-3-2.swf

STEP 1 新建场景，在视图中创建一个多边形球体，如图 4-32 所示。打开通道盒，并在"输入"卷展栏下设置相关选项，如图 4-33 所示。

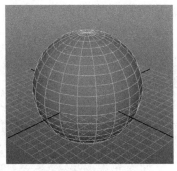

图 4-32　　　　　　　　　　　　　图 4-33

STEP 2 完成设置，在视图中可以看到对象效果，如图 4-34 所示。执行"显示>多边形>面法线"命令，可以看到面法线模型的效果，如图 4-35 所示。

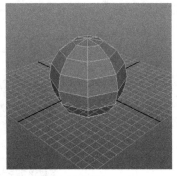

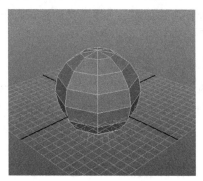

图 4-34　　　　　　　　　　　　　图 4-35

STEP 3 执行"显示>多边形>顶点法线"命令，可以看到顶点法线模型的效果，如图 4-36 所示。执行"显示>多边形>切线"命令，可以看到切线模型的效果，如图 4-37 所示。

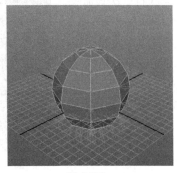

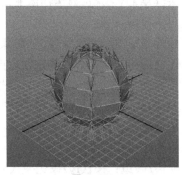

图 4-36　　　　　　　　　　　　　图 4-37

4.4　编辑多边形对象

创建完成的多边形对象，往往与我们需要的目标形状还相差很远。不过可以通过在子对象模式下对它进行编辑来获得需要的形状。这在 Maya 中实现起来非常简单，使用各种操作命令或者工具即可完成。

4.4.1　删除多边形上的构成元素

创建好一个对象之后，按 Backspace 键或 Delete 键就可以删除选择的多边形元素。例如，当删除两个面之间的边时，就可以合并这两个面，结果是产生一个面，但边的末端的顶点并不会被删除。

1.删除多边形的面

在视图中按组合键 F11，进入面模式中，选择需要删除的面，如图 4-38 所示。按 Backspace 或 Delete 键，删除选择的面，效果如图 4-39 所示。

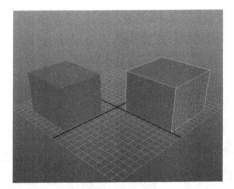

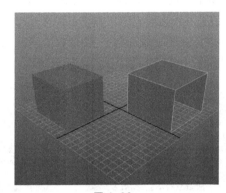

图 4-38　　　　　　　　　　　　　　　　图 4-39

提示　　　这里创建两个立方体是为了便于读者对比，读者在进行练习时，只需要创建一个即可。在下面的练习中也是如此。

2.删除顶点

使用"删除边/顶点"命令，可以通过直接删除内部顶点来简化多边形几何体，从而简化在建模时的一些操作步骤。围绕删除顶点的面被一个 n 边面所取代，而且在受影响区域不会创建四边形和三边形的面，因为此操作的目的就是减少多边形的数量。此操作相当于选择围绕顶点所有的边，然后删除它们。

在视图中按 F9 键，进入顶点模式中，选择右侧立方体上面的一个顶点，如图 4-40 所示。执行"编辑网格>删除边/顶点"命令，顶点就会被删除，效果如图 4-41 所示。

提示　　　纹理坐标系、颜色和盲区数据可能受该操作的影响。颜色、材质和纹理可能会相应的改变。基于顶点和面的材质和其他设置组元素会被保留。对于多边形实例，所有实例的几何形状都会发生改变。

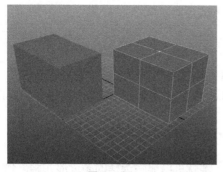
图 4-40

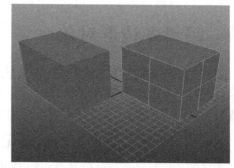
图 4-41

3. 删除边

在 Maya 中使用 Backspace 键删除边时，不能删除边的末端顶点。而使用"删除边/顶点"命令进行操作，就可以删除不再需要的顶点。通过删除边可以减少一些点面数，也可以起到简化操作步骤的作用。

例如，执行"创建>多边形基本体>平面"命令，在视图中创建两个多边形平面对象。按F10 键进入到边模式中，并在右侧多边形面上选择需要删除的两条边，如图 4-42 所示。执行"编辑网格>删除边/顶点"命令，效果如图 4-43 所示。如果按 Delete 或 Backspace 键，删除效果如图 4-44 所示。

图 4-42

图 4-43

图 4-44

通过对比可以看到，使用"删除边/顶点"命令可以把与边连接的顶点同时删除掉，而使用 Delete 键或 Backspace 键则不能同时删除与边连接的顶点。

4.4.2 减少多边形的数量

当制作的模型比较复杂时，需要对模型进行优化，也就是需要减少模型的点面数。通过减少模型上不需要的多边形数量，可以提高运算速度。一般在制作大型的场景或者动画场景时，都有边数和面数的限制。执行"网格>减少□"命令，弹出"减少选项"对话框如图 4-45 所示，主要参数说明如下。

➢ 保持原始：勾选该选项后，简化模型后会保留原始模型。

➢ 减少方法：包含有"百分比""顶点限制"和"三角形限制" 3 个选项可供选择。

➢ 百分比：通过设置百分比减少多边形的数量，默认值是 50%。

4-45

➢ 保留四边形：该数值越大，简化后的多边形的面都尽可能以四边面形式进行转换；该数值越小，简化后的多边形的面都尽可能以三边面形式进行转换。

➢ 锐度：当该值较小时，细节会变得很少，也可能会出现塌陷和撕裂的现象；该值较大时，细节将被很好地保留下来。

➢ 对称类型：包含有"无""自动"和"平面"3种类型可供选择。

如果设置"对称类型"选项为"无"，则不进行对称精减，默认为该选项；如果设置"对称类型"选项为"自动"，则在输出网格上添加一个对称平面，这样将依照该平面进行对称精减，如果选择该选项，Maya 将决定 XZ、XY 和 YZ 中哪个平面最适合做对称平面。同时，Maya 也会尝试寻找物体的中心进行对称精减，这对于那些形状规则、但没有沿 X 轴、Y 轴和 Z 轴有序排列的模型非常有帮助；如果设置"对称类型"选项为"平面"，则在输出网格上添加一个对称平面，这样将按照指定平面进行对称精减。

➢ 对称容差：控制依对称平面对称的两个点的容差范围，该值的取值范围为 0～1。

➢ 对称平面：指定哪个轴向所在的平面为对称平面，当将"对称类型"设置为"平面"时，可以从下拉菜单中选择 XZ、XY 或 YZ 选项。

➢ 网格边界：如果一个几何边只被一个多边形共享，那么它就是一个几何边界边。一系列连接的这种边就是一个几何边界。选中此项可以保持边界边的几何形状。默认此项是选中的。

➢ UV 边界：如果一个贴图边（或者 UV 空间）只被一个贴图多边形共享，那么它就是一个贴图（或者 UV）边界边。选中该项可保留 UV 边界边。这样的多个边的连接就是贴图（或者 UV）边界，默认是选中。

➢ 颜色边界：精减时，将保留着色边界的形状。

➢ 材质边界：精减时，将保留材质边界的形状。

➢ 硬边：勾选该选项后，可以在精简多边形的同时尽量保留模型的硬边。

➢ 折痕边：在精减时，Maya 将保留具有折痕值的边的形状。可以在网格上使用折痕工具来折痕边缘。

➢ 顶点索引映射：通过该参数可以导出一个顶点索引映射。在源网格的顶点和输出网格的顶点之间做链接，然后在该参数后面的框中输入名称，从而创建一个新的颜色集。当应用该颜色集时，就可以在输出网格中看到该顶点并确定在源网格中基于颜色的索引。

自测 3

删除多边形的边数
源文件：人邮教育\源文件\第 4 章\4-4-2.mb
视　频：人邮教育\视频\第 4 章\4-4-2.swf

STEP 1 新建场景，在视图中创建两个多边形平面，选择右侧的多边形平面，如图 4-46 所示。执行"网格>减少□"命令，弹出"减少选项"对话框，设置如图 4-47 所示。

STEP 2 单击"减少"按钮，在视图中可以看到减少边数后的平面对象效果，如图 4-48 所示。

图 4-46

图 4-47

图 4-48

提示

当打开的通道盒中显示的选项不完整时，可以把鼠标指针移动到下面的边缘上，当鼠标指针变为双向箭头时，进行拖动即可将通道盒放大，从而显示出所有的选项。

4.4.3 多边形布尔运算

在 Maya 中，布尔运算是一个比较流行和直观的建模方法。它使用一个形状来作用于另一个形状，直观地讲就是使用一个对象来雕刻另一个对象。

选择的第一个对象的形状是产生结果形状的基础，为了便于称呼，我们把第一个对象称为基础对象，把选择的第二个对象称为工具对象，它将作用于第一个对象。作为一个操作的结果，布尔运算将会产生一个新的形状节点。如果构造历史被保留，当布尔运算完成后，读者可以使用通道盒、大纲视图来选择原始的形状，并且可以使用原始的形状来编辑布尔运算的结果。"布尔"命令包含 3 个子命令，分别是"并集""差集"和"交集"。

➢ 并集

执行"网格>布尔>并集"命令，可以合并两个多边形，相对于"合并"命令来说，"并集"命令可以做到无缝拼合。

➢ 差集

执行"网格>布尔>差集"命令，可以将两个多边形对象进行相减运算，以消去对象与其他对象的相交部分，同时也会消去其他对象。

➢ 交集

执行"网格>布尔>交集"命令，可以保留两个多边形对象的相交部分，但是会去除其余部分。

自测 4　　　**对模型进行布尔运算**
源文件：人邮教育\源文件\第 4 章\4-4-3.mb
视　频：人邮教育\视频\第 4 章\4-4-3.swf

STEP 1 新建场景，在视图中创建一个球体和一个立方体，如图 4-49 所示。选中两个物体，执行"网格>布尔>并集"命令，可以看到"并集"布尔运算的效果，如图 4-50 所示。

提示

和合并命令不同，执行"布尔>并集"命令使两个物体仅仅保留了外壳，内部相交叉的部分被减去了。

图 4-49

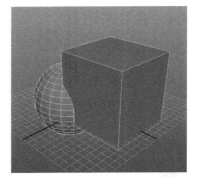

图 4-50

STEP 2 如果是先选中立方体，按住 Shift 键，再选中球体，如图 4-51 所示。执行"网格>布尔>差集"命令，可以看到"差集"布尔运算的效果，如图 4-52 所示。

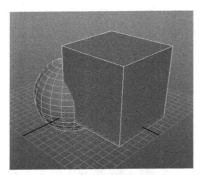

图 4-51

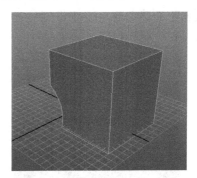

图 4-52

提示

减法分为"减数"与"被减数"，需要注意的是，先选中的物体被认为是"被减数"，而后选中的物体被认为是"减数"。因此，如果先选球体，后选立方体，执行差集命令之后的结果是不一样的。

STEP 3 如果同时选中两个物体，执行"网格>布尔>交集"命令，可以看到"交集"布尔运算的效果，如图 4-53 所示。

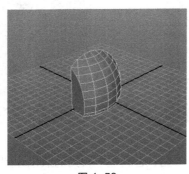

图 4-53

提示

布尔运算对两个物体相交部分的表面拓扑结构要求比较严格，仅当物体相交部分为闭合的面时才能进行计算。当出现计算错误、运算结果无法显示的情况时，需要检查物体的表面结构，必要时甚至需要重新编辑物体。

4.4.4　合并多边形

在 Maya 中，可以执行"编辑网格>合并"命令把多个选中的对象合并为一个单独的对象，在使用合并操作时，要避免创建无效的对象。无效的对象是指法线方向不一致的对象，在使用合并操作时，原始对象上的材质信息将被保留。

在合并法线方向相反的对象之前，可选择法线方向不正确的面，然后执行"法线>翻转"命令来翻转法线，从而使所有对象的法线方向一致。如果法线方向不同，那么在实施映射纹理时就会出现错误。

自测 5　**合并立方体**
源文件：人邮教育\源文件\第 4 章\4-4-4.mb
视　频：人邮教育\视频\第 4 章\4-4-4.swf

STEP 1 新建场景，在视图中创建一个多边形立方体，如图 4-54 所示。按 F10 键，进入到边模式中，如图 4-55 所示。

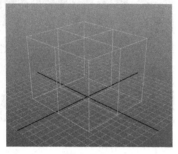
图 4-54

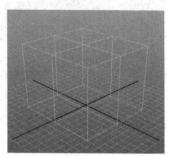
图 4-55

STEP 2 选择需要删除的边，按 Delete 键进行删除，如图 4-56 所示。按 F8 键，使对象处于选择模式中，选择模型，执行"编辑>特殊复制▢"命令，在弹出的"特殊复制选项"对话框中进行设置，如图 4-57 所示。

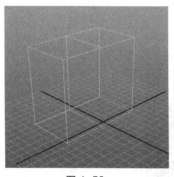
图 4-56

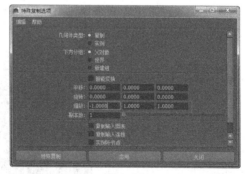
图 4-57

STEP 3 单击"特殊复制"按钮，在视图中看到的效果如图 4-58 所示。选中两个模型，执行"网格>结合"命令，将两个多边形结合成一个多边形对象，如图 4-59 所示。

提示　在状态栏上单击"渲染当前帧"按钮，渲染一下模型的正面，渲染出来后可以发现两个模型结合处有一条明显的缝隙，如图 4-60 所示。下面就用"合并"命令将中间的顶点合并起来。

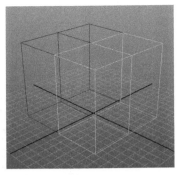
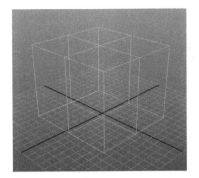

图 4-58   图 4-59

STEP 4 执行"编辑网格>合并"命令，将两个多边形对象合并，如图 4-61 所示。在状态栏上单击"渲染当前帧"按钮，渲染模型，可以看到渲染的效果，如图 4-62 所示。

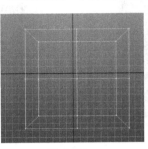

图 4-60   图 4-61   图 4-62

4.4.5 提取

此命令用于从物体上提取一个或多个面，可以选择物体上的任意一个或多个面来提取。如果被提取的多个面彼此相邻，有共同的边，则提取出的面依旧彼此相连；如果被提取的多个面彼此不相邻，没有共同的边，提取后则彼此独立。执行"网格>提取"命令，弹出"提取选项"对话框，如图 4-63 所示，提取参数说明如下。

图 4-63

> 分离提取的面：勾选该选项后，提取出来的面将作为一个独立的多边形对象；如果不勾选该选项，提取出来的面与原始模型将是一个整体。

> 偏移：设置提取出来的面的偏移距离。

自测
6

提取多边形模型的面
源文件：人邮教育\源文件\第 4 章\4-4-5.mb
视　频：人邮教育\视频\第 4 章\4-4-5.swf

STEP 1 新建场景，在视图中创建一个多边形球体，如图 4-64 所示。打开通道盒，并在"输入"卷展栏下设置相关选项，如图 4-65 所示。

STEP 2 完成设置，在视图中可以看到对象效果，如图 4-66 所示。在对象上单击鼠标右键，进入组元选择模式，选择面组元，如图 4-67 所示。

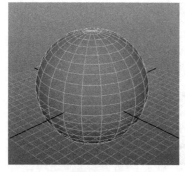

图 4-64

图 4-65

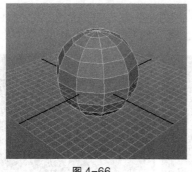

图 4-66

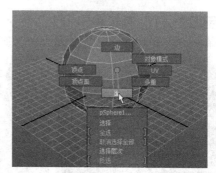

图 4-67

STEP 3 在场景中的对象上选中其中一部分的面，如图 4-68 所示。执行"网格>提取"命令，将这部分面提取出来，效果如图 4-69 所示。

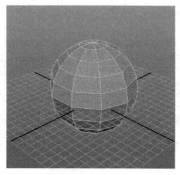

图 4-68

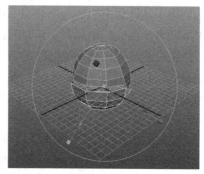

图 4-69

4.4.6 桥接

使用"桥接"命令可以在一个多边形对象内的两个洞口之间产生桥梁式的连接效果，连接方式可以是线性连接，也可以是平滑连接。执行"编辑网格>桥接□"命令，弹出"桥接选项"对话框，如图 4-70 所示。桥接参数说明如下。

➤ 桥接类型：用来选择桥接的方式。如果为"线性路径"，则以直线的方式进行桥接；如果为"平滑路径"，则使连接的部分以光滑的形式进行桥接；如果为"平滑路径+

图 4-70

曲线"，则以平滑的方式进行桥接，并且会在内部产生一条曲线。可以通过曲线的弯曲度来控制桥接部分的弧度。

> 扭曲：当开启"平滑路径+曲线"选项时，该选项才可用，可使连接部分产生扭曲效果，并且以螺旋的方式进行扭曲。

> 锥化：当开启"平滑路径+曲线"选项时，该选项才可用，主要用来控制连接部分的中间部分的大小，可以与两头形成渐变的过渡效果。

> 分段：控制连接部分的分段数。

> 平滑角度：用来改变连接部分的点的法线的方向，以达到平滑的效果，一般使用默认值。

4.4.7 交互式分割工具

使用"交互式分割工具"可以在网格上指定分割位置，然后将多边形网格上的一个或者多个面分割为多个面。执行"编辑网格>交互式分割工具□"命令，弹出"工具设置"对话框，如图4-71所示，交互式分割工具参数说明如下。

> 分离边：执行分离后，决定被分离的面是否与原多边形面相连接，勾选，则被分离的面脱离原多边形；不勾选，则被分离的面未脱离原多边形。

> 约束到边：将所创建的任何点约束到边。如果要让点在面上，可以取消勾选该选项。

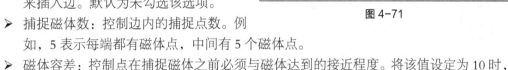

图4-71

> 使用边流插入：可依照周围曲面的曲率来插入边。默认为未勾选该选项。

> 捕捉磁体数：控制边内的捕捉点数。例如，5表示每端都有磁体点，中间有5个磁体点。

> 磁体容差：控制点在捕捉磁体之前必须与磁体达到的接近程度。将该值设定为10时，可以约束点，使其始终位于磁体点处。

> "颜色设置"卷展栏：设置分割时的区分颜色，单击色块即可更改区分颜色。

4.4.8 三角形化多边形

我们把四边形转换为三角形的过程称为三角形化。在Maya中创建多边形对象时，所创建的多边形都是四边形。有时为了创建更多的细节特征，需要把它改变成三角形的多边形。注意，改变成三角形的多边形之后，多边形模型的边数和面数都会相应地增加。下面介绍细分面或边的操作。

 自测 7　**互逆的效果**
　　源文件：人邮教育\源文件\第4章\4-4-8.mb
　　视　频：人邮教育\视频\第4章\4-4-8.swf

STEP 1 新建场景，在工具架中单击"多边形立方体"按钮，在视图中创建一个立方体，如图4-72所示。执行"网格>三角形化"命令，立方体四边形的面将变成三角形的面，如图4-73所示。

图 4-72   图 4-73

STEP 2 执行"网格>四边形化"命令，可以把三角形的面转换成四边形的面，如图 4-74 所示。

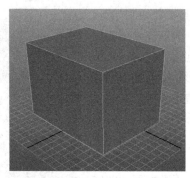

图 4-74

 提示　　如果执行"网格>四边形化"命令，就可以把三角形化的多边形转换成四边形化的多边形，四边形化和三角形化是一个互逆过程。

4.4.9　合并顶点工具

使用"合并顶点工具"选择一个顶点，将其拖曳到另一个顶点上，可以将这两个顶点合并为一个顶点。执行"编辑网格>合并顶点工具▣"命令，弹出"工具设置"对话框，如图 4-75 所示。合并顶点工具的参数说明如下。

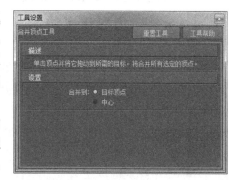

图 4-75

> 合并到：设置合并顶点的方式。设置该选项为"目标顶点"，则将合并中心定位在目标顶点上，源顶点将被删除；设置该选项为"中心"，则将合并中心定位在两个顶点之间的中心处，然后移除源顶点和目标顶点。

4.4.10　合并边工具

使用"合并边工具"可以将两条边合并为一条新边。在合并边之前，要先选中该工具，然后选择要进行合并的边。执行"编辑网格 > 合并边工具▣"命令，弹出"工具设置"对话框，如图 4-76 所示。合并边工具的参数说明如下。

> 已在第一条边和第二条边之间创建：勾选该选项后，会在选择的两条边之间创建一条新的边，其他两条边将被删除。

> 选定的第一条边成为新边：勾选该选项后，被选择的第一条边将成为新边，另一条边将被删除。

> 选定的第二条边成为新边：勾选该选项后，第二条边将成为新边，而第一条边将被删除。

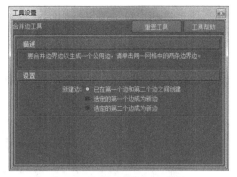

图 4-76

提示　　单击要合并的第一条边时，下一个可供选择的边会变为紫色。要连续合并多条边，可以按 G 键，重复执行"合并边工具"命令。

4.4.11　平滑多边形

在 Maya 中共有 3 种平滑多边形的方式：第一种，使用"网格>平滑"命令，Maya 通过修改顶点和连接边来改变多边形的拓扑结构；第二种，使用"网格>平均化顶点"命令，Maya 将平均化顶点的值来产生平滑的面，而不改变它的拓扑结构，这种方法对通过创建平滑几何体来产生良好 UV 点的情况特别有效；第三种，使用"雕刻几何体工具"的平滑选项可均化绘制顶点的值以产生较为平滑的面。

在 Maya 中，使用"网格>平滑"命令可以把每个顶点和边扩展到新的面中来平滑多边形。这些面或者被偏移，或者朝着原始面的中心被缩放。

▼**自测
8**　　**平滑多边形**
源文件：人邮教育\源文件\第 4 章\4-4-11.mb
视　频：人邮教育\视频\第 4 章\4-4-11.swf

STEP 1 新建场景，在视图中创建一个多边形立方体，如图 4-77 所示。按 F11 键，进入到面模式中，如图 4-78 所示。

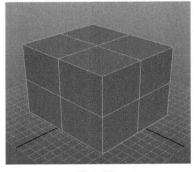

图 4-77

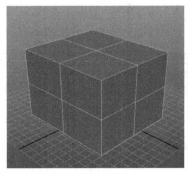

图 4-78

STEP 2 选择需要平滑的面，如图 4-79 所示。执行"网格>平滑"命令，在视图中可以看到对所选择面进行平滑处理后的效果，如图 4-80 所示。

图 4-79

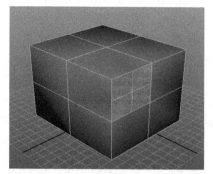

图 4-80

STEP 3 框选整个对象，如图 4-81 所示。执行"网格>平滑"命令，在视图中可以看到对整个对象进行平滑处理后的效果，如图 4-82 所示。

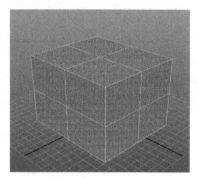

图 4-81

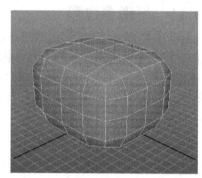

图 4-82

提示

　　执行"网格>平均化顶点"命令可通过平均化顶点的值来平滑几何体，但不改变对象的拓扑结构。

4.4.12　挤出多边形的面

　　执行"编辑网格>挤出"命令，可以把多边形对象上的一个面挤出，从而生成新的多边形特征。下面通过一个例子介绍挤出多边形面的操作方法。

> 自测
> 9
>
> **挤出多边形的面**
> 源文件：人邮教育\源文件\第 4 章\4-4-12.mb
> 视　频：人邮教育\视频\第 4 章\4-4-12.swf

STEP 1 新建场景，在视图中创建一个多边形球体对象，如图 4-83 所示。按 F11 键，进入面模式中，在对象中选择需要挤出的面，如图 4-84 所示。

STEP 2 执行"编辑网格>挤出"命令，使用"移动工具"移动刚选择的面，如图 4-85 所示。使用相同的操作方法，可以挤出另一侧的面，效果如图 4-86 所示。

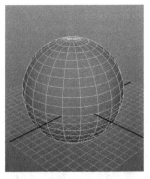

图 4-83

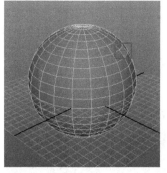

图 4-84

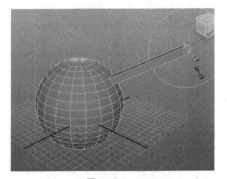

图 4-85

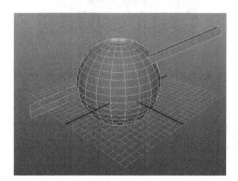

图 4-86

4.4.13 切角多边形

使用"切角顶点"操作命令可以平滑较为粗糙或者尖锐的角和边。使用"切角顶点"操作可以把每个顶点或边扩展到新的面中,可以在通道盒中设置选项来重新定位或缩放这些面。有些读者把切角顶点称为倒角,希望读者能够注意这两个概念。

在实施切角顶点和实施纹理时需要注意一个问题,要在为对象实施纹理之前来切角对象,否则,将丢失对象纹理坐标或面的材质信息。

自测 10	**切角多边形** 源文件:人邮教育\源文件\第 4 章\4-4-13mb 视　频:人邮教育\视频\第 4 章\4-4-13.swf

STEP 1 新建场景,在视图中创建一个多边形立方体,如图 4-87 所示。框选整个对象,执行"编辑网格>切角顶点"命令,在视图中可以看到对象的效果,如图 4-88 所示。

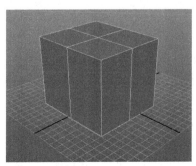

图 4-87

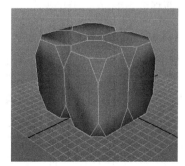

图 4-88

STEP 2 按快捷键 F10，进入到边模式中，选择要进行切角的边，如图 4-89 所示。执行"编辑网格>切角顶点"命令，在视图中可以看到对边进行切角处理后的效果，如图 4-90 所示。

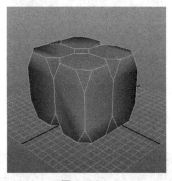

图 4-89

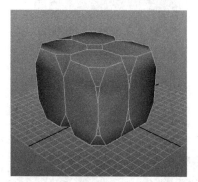

图 4-90

4.4.14　切割多边形的面

使用"切割面工具"可以切割指定的一组多边形对象的面，让这些面在切割处产生一个分段。执行"编辑网格>切割面工具■"命令，弹出"切割面工具选项"对话框，如图 4-91 所示，切割面工具的重要参数说明如下。

图 4-91

> 切割方向：用来选择切割的方向。可以在视图平面上绘制一条直线来作为切割方向，也可以通过世界坐标来确定一个平面作为切割方向。

如果设置"切割方向"为"交互式（单击可显示切割线）"，则可以通过拖曳光标来确定一条切割线；如果设置"切割方向"为"YZ 平面"，则以平行于 Y 轴和 Z 轴所在的平面作为切割平面；如果设置"切割方向"为"ZX 平面"，则以平行于 Z 轴和 X 轴所在的平面作为切割平面；如果设置"切割方向"为"XY 平面"，则以平行于 X 轴和 Y 轴所在的平面作为切割平面。

> 删除切割面：勾选该选项后，会产生一条垂直于切割平面的虚线，并且垂直于虚线方向的面将被删除。

> 提取切割面：勾选该选项后，会产生一条垂直于切割平面的虚线，垂直于虚线方向的面将会被偏移一段距离。

4.4.15　创建多边形工具

使用"创建多边形工具"可以在指定的位置创建一个多边形，该工具通过单击多边形的顶点来完成创建工作。执行"网格>创建多边形工具■"命令，弹出"工具设置"对话框，如图 4-92 所示，创建多边形工具参数说明如下。

> 分段：指定要创建的多边形的边的分段数量。

> 保持新面为平面：默认情况下，使用"创建多边形工具"添加的任何面位于附加到的多边形网格的相同平面。如果要将多边形附加在其他平面上，可以禁用"保持新面为

平面"选项。

➢ 限制点数：指定新多边形所需的顶点数量。值为 4 可以创建 4 条边的多边形（四边形）；值为 3 可以创建 3 条边的多边形（三角形）。

➢ 将点数限制为：勾选"限制点数"选项后，用来设置点数的最大数量。

➢ 纹理空间：指定如何为新多边形创建 UV 纹理空边。

如果设置"纹理空间"为"规格化（缩放以适配）"选项，则纹理坐标将缩放以适合 0～1 范围内的 UV 纹理空间，同时保持 UV 面的原始形状，如果设置"纹理空间"为"单位化（使用角和边界）"选项，则纹理坐标将放置在纹理空间 0～1 的角点和边界上。具有 3 个顶点的多边形将具有一个三角形 UV 纹理贴图（等边），而具有 3

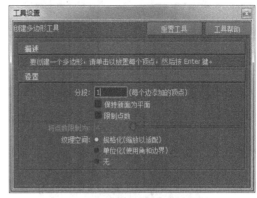

93

图 4-92

个以上顶点的多边形将具有方形 UV 纹理贴图；如果设置"纹理空间"为"无"，则不为新的多边形创建 UV。

4.4.16　填补多边形面上的洞

使用"填充洞"命令可以把多边形面上的洞填补上，并且可以一次性填充多个洞。下面介绍一下填充多边形面上的洞的操作方法。

自测 11	填补洞
	源文件：人邮教育\源文件\第 4 章\4-4-16.mb
	视　频：人邮教育\视频\第 4 章\4-4-16.swf

STEP 1 新建场景，在视图中创建一个多边形圆柱体，如图 4-93 所示。打开通道盒，并在"输入"卷展栏下设置相关选项，如图 4-94 所示。

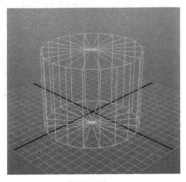

图 4-93

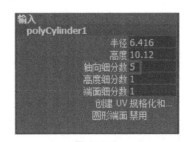

图 4-94

STEP 2 设置完成后，在视图中可以看到对象的效果，如图 4-95 所示。按 F11 键，进入到面模式中，选择一个面，按 Delete 键把它删除掉，从而形成一个洞，如图 4-96 所示。

STEP 3 按 F10 键，进入边模式中，按住 Shift 键，选择多条边，如图 4-97 所示。执行"网格>填充洞"命令，将洞填充起来，效果如图 4-98 所示。

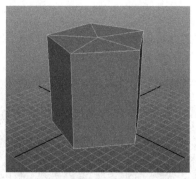
图 4-95

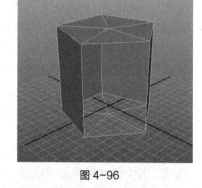
图 4-96

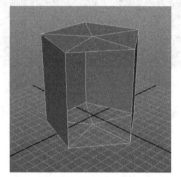
图 4-97

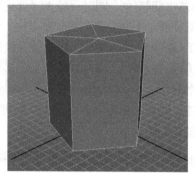
图 4-98

4.4.17 添加分段

使用"添加分段"命令可以对选择的面或边进行细分，并且可以通过"分段级别"来设置细分的级别。执行"编辑网格>添加分段 ▣"命令，弹出"添加面的分段数选项"对话框，如图 4-99 所示。添加分段的参数说明如下。

图 4-99

➤ 添加分段：设置选定面的细分方式。设置该选项为"指数"，则以递归方式细分选定的面。也就是说，选定的面将被分割成两半，然后每一半进一步分割成两半，依此类推；设置该选项为"线性"，将选定面分割为绝对数量的分段。

➤ 分段级别：设置选定面上细分的级别，其取值范围为 1~4。

➤ 模式：设置细分面的方式。设置该选项为"四边形"，则将面细分为四边形；设置该选项为"三角形"，则将面细分为三角形。

➤ U/V 向分段数："添加分段"设置为"线性"时，这两个选项才可用。这两个选项主要用来设置沿多边形 U 向和 V 向细分的分段数量。

提示

"添加分段"命令不仅可以细分面，还可以细分边。进入边级别以后，选择一条边，"添加面的分段数选项"对话框将自动切换为"添加边的分段数选项"对话框。

4.4.18 插入环边

使用"插入循环边工具"命令可以在多边形对象上的指定位置插入一条环行线，该工具是通过判断多边形的对边来产生线，如果遇到三边形或大于四边的多边形将结束命令，因此在很多时候会遇到使用该命令后不能产生环形边的现象。执行"编辑网格>插入循环边工具▢"命令，弹出"工具设置"对话框，如图4-100所示，插入循环边工具参数说明如下。

➢ 保持位置：指定如何在多边形网格上插入新边。

图 4-100

设置"保持位置"选项为"与边的相对距离"，则基于选定边上的百分比距离，沿着选定边放置点插入边；设置"保持位置"选项为"与边的相等距离"，则沿着选定边按照基于单击第一条边的位置的绝对距离放置点插入边；设置"保持位置"选项为"多个循环边"，则根据"循环边数"中指定的数量，沿选定边插入多个等距循环边。

➢ 使用相等倍增：该选项与剖面曲线的高度和形状相关，使用该选项的时候应用最短边的长度来确定偏移高度。

➢ 循环边数：当启用"多个循环边"选项时，"循环边数"选项用来设置要创建的循环边数量。

➢ 自动完成：启用该选项后，只要单击并拖动到相应的位置，然后释放鼠标，就会在整个环形边上立即插入新边。

➢ 固定的四边形：启用该选项后，会自动分割由插入循环边生成的三边形和五边形区域，以生成四边形区域。

➢ 平滑角度：指定在操作完成后，是否自动软化或硬化沿环形边插入的边。

自测 12 | **在多边形上插入循环边**
源文件：人邮教育\源文件\第4章\4-4-18.mb
视　频：人邮教育\视频\第4章\4-4-18.swf

STEP 1 新建场景，在视图中创建一个多边形圆柱体，如图4-101所示。打开通道盒，并在"输入"卷展栏下设置相关选项，如图4-102所示。

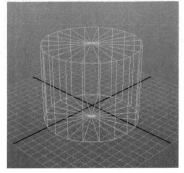

图 4-101

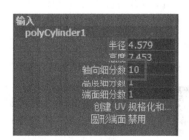

图 4-102

STEP 2 设置完成后，在视图中可以看到对象的效果，如图 4-103 所示。按 F10 键，进入到边模式中，在模型上选择一条边来确定插入环边的方式，如图 4-104 所示。

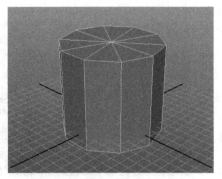

图 4-103

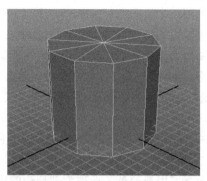

图 4-104

STEP 3 执行"编辑网格>插入循环边工具"命令，在多边形对象上的选择边上单击插入一条环形边，如图 4-105 所示。使用相同的操作方法，可以插入其他的循环边，效果如图 4-106 所示。

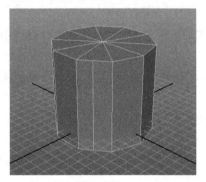

图 4-105

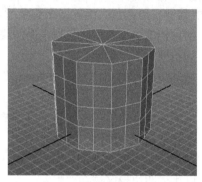

图 4-106

4.4.19 滑动边

执行"滑动边工具"命令可以将选择的边滑动到其他位置，在滑动过程中是沿着对象原来的走向进行滑动的，这样可使滑动操作更加方便。执行"编辑网格>滑动边工具□"命令，弹出"工具设置"对话框，如图 4-107 所示，滑动边工具参数说明如下。

➢ 模式：确定如何重新定位选定边或者循环边。

➢ 使用捕捉：确定是否使用捕捉设置。

➢ 捕捉点：控制滑动顶点将捕捉的捕捉点数量，取值范围从 0～10。默认"捕捉点"值为 1，表示将捕捉到中点。

➢ 捕捉容差：控制捕捉到顶点之前必须距离捕捉点的靠近程度。

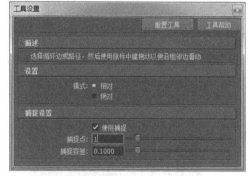

图 4-107

自测 13	在多边形上插入滑动边
	源文件：人邮教育\源文件\第 4 章\4-4-19.mb
	视　频：人邮教育\视频\第 4 章\4-4-19.swf

STEP 1 新建场景，单击工具架上的"多边形立方体"按钮，在视图中创建一个多边形立方体，如图 4-108 所示。打开通道盒，并设置相关选项，如图 4-109 所示。

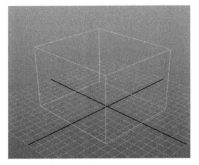

图 4-108

图 4-109

STEP 2 在视图中单击一下，可以看到模型的效果，如图 4-110 所示。按 F10 键，进入边模式中，选择一条需要设置为滑动的边，如图 4-111 所示。

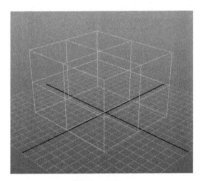

图 4-110

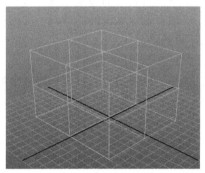

图 4-111

STEP 3 执行"编辑网格>滑动边工具"命令，再使用"移动工具"将选择的边进行移动，如图 4-112 所示。使用相同的操作方法，可以在点模式下，移动模型顶点，如图 4-113 所示。

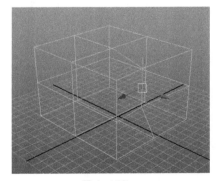

图 4-112

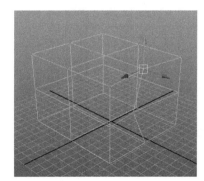

图 4-113

4.5 本章小结

　　多边形是一种非常典型的建模类型，用多边形方式创建的物体表面由直线构成。运用多边形可以创建出各种三维模型，它使用方便且应用广泛。因此这部分内容讲解得都很详细，希望大家多拿一些模型来练习，以熟悉各种重要工具的操作用法。

4.6 课后测试题

一、选择题

1. 下列哪项不是属于布尔运算的方法（　　　）。
   A. 并集　　　　　　B. 交集　　　　　　C. 减少　　　　　D. 差集
2. 以下属于多边形子对象元素的是（　　　）。（多选）
   A. 顶点　　　　　　B. 边　　　　　　　C. 面　　　　　　D. UVs
3. 以下哪项属于通过单击多边形的顶点来完成创建工作的？（　　　）
   A. 合并顶点工具　　　　　　　　　　B. 滑动边工具
   C. 插入循环边工具　　　　　　　　　D. 创建多边形工具

二、判断题

1. 法线是垂直于面的矢量线，具有一定的方向。（　　　）
2. 一般在制作大型的场景或者动画场景时，都有边数和面数的限制。（　　　）

三、简答题

1. 简述多边形的概念。
2. 简单介绍多边形数量显示的每个数据类的三组数据。

PART 5

第5章
灯光技术和阴影

本章简介

　　光是作品中最重要的组成部分之一，也是作品的灵魂所在。Maya 为我们提供了很多种光源，有光就会有影，本章不仅介绍 Maya 2014 的灯光知识和使用技术，还介绍阴影的相关知识，并通过相应的案例来进行详细的讲解。

本章重点

- 了解灯光的基础知识
- 掌握灯光的基本操作
- 掌握灯光的基本属性和高级属性
- 掌握灯光的链接作用和方法
- 掌握阴影的类型和属性

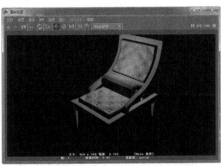

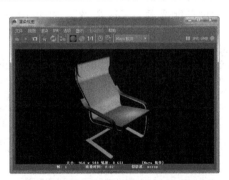

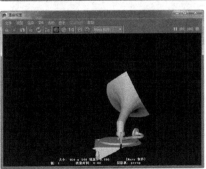

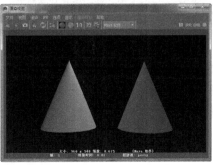

5.1　灯光概述

物体的造型与质感都需要用光来刻画和体现，没有灯光的场景将是一片漆黑，什么也观察不到。我们根据一些光学原理基于美学进行再创作，完全可以模拟出真实可信的灯光效果。

在现实生活中，物体通过光线的反射使我们可以看到它们。根据物体表面的材质，我们大致可以把物体对光的影响分为吸收、反射和折射。一盏灯光可以照亮一个空间，并且会产生衰减，而物体也会反射光线，从而照亮灯光无法直接照射到的地方。

在三维软件的空间中（默认情况下），灯光中的光线只能照射到直接到达的地方，因此要想得到现实生活中的光照效果，就必须创建多盏灯光从不同角度来对场景进行照明。

灯光是分类型的，例如，我们家里的客厅中有筒灯、吸顶灯、壁灯，还有落地灯和小夜灯等。在 Maya 中，根据灯光的作用，程序师也把它们进行了分类。灯光还具有很多种可以设置的属性，如灯光的强度、颜色和衰减。

5.2　摄影布光原则

布光即布置灯光，是在一个特定的拍摄场景中，通过各种各样的灯具、反光板、阻光工具所产生的光线照明可形成一种境界、美观的艺术效果，增强视觉感受。

在为场景布光时不能只注重软件技巧，还要了解摄影学中灯光照明方面的知识。布光的目的就是在二维空间中表现出三维空间的真实感与立体感。

布光技巧从追求的效果成分来分，大致可分为最常用的三点式布光、模拟现实中的光线布光、平布光、特殊要求的装饰性布光等，而最终布光技巧都将为艺术审美的价值服务。

三点式布光是场景中最经典也是最常用的布光方法，它由主光、补光及背光三个光源组成。

主光是灯具架在摄影机正后方到的 30° 或 45° 的位置，向主体正面打光。主光是强调主体事物的主要照明光源，是决定光源方向的主要光线。

提示　　主光通常会用较强的光线来照射主体，同时必须注意造成的阴影，光线越强越锐利，造成的阴影越明显，亮度对比反差就越大。

补光是相对主光位置的另一方，与摄影机约呈 30° 或 45°，在主体正面略侧面打光，主要是对主光在另一侧面造成暗部及阴影部分加以修饰，增强这部分的亮度和细节的表现，使画面看起来更生动，更有层次和立体。

大部分补光会比主光要柔和，某些刻意制造的阴影效果，补光会故意打得弱一些，甚至就不使用。

背光又称为"逆光""轮廓光"，灯光打在主题后侧，并且可以避开摄影机拍到的地方，主体周围边缘形成一条明亮的线条，用来勾勒主体的轮廓，或打在主体顶端的上方或下方，使物体与物体、物体与背景之间分开，画面更加立体，空间感更强烈。

实际生活中的空间感是由物体表面的明暗对比产生的。灯光照射到物体上时，物体表面并不是均匀受光，可以按照受光表面的明暗程度分成亮部（高光）、过渡区和暗部 3 个部分。通过明暗的变化而产生物体的空间尺度和远近关系，即亮部离光源近一些，暗部离光源远一些，或处于物体的背光面。

场景灯光通常分为自然光、人工光及混合光（自然光和人工光结合的灯光）3 种类型。

1. 自然光

自然光是比较复杂的情况，在现实生活中，光线会在物体上无限地反射直到衰竭，我们看到的影像都是经过很多次光能传递的结果，如图 5-1 所示。因此在现实中，我们看到的暗面并不是黑色的，而是受周围物体光线反射后而呈现出来的某一种颜色倾向。阴影部分也不是非常黑，除非在强烈的日光照射下，一般的日光都会得到一个较为柔和的阴影部分。

在 Maya 中可以通过两种方式来模拟这样的日光效果。在默认的 Maya 软件渲染器中可以使用很多灯光来模拟，但是这种方法只是一种模拟，而不是真实世界中的效果，在物体的色彩相互影响方面没有很好地表现；还可以使用 mental ray 渲染器中的"最终焦距"功能，真实地模拟现实中的光能传递，实现物体间颜色的互相影响，得到非常柔和的暗部与阴影部分，从而实现非常逼真的效果。

2. 人工光

人工光是以电灯、炉火或二者一起使用进行照明的灯光，如图 5-2 所示。人工光是 3 种灯光中最常用的灯光。在使用人工光时一定要注意灯光的质量、方向和色彩三大方面。

图 5-1

图 5-2

3. 混合光

混合光是将自然光和人工光完美组合在一起，让场景色调更加丰富、更加富有活力的一种照明灯光，如图 5-3 所示。

灯光有助于表达场景的情感和氛围，若按灯光在场景中的功能，可以将灯光分为主光、辅助光和背景光 3 种类型。这 3 种类型的灯光经常需要在场景中配合运用才能完美地体现出场景的氛围。

> 主光

在一个场景中，主光是对画面起主导作用的光源。主光不一定只有一个光源，但它一定是起主要照明作用的光源，因为它决定了画面的基本照明和情感氛围。

> 辅助光

辅助光是对场景起辅助照明的灯光，它可以有效地调和物体的阴影和细节区域。

> 背景光

背景光也叫边缘光，它是通过照亮对象的边缘将目标对象从背景中分离出来，通常放置在 3/4 关键光的正对面，并且只对物体的边缘起作用，可以产生很小的高光反射区域，如图 5-4 所示。

除了以上 3 种灯光外，在实际工作中还经常使用到轮廓光、装饰光和实际光。

图 5-3

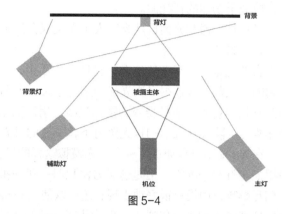

图 5-4

> 轮廓光

轮廓光是用于勾勒物体轮廓的灯光，它可以使物体更加突出，拉开物体与背景的空间距离，以增加画面的纵深感，如图 5-5 所示。

> 装饰光

装饰光一般用来补充画面中布光不足的地方，以及增强某些物体的细节效果。

> 实际光

实际光是指在场景中实际出现的照明来源，如台灯、车灯、闪电和野外燃烧的火焰等，如图 5-6 所示。

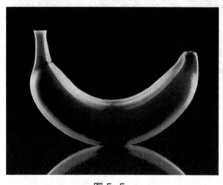

图 5-5

图 5-6

由于场景中的灯光与自然界中的灯光是不同的，在能达到相同效果的情况下，应尽量减少灯光的数量和降低灯光的参数值，这样可以节省渲染时间。同时，灯光越多，灯光管理也更加困难，所以不需要的灯光建议将其删除，使用灯光排除也是提高渲染效率的好方法，因为从一些光源中排除一些物体可以节省渲染时间。

5.3　灯光的类型

Maya 包含许多灯光类型，可模拟自然照明和人工照明。例如，使用平行光（就像从很远距离照明一样）来照亮场景，通常用于模拟太阳光；聚光灯从有限的圆锥体角度内的单个点发射光，可以将聚光灯对准希望灯光照亮的方向。此外，还包括点光源、区域光、体积光等类型。

5.3.1 环境光

环境光有两种照明的方式，一种是光线均匀地从光源位置平行照射，类似一个点灯光，可用于模拟太阳光的照射；另一种是从某个点向外全方位照射，可用于模拟室内物体或大气产生的漫反射效果。执行"创建>灯光>环境光▣"命令，弹出"创建环境光选项"对话框，如图5-7所示，环境光的相关参数说明如下。

图 5-7

➤ 强度：用于调节光线的强度，将该值设置为0时，没有任何光线；设置为负值时，则将场景中对象表面的亮度减掉，形成吸光的效果。灯光强度的调节范围为0～10，但是也可以输入更大的值（如20）来得到更强的光照效果，系统默认该值为1。

➤ 颜色：用于调节灯光的颜色。单击颜色色块，在打开的拾色器中以RGB或HSV的方式给灯光设置颜色；系统默认为白色，也可以通过调节色块后面的滑块来修改灯光颜色的亮度。

➤ 环境光明暗处理：该参数是环境光所独有的，用来控制环境光阴影的方向性和无向性，其滑块范围是0～1（0表示光线来自各个方位，1表示光线只来自光源位置处）。系统默认值为0.45。

➤ 投射阴影：勾选该选项，灯光会产生光线追踪阴影效果，默认情况下该选项未勾选。

➤ 阴影颜色：阴影颜色是由灯光产生的，它可以用来将阴影设置为透明或者有色效果，如彩色玻璃杯等，默认的阴影颜色为黑色。

➤ 阴影光线数：用于控制阴影的柔化边缘。提高该参数值，则渲染时间也会增加，所以在效果可接受范围内尽可能将该参数调到最小。滑块范围是1～6，默认数值为1。

提示

"投射阴影"参数能够生成较高质量的阴影效果，能够达到精确的程度，但是渲染的速度较慢。

5.3.2 平行光

平行光的照明效果只与灯光的方向有关，与灯光的位置无关；它没有灯光的衰减。平行光有两种设置阴影效果的方式，一种是深度贴图阴影，另一种是光线追踪阴影。平行光通常用于模拟室外的全局照明，如太阳光照射到地球。

执行"创建>灯光>平行光▣"命令，弹出"创建平行光选项"对话框，如图5-8所示，平行光的相关参数说明如下。

图 5-8

➤ 强度：用于调节光线的强度，将该值设置为0时，没有任何光线；设置为负值时，则将场景中对象表面的亮度减掉，形成吸光的效果。灯光强度的调节范围为0～10，但是也可以输入更大的值（如20）来得到更强的光照效果，系统默认该值为1。

> 颜色：用于调节灯光的颜色。单击颜色色块，在打开的拾色器中以 RGB 或 HSV 的方式给灯光设置颜色；系统默认为白色，也可以通过调节色块后面的滑块来修改灯光颜色的亮度。

> 投射阴影：勾选该选项，将产生深度贴图阴影效果，默认情况下该选项未勾选。

> 阴影颜色：阴影颜色是由灯光产生的，它可以用来将阴影设置为透明或者有色效果，如彩色玻璃杯等，默认的阴影颜色为黑色。

> 交互式放置：勾选该选项可自动通过平行光（光线的视角）来放置灯。

提示　"投射阴影"参数当对质量要求不高的情况下，深度贴图阴影常用于快速渲染测试。

5.3.3　点光源

光线从一个点向外发出，照明效果会因光源的位置变化而变化，阴影也会随之产生透视变化的效果；光源位置距离物体越远，光线越接近平行状态；点光源用于模拟白炽灯泡或天上的星星。

执行"创建>灯光>点光源▢"命令，弹出"创建点光源选项"对话框，如图 5-9 所示。其中点光源中的"强度""颜色""投射阴影"和"阴影颜色"参数都与平行光的参数相同。

图 5-9

"衰退速率"选项用于控制灯光强度如何衰退，光源距离物体越远，灯光强度衰退得越快；距离物体越近，衰退得越慢；当其在自身半径范围之内时，没有衰退。默认设置为"无衰退"。4 种衰退方式说明如下。

> 无：没有衰退效果，光线的强度没有变化。

> 线性：光线强度随光源距离的远近而成线性衰退（比真实灯光衰退的速度慢）。

> 二次方：光线强度随着光源距离的远近按比例成二次方衰退（与真实灯光衰退速度相同）。

> 立方：光线强度随着光源距离的远近按比例成立方衰退（比真实灯光衰退速度快）。

提示　在默认设置下，场景中一盏默认的灯光，在添加新的灯光之前，该灯光起作用，而在添加新的灯光之后，该灯光将不再起作用。

5.3.4　聚光灯

聚光灯有清晰的照明范围和照射方向；灯光从一点向某个角度照射，其范围呈椎体形状，可通过旋转聚光灯来控制照射的方向，调节锥角的大小来控制光照范围的大小。聚光灯可用于模拟夜晚的车灯、舞台灯光或手电筒等。

执行"创建>灯光>聚光灯▢"命令，弹出"创建聚光灯选项"对话框，如图 5-10 所示。聚光灯中的"强度""颜色""衰退速率""投射阴影""阴影颜色"和"交互式放置"选项与前面介绍的类光相同。聚光灯的特有选项说明如下。

> 圆锥体角度：用于控制光束扩散的程度，这里的有效值范围是 0.5～179.5，但在其属性编辑器中的有效值范围是 0.006～179.994，默认数值为 40。

- 半影角度：用于控制聚光灯投影光线边缘的虚化，也就是聚光灯照射区域的边界的清晰度，默认数值为 0；当该值设置为负值时，聚光灯的照射边缘向内模糊虚化；将该值设置为正值时，聚光灯的照射边缘向外模糊虚化。
- 衰减：控制聚光灯强度从中心到聚光灯边缘衰减的速率。当该值设置为 0 时，聚光灯照射区域的光线分布是均匀的；当将该值设置为正值时，聚光灯照射区域的亮度由中心向四周减弱；值越大减弱程度越大，默认值为 0。

聚光灯不但可以实现衰减效果，使光线的过渡变得更加柔和，还可以通过参数来控制它的半影效果，从而产生柔和的过渡边缘。

5.3.5　区域光

区域光看起来是一个平面，光源从这个平面区域发射出来，平面的大小将直接影响光照的范围和强度。区域光是一个二维光源，在模拟我们生活中的灯光时，区域光是最接近真实效果的一个。

执行"创建>灯光>区域光▣"命令，弹出"创建区域光选项"对话框，如图 5-11 所示。其中区域光中的"强度""颜色""投射阴影""衰退速率""阴影颜色"和"交互式放置"选项都与点光源的选项相同。区域光与其他类型灯光的区别如下。

图 5-10

图 5-11

- 区域光的亮度不仅和强度有关，也与它的面积大小直接相关。
- 区域光本身就有衰减效果。
- 区域光可产生深度贴图阴影和光线跟踪阴影两种。

提示

区域光能够产生细腻、有层次并且相对真实的效果，但是在使用光线跟踪阴影时，渲染的速度会严重降低，因此通常我们可以使用点光源来模拟区域光的阴影效果。

5.3.6　体积光

"体积光"是一种特殊的灯光，可以为灯光的照明空间约束一个特定的区域，只对这个特定区域内的物体产生照明，而其他空间则不会产生照明。

在使用体积光时，体积的大小决定了光照的范围和强弱的衰减，只有在体积光范围内的对象才能被照亮，体积光常用于场景的局部照明，因为它能够非常方便地控制光照的范围、灯光的颜色变化等效果。

图 5-12

执行"创建>灯光>体积光▣"命令，弹出"创建体积光选项"对话框，如图 5-12 所示。其中体积光中的"强度""颜色""投射阴影"和"阴影颜色"选项都与平行光的选项相同。

STEP 1 执行"文件>打开场景"命令，打开文件"人邮教育\源文件\第 5 章\素材\5-3-6.mb"，效果如图 5-13 所示。执行"创建>灯光>平行光"命令，在场景中创建一盏平行光，并调整方向和位置，效果如图 5-14 所示。

图 5-13

图 5-14

STEP 2 执行"窗口>属性编辑器"命令，在打开的"属性编辑器"窗口中设置相关选项，如图 5-15 所示。执行"窗口>渲染编辑器>渲染设置"命令，在弹出的"渲染设置"对话框中设置相关选项，如图 5-16 所示。

RGB
(207、237、255)

图 5-15

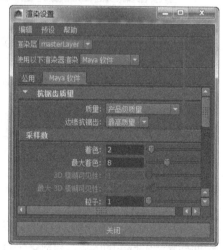

图 5-16

STEP 3 设置完成后，单击"关闭"按钮，然后单击"渲染当前帧"按钮，效果如图 5-17 所示。返回视图中，删掉平行光，执行"创建>灯光>点光源"命令，在场景中创建一盏点光源，并调整位置，效果如图 5-18 所示。

STEP 4 在"属性编辑器"窗口中设置相同的参数值，单击"渲染当前帧"按钮，效果如图 5-19 所示。返回视图中，删掉点光源，执行"创建>灯光>区域光"命令，在场景中创建一盏区域光，并调整位置，如图 5-20 所示。

图 5-17

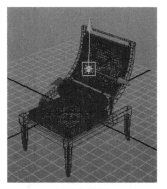

图 5-18

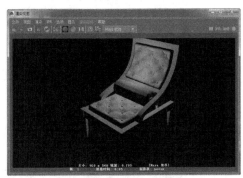

图 5-19

图 5-20

STEP 5 在"属性编辑器"窗口中设置相同的参数值,单击"渲染当前帧"按钮 ，效果如图 5-21 所示。

图 5-21

提示

　　6 种灯光具有相同的创建方法和属性设置方法,但是渲染结果是完全不一样的,这样可以创建更多不同形式的灯光,给用户操作带来了很大的便捷。

5.4 灯光的基本操作

　　在 Maya 中,灯光在摄影机视图中显示为灯光图标,也可以通过一个"灯光"视图来观看对象,还可以显示灯光的操纵器以可视化方式调节灯光的参数。在 Maya 2014 中,在创建灯光后，灯光的图标会显示在摄影机视图中，灯光图标描述了灯光的类型、位置和方向。

5.4.1 创建灯光

可以使用多种方法来创建灯光。创建灯光最容易的方式是使用 Maya 主窗口和 Hypershade 对话框中的"创建"菜单来创建灯光，这也是比较常用的两种创建灯光的方法。

1. 在 Maya 主窗口中创建灯光

在创建好需要的场景后，执行"创建>灯光"命令，再选择要创建的灯光类型，即可在 Maya 场景中创建所需要的灯光，如图 5-22 所示。

如果要在创建灯光前设置灯光的属性，那么选择要创建的灯光类型后的图标。例如，执行"创建>灯光>点光源▣"命令，在弹出的"创建点光源选项"对话框中设置需要的选项即可。

另外，在创建灯光后，可以在工作界面右侧的"属性编辑器"窗口中设置灯光的"类型"属性来改变灯光的类型，如图 5-23 所示。

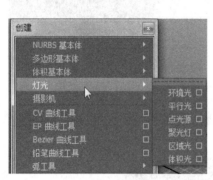

图 5-22

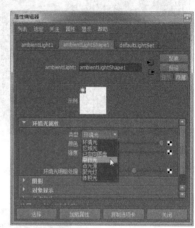

图 5-23

2. 使用工具架中的灯光工具创建灯光

Maya 的工具架中也放置了这 6 类灯光的创建工具按钮。通过在工具架上单击"渲染"选项卡，即可显示出这些灯光工具按钮。可以在工具架中单击这些按钮来创建灯光。单击一个灯光工具按钮后即可在视图中创建相应的灯光，如图 5-24 所示。

3. 在 Hypershade 窗口中创建灯光

在 Maya 2014 中，还可以在 Hypershade 窗口中创建灯光，而且有多种创建灯光的方法，执行"窗口>渲染编辑器>Hypershade"命令，即可打开 Hypershade 窗口，如图 5-25 所示。

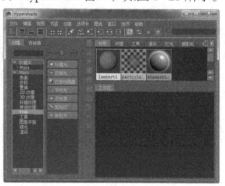

图 5-24

图 5-25

5.4.2 操作灯光

在 Maya 中，不仅仅灯光的创建方法有多种，灯光的操作方法也有很多，主要有以下 3 种操作方法。

第一种方法：创建灯光后，使用"移动工具""缩放工具"和"旋转工具"对灯光的位置、大小和方向进行调整，这种方法控制起来不是很方便。

第二种方法：创建灯光后，按组合键 T，显示灯光的目标点和发光点的控制手柄，这样可以很方便地调整灯光的照明方式，能够准确地确定目标点的位置，同时还有一个扩展手柄，可以对灯光的一些特殊属性进行调整，如光照范围和灯光雾。以聚光灯为例，效果如图 5-26 所示。

第三种方法：创建灯光后，可以在视图菜单中执行"面板>沿选定对象观看"命令，将灯光作为视觉出发点来观察整个场景。这种方法准确且直观，在实际操作中经常使用到。

在 Maya 中，灯光具有和摄影机一样的操纵器，使用灯光操纵器可以在视图中交互地调节灯光的属性。灯光操纵器显示在摄影机视图和灯光视图中。在 Maya 主界面执行"显示>显示>灯光操纵器"命令，就可以看到灯光操纵器。以聚光灯为例，效果如图 5-27 所示

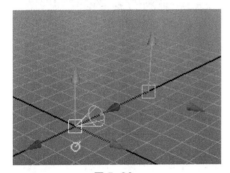

图 5-26

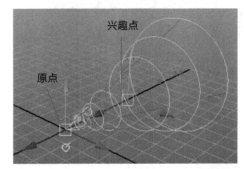

图 5-27

使用灯光原点和兴趣点操纵器可以改变灯光的位置和方向。所有的灯光都有这几个点，而且操纵器还分为多种类型，可以方便用户的操作。

➤ 枢轴点操纵器

使用枢轴点操纵器，可以设置进行的操作是针对于灯光的枢轴点，还是针对于灯光的兴趣点。例如，移动枢轴点编辑器，然后在其上单击，接着移动灯光的两个移动操纵器，这时调节的是灯光的枢轴点。再次在枢轴点操纵器上单击，则恢复操作模式为灯光的兴趣点调节。所有灯光都有枢轴点。

➤ 圆锥角度操纵器

使用圆锥角度操纵器可以改变聚光灯光柱圆锥的角度，只有聚光灯包括此选项。

➤ 半影操纵器

移动半影操纵器，可以改变聚光灯光柱在靠近边缘处是如何衰减的。只有聚光灯包括此选项，其他灯光没有该选项。

➤ 衰减区域操纵器

使用衰减区域操纵器可以使一个聚光灯的光柱分为被照亮区域和不被照亮区域。只有聚光灯包括此选项。

提示 如果要隐藏灯光操纵器，可以执行"显示>隐藏>灯光操纵器"命令。如果要增加或减少灯光操纵器的大小，那么按键盘上的–号减少尺寸，按"="号则增加尺寸。

自测 2 使用操纵器调整灯光
源文件：人邮教育\源文件\第 5 章\5-4.mb
视　频：人邮教育\视频\第 5 章\5-4.swf

STEP 1 执行"文件>打开场景"命令，打开文件"人邮教育\源文件\第 5 章\素材\5-4.mb"，效果如图 5-28 所示。执行"创建>灯光>体积光"命令，在场景中创建一盏体积光，并进行相应的移动和缩放操作，效果如图 5-29 所示。

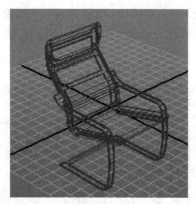

图 5-28

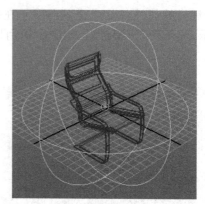

图 5-29

STEP 2 在"属性编辑器"窗口中设置"强度"为 2，单击"渲染当前帧"按钮，效果如图 5-30 所示。返回视图中，执行"显示>显示>灯光操纵器"命令，可以看到灯光操纵器，如图 5-31 所示。

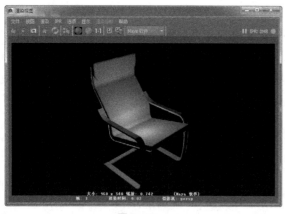

图 5-30

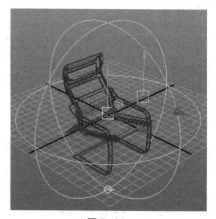

图 5-31

STEP 3 调整操纵器中的原点和兴趣点的位置，如图 5-32 所示。单击"渲染当前帧"按钮，效果如图 5-33 所示。

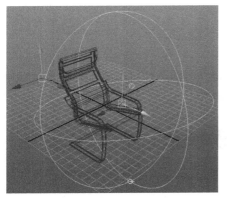

图 5-32

图 5-33

5.5　灯光的基本属性

真实世界中，可以使用不同的灯光通过多种方式来照亮物体。在 Maya 2014 中，灯光具有多种属性，而且可以进行调整或者修改，可以根据灯光的相应属性来改变灯光的效果。

5.5.1　基本属性

Maya 的 6 种灯光类型在创建完成后有一些基本的属性，如灯光的"颜色""强度"等，这些参数都位于"属性编辑器"窗口中，可以通过这些参数对几种灯光进行调节。6 种灯光的公有参数介绍如下。

➢ 类型

该参数是指 Maya 中 6 种类型的灯光，单击其右面的三角按钮，可以从中选择不同的灯光类型，如图 5-34 所示。

➢ 颜色与强度

所有灯光的属性中都有这两个参数，除了前面小节中所讲过的可以改变灯光颜色和强度之外，还可以通过单击滑块后面的■图标来为灯光颜色和强度附上纹理或贴图，如图 5-35 所示。

图 5-34

图 5-35

➢ 默认照明

灯光能够照射场景中所有的对象，所有灯光属性中都含有该参数，并且全部默认勾选，若取消勾选该选项，则灯光不会照射任何对象，除非手动将其连接到某个对象上，如图 5-36 所示。

➢ 发射漫反射和发射镜面反射

除了环境光以外的其他灯光类型均含有该参数，并全部默认勾选状态；若取消勾选，则没有漫反射和高光的效果，如图 5-37 所示。

图 5-36

图 5-37

> 衰退速率

在点光源、聚光灯和区域光中均有该参数，如图 5-38 所示。

> 阴影颜色

除了上面小节中讲过通过该参数可以改变阴影的颜色之外，还可以通过单击"阴影颜色"滑块后面的图标■来为阴影附上纹理或贴图文件，如图 5-39 所示。

图 5-38   图 5-39

5.5.2 调整灯光的属性

在 Maya 中，灯光的各种属性都有一些参数选项，而且都是可调的。这样就可以制作出各种各样的灯光效果。

> 调整灯光位置

可以在一个视图中使用灯光操纵器或"移动"工具来重定位灯光，也可以直接设置灯光的变换属性。另外，还可以在视图中拖动操纵器原点来移动灯光。如果要使灯沿任意方向移动，则拖动中心手柄，如图 5-40 所示。

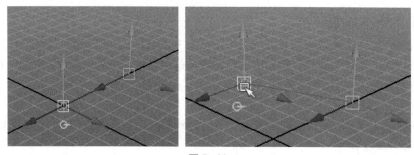

图 5-40

> 调整灯光的方向

定向灯光就是控制灯光照亮对象的方向。可以在一个视图中使用灯光操纵器或"旋转工具"来调整定向灯光，也可以直接设置灯光的旋转属性。另外，可以通过拖动灯光的兴趣点操纵器来定向灯光，如图 5-41 所示。

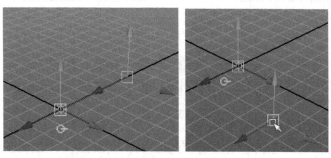

图 5-41

> 自定义灯光强度和颜色衰退

在 Maya 中，可以使用一个预设的亮度衰退速率（或自定义的亮度衰退速率）来设置点灯光（或聚灯光）的亮度是如何随距离的增加而减少的。也可以使用自定义的颜色衰退速率来设置灯光的颜色是如何随距离的增加而变化的。

通过设置"衰退速率"属性，可以选择一个预设的亮度衰退速率，在创建灯光效果时，预设亮度衰退速率就足够了。

 提示　在某些情况下，可能需要创建不同的亮度衰退速率。例如，使用自定义亮度的衰退速率，就可以使灯光的亮度随距离的增加而增加，可以通过创建"强度曲线"和"颜色曲线"并编辑强度曲线和颜色曲线来设置不同的衰退速率。

➤ 调节"半影角度"数值

在调节"半影角度"数值时，在灯光视图中会显示第二个圆环。两个圆环之间的区域是一个比较柔和的照明区，如果"半影角度"数值被设置为 0，并且打开了"挡光板"属性，则灯光的挡光板会有比较硬的边，在"属性编辑器"窗口中可以看到效果，如图 5-42 所示。如果"半影角度"数值非零，则挡光板效果比较柔和，如图 5-43 所示。可以在聚光灯通道盒的顶部观看"灯光形状"和"强度"样本来预览灯光照明效果。

图 5-42

图 5-43

渲染一个带有灯光的场景需要很长的时间。然而，通过限制灯光所照亮的表面的数目（也就是把灯光连接到需要照明的表面上）就可以提高场景的渲染速度。

自测 3　设置灯光的基本属性
源文件：人邮教育\源文件\第 5 章\5-5-2.mb
视　频：人邮教育\视频\第 5 章\5-5-2.swf

STEP 1 执行"文件>打开场景"命令，打开文件"人邮教育\源文件\第 5 章\素材\5-5-2.mb"，效果如图 5-44 所示。打开"属性编辑器"窗口中的"体积光属性"卷展栏，并设置相关选项，如图 5-45 所示。

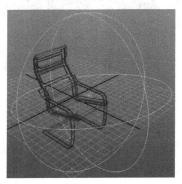

图 5-44

RGB(72、240、253)

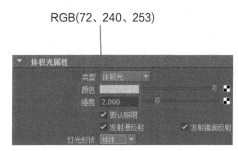

图 5-45

STEP 2 打开"属性编辑器"窗口中的"颜色范围"卷展栏，并设置相关选项，如图 5-46 所示。设置完成后，单击"渲染当前帧"按钮，效果如图 5-47 所示。

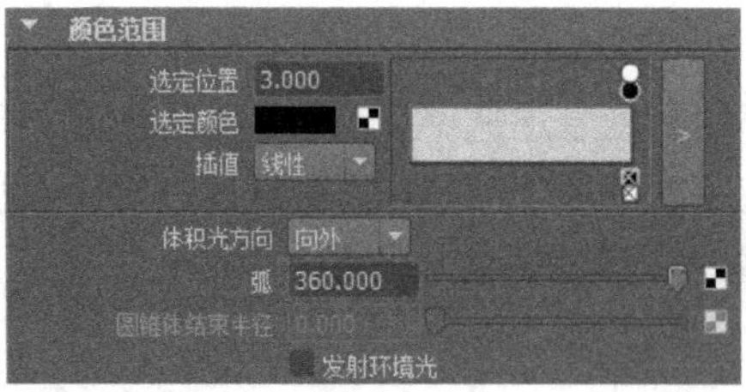

图 5-46

图 5-47

6 种灯光具有相同的基本属性，所以设置方法也一致，因此用户使用时更加方便，也能够更快地掌握灯光的基本属性。

提示

5.6　灯光的高级属性

除了基本属性之外，Maya 中这 6 种类型的灯光还有很多高级属性，使用这些高级属性可以帮助我们创建出更加完美的灯光效果。

5.6.1　环境光

执行"窗口>属性编辑器"命令，环境光的所有属性都在"属性编辑器"窗口中，如图 5-48 所示。环境光中的高级属性说明如下。

图 5-48

➢ "光线跟踪阴影属性"卷展栏：所有灯光都具有该属性。它是使用光线跟踪计算法计算阴影的，阴影可以随着灯光到场景中对象间的距离而变化，从而制造真实的阴影衰退效果。

➢ 使用光线跟踪阴影：勾选该选项，如果场景中有光线追踪，在渲染设置窗口中勾选"光线跟踪"，那么将产生光线追踪阴影；若没有光线追踪，则不必勾选该选项，默认是未勾选状态。

➢ 阴影半径：设置阴影半径来调节阴影边缘的柔和度，该属性只有环境灯中才可用。

➢ 阴影光线数：控制阴影边缘的颗粒状。提高该参数值，阴影边缘的颗粒越小，但渲染时间也会变长，因此在效果可接受的情况下尽可能将该值设为最低。

➢ 光线深度限制：控制光线被反射或折射的最大次数，并使场景中的对象投射阴影，默认数值为 1，为提高渲染光线跟踪阴影的速度，"灯光半径"为非零的时候，尽量将"阴影光线数"和"光线深度限制"值设小，该属性值默认为 1。

➢ "对象显示"卷展栏：用于控制场景中是否显示灯光，包括"可见""模板"和"细节层次可见" 3 个选项。

5.6.2 平行光

选择视图中的平行光，打开"属性编辑器"窗口，在该窗口中可以设置平行光的所有属性，如图 5-49 所示。平行光中的高级属性说明如下。

图 5-49

➢ "深度贴图阴影属性"卷展栏：除了环境灯之外，其他 5 种类型的灯光均有该属性，它是通过计算灯光和对象之间的位置产生阴影贴图来模拟阴影效果的，深度贴图阴影能够产生很好的效果，但会增加渲染时间。

➢ 分辨率：用于控制阴影深度贴图的尺寸大小。值越小，阴影质量越粗糙，但渲染速度会变快；值越大，阴影质量越高，渲染速度会越慢。

➢ 使用中间距离：通常场景中被照亮的对象表面有一些不规则的污点或条纹，如果勾选该选项，则能够有效地去除这种不正常的阴影。

➢ 使用自动焦距：勾选该选项，Maya 会自动调节深度贴图的大小，从而使其自动覆盖所有产生投影的对象，这样就能够很好地解决锯齿的问题。

➢ 宽度聚焦：自定义深度贴图文件对焦。如果为勾选"使用自动焦距"选项，则可以在该属性中手动对其进行调节。

➢ 使用灯光位置：勾选该选项，则只有平行光面前的对象才能被照亮并且投射阴影；取消勾选，则平行光前面和后面的对象都能够被照亮并且投射阴影。

➢ 过滤器大小：用于控制深度贴图阴影边缘的柔和度（虚化大小），该柔和度是受阴影和分辨率影响的。提高该参数值，则渲染时间也会增加，所以最好在质量可接受的范围之内尽可能地降低该属性值。

➢ 偏移：将深度贴图偏移到趋向或者远离灯光，调节它可以使阴影和场景中对象的表面分离，就像给阴影设置一个蒙板，该参数值越大，灯光给对象投射的阴影就越小。

➢ 雾阴影强度：用于控制灯光雾阴影的强度，默认数值为1。

➢ 雾阴影采样：在有灯光雾的环境中用于控制阴影的颗粒状的粗糙程度，提高该参数，相应的渲染时间也会增加，默认该值为20。

➢ 基于磁盘的深度贴图：存储灯光的深度贴图以便在随后渲染中能够重新使用，这样可以减少渲染时间。

> 阴影贴图文件名：Maya 所保持的深度贴图文件的名称，它包括场景名称、灯光名称和帧扩展。

> 添加场景名称：将场景名称添加到深度贴图文件的名称中，默认未勾选该选项。

> 添加灯光名称：将灯光名称添加到深度贴图文件的名称中，默认勾选该选项。

> 添加帧扩展名：勾选该选项，Maya 将对每一帧保持一个深度贴图，并且将帧扩展添加到深度贴图文件的名称中。

> 使用宏：只用将"保持深度贴图"设置为"重新使用已有的深度贴图"时该选项才可用。当 Maya 读取所保持的深度贴图时，会执行一个宏指令脚本的路径和名称来更新深度贴图，使用宏指令对纠错很有帮助。

> 灯光角度：该参数为平行光独有参数，用于控制阴影边缘的柔和度。参数越大，阴影的边缘就越柔和，默认数值为 0。

提示　　如果需要非常柔和的阴影效果，那么可以将分辨率调小，然后再调节"过滤尺寸"属性值。

5.6.3　点光源

选择视图中的点光源，打开"属性编辑器"窗口，在该窗口中可以设置点光源的所有属性，如图 5-50 所示。点光源中的高级属性说明如下所示。

> "灯光效果"卷展栏：该卷展栏主要用于控制灯光效果。

> 雾类型：是点光源的特有属性，包括"正常""线性"和"指数"3 种。

> 缓存：设置是否开启灯光雾节点缓存。

> 节点状态：含有"正常""无效果"和"阻塞"等选项。

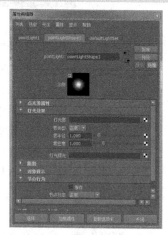

图 5-50

5.6.4　聚光灯

选择视图中的聚光灯，打开"属性编辑器"窗口，在该窗口中可以设置聚光灯的所有属性，如图 5-51 所示。聚光灯中的高级属性说明如下。

> 雾扩散：聚光灯的特有属性，用于控制雾亮度的覆盖范围。

> 强度曲线：聚光灯的特有属性，用于控制聚光灯的强度衰减。

> 颜色曲线：聚光灯的特有属性，用于控制聚光灯颜色随着距离的远近而变化。

> 挡光板：用于生成方形阴影，可模拟灯光溢出的效果。

> "衰退区域"卷展栏：将聚光灯的光束分成照亮区域和未照亮区域。

图 5-51

STEP 1 执行"文件>打开场景"命令，打开文件"人邮教育\源文件\第 5 章\素材\5-6-4.mb"，效果如图 5-52 所示。单击"渲染当前帧"按钮，渲染当前的场景，如图 5-53 所示。

图 5-52

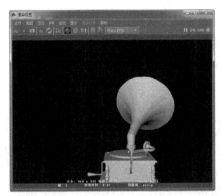

图 5-53

STEP 2 打开"属性编辑器"窗口的"灯光效果"卷展栏，勾选"挡光板"选项，并设置相关选项，如图 5-54 所示。设置完成后，单击"渲染当前帧"按钮，如图 5-55 所示。

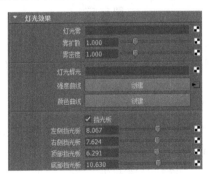

图 5-54

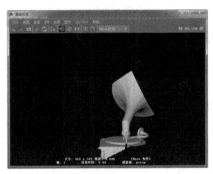

图 5-55

提示　挡光板只有在创建聚光灯时才能使用，它可以限定聚光灯的照明区域，能模拟一些特殊的光照效果。

5.7　灯光的链接

在 Maya 的默认设置中，当创建一个灯光时，新灯光将照亮场景中的所有表面。同样，当创建一个新表面时，场景中的所有灯光将照亮新的表面。然而，可以使某个灯光只照亮指定的表面（或指定的一组灯光照亮指定的一组表面）。通过把灯光和表面链接在一起，就可以实现此目的。

链接灯光和表面可以更好地调节场景中某个表面或区域的照明，而不会影响其他的表面和区域，这也有助于减少渲染时间，因为可以限制每个灯光照亮表面的数目。可以把任意数目的灯光（或灯光组）和任意数目的表面（或对象组）链接在一起。也可以把任意数目的材质组和任意数目的灯光链接在一起。

5.7.1　链接灯光和表面

Maya 为用户提供了多种方式来链接灯光和表面。如果要照亮一个指定的表面，并链接灯光到此表面上，可以执行"窗口>关系编辑器>灯光链接>以对象为中心"命令。在"关系编辑器"对话框中，在左侧栏中列出的是场景中的灯光光源，在右侧栏中列出的是场景中被灯光照亮的对象，如图 5-56 所示。

如果要使指定的灯光照亮指定的表面，执行"窗口>关系编辑器>灯光链接>以灯光为中心"命令，在"关系编辑器"中使用以灯光为中心的灯光链接即可，如图 5-57 所示。

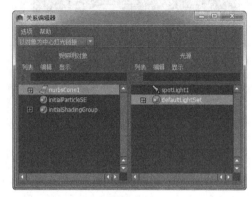

图 5-56　　　　　　　　　　　　　　　　　图 5-57

5.7.2　进行灯光链接

在 Maya 中，当一盏灯的光线照射到场景中的对象上，那么就可以认为该灯光与场景中的对象进行了灯光链接。那么如何进行灯光链接，有以下两种方法。

第一种方法：使用"生成灯光链接"和"断开灯光链接"选项。切换到"渲染"模块下，在"照明/着色"菜单中可以看到"生成灯光链接"和"断开灯光链接"选项，如图 5-58 所示。

第二种方法：使用"灯光链接编辑器"选项，依然在"照明/着色"菜单中。另外，在公共菜单中执行"窗口>关系编辑器>灯光链接"命令也可以得到该选项，如图 5-59 所示。

图 5-58　　　　　　　　　　　　　　　　　图 5-59

另外，也可以通过"照明/着色"菜单中的"选择灯光照明的对象"和"选择照明对象的灯光"命令来判断灯光与场景中的对象是否有链接。

灯光链接表面

源文件：人邮教育\源文件\第 5 章\5-7-2.mb

视　频：人邮教育\视频\第 5 章\5-7-2.swf

STEP 1 新建场景，在视图中创建 2 个 NURBS 圆锥体，切换到前视图，效果如图 5-60 所示。执行"创建>灯光>聚光灯"命令，并调整聚光灯的位置和大小，效果如图 5-61 所示。

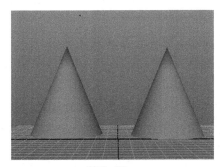

图 5-60

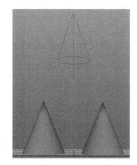

图 5-61

STEP 2 执行"创建>灯光>环境光"命令，并调整环境光的位置，如图 5-62 所示。打开"属性编辑器"窗口，分别设置聚光灯的"强度"为 1.5，环境光的"强度"为 0.5，单击"渲染当前帧"按钮，效果如图 5-63 所示。

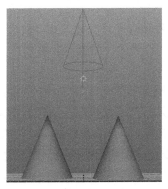

图 5-62

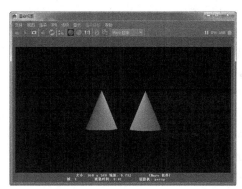

图 5-63

STEP 3 执行"窗口>关系编辑器>灯光链接>以灯光为中心"命令，在弹出的对话框中设置相关选项，如图 5-64 所示。设置完成后，单击"渲染当前帧"按钮，效果如图 5-65 所示。

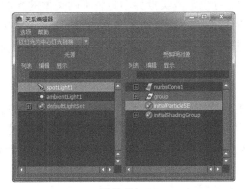

图 5-64

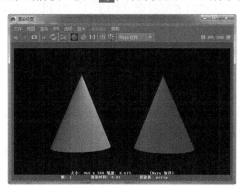

图 5-65

提示 "关系编辑器"对话框左边的面板是用来选择灯光、灯光组的；右边的面板是用来选择灯光照亮的对象或对象组的。对于不需要被灯光照亮的对象或者不需要的灯光，可以取消对它们的选择。

5.8 阴影

在自然界中，当有灯光照在对象表面上时，对象表面面向光源的部分被照亮，而背向光源的部分显得很暗。如果把另一个对象放置在光源和对象之间，则第一个对象会在第二个对象表面上投射一个阴影。

其实，在 Maya 默认设置下，被灯光照亮的对象是不会投射阴影到其他表面上的。也就是说，所有面向灯光的对象表面都会被照亮，无论它与灯光之间有没有对象遮挡。但是可以设置指定的灯光照射表面产生阴影。尤其是当只想少数指定的灯光和表面产生阴影时，这样有助于减少渲染的时间。

5.8.1 阴影类型

在 Maya 2014 中，可以指定哪些灯光不产生阴影，或者产生深度贴图阴影或射线跟踪阴影，而且阴影还被分为多种类型。

➢ 无阴影

在场景中所有面向灯光的对象表面都被照亮，即使对象和灯光之间被其他对象遮挡。在默认设置下，所有的对象都不产生阴影。但是所有对象背向灯光的一面都不会被照亮。

➢ 深度贴图阴影

深度贴图描述了从光源到灯光照亮对象之间的距离。深度贴图文件中有一个渲染产生的深度通道。深度贴图中的每个像素都代表了在指定方向上从灯光到最近的投射阴影对象之间的距离。深度贴图阴影在大部分情况下都能产生比较好的效果，但是会稍稍增加渲染的时间。

如果场景中包含投射深度贴图的灯光，则 Maya 在渲染过程中会为此灯光创建深度贴图，以此来决定哪些对象表面被照亮，而哪些对象处于阴影之中。如果从光源到投射阴影对象之间的距离大于深度贴图中对应的点，则此表面将处于阴影中。例如，深度贴图阴影不能穿透透明的物体，边缘粗糙虽然可以模糊，但是不真实，渲染速度较快，如图 5-66 所示。

➢ 光线跟踪阴影

通过调节深度贴图阴影和光线跟踪阴影的属性，可模拟真实世界中各种不同类型的光源，在创建光线跟踪阴影时，Maya 会对灯光光线从照射目的地（摄影机）到光源之间运动的路径进行跟踪计算，从而产生光线跟踪阴影，但这将是非常耗费时间的。使用光线跟踪阴影能够产生非常好的结果，但这会非常耗费渲染时间。

光线跟踪阴影是在光线跟踪过程中产生的，在大部分情况下，光线跟踪阴影能够提供非常好的效果，然而，必须光线跟踪整个场景来产生光线跟踪阴影，而且这将是非常耗时的。而对于某些深度贴图不能产生的阴影效果，如透明对象所产生的阴影，则最好使用光线跟踪阴影。避免使用光线跟踪阴影来产生带有柔和边缘的阴影，因为这将非常耗时，并且使用深度贴图阴影就能够产生非常好的柔化边缘的阴影。例如，光线跟踪阴影能够透过透明物体，产生真实的影子，产生的影子近处实，远处虚，但是渲染速度较慢，如图 5-67 所示。

图 5-66

图 5-67

5.8.2　阴影属性

在 Maya 中，阴影和灯光一样也具有多种属性，可以通过设置投射阴影灯光的属性来改变阴影的属性，这些属性可以很好地控制阴影效果。相关属性都位于灯光的"属性编辑器"窗口中。例如，打开聚光灯"属性编辑器"窗口中的"阴影"卷展栏，如图 5-68 所示，阴影的相关属性说明如下。

图 5-68

> 颜色：可以通过在"属性编辑器"窗口中调节灯光的"阴影颜色"属性改变阴影的颜色。
> 柔化边缘：通过减少"分辨率"属性值并增加"滤镜器大小"属性值，可以使阴影边缘变得柔和。
> 阴影边缘颗粒：通过"分辨率"属性，可以改变阴影边缘不正常的颗粒状效果，对于聚光灯，还可以调节"圆锥角度"属性。
> 雾阴影采样：在灯光雾中的阴影有时会出现颗粒状效果，此时可以调节该属性来改变这种情况。
> 雾阴影强度：通过调节该属性可以改变灯光雾中的阴影的强度。
> 反射/折射灯光的阴影：在能够产生一个阴影的前提下，为改变灯光光线被反射或折射的最大次数，可以调节"光线深度限制"属性。这仅会影响指定的灯光，而如果要在"渲染设置"对话框中调节阴影属性，则会影响所有的灯光。

自测
6

使用深度贴图阴影

源文件：人邮教育\源文件\第 5 章\5-8-2.mb

视　频：人邮教育\视频\第 5 章\5-8-2.swf

STEP 1 执行"文件>打开场景"命令，打开文件"人邮教育\源文件\第 5 章\素材\
5-8-2.mb"，效果如图 5-69 所示。单击"渲染当前帧"按钮![按钮]，可以看见当前无阴影效果，
如图 5-70 所示。

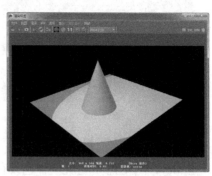

图 5-69 图 5-70

STEP 2 选择视图中的聚光灯，打开"属性编辑器"窗口的"深度贴图阴影属性"卷展栏，
勾选"使用深度贴图阴影"选项，如图 5-71 所示。单击"渲染当前帧"按钮![按钮]，可以看见
阴影效果，如图 5-72 所示。

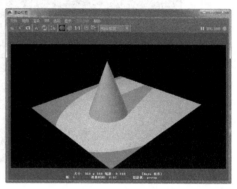

图 5-71 图 5-72

STEP 3 返回"属性编辑器"窗口中设置"分辨率"为 82，单击"渲染当前帧"按钮![按钮]，
效果如图 5-73 所示。返回"属性编辑器"窗口中，设置"分辨率"为 600，单击"渲染当前
帧"按钮![按钮]，效果如图 5-74 所示。

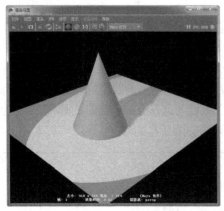

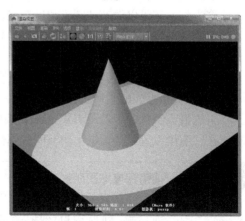

图 5-73 图 5-74

提示　"分辨率"的数值如果设置太低，阴影的边缘就会出现锯齿；如果"分辨率"的数值太高，会增加渲染的时间。

STEP 4 返回"属性编辑器"窗口中设置"投影颜色"为RGB（124，124，124），单击"渲染当前帧"按钮，可以看到阴影半透明效果，如图 5-75 所示。返回"属性编辑器"窗口中，设置"投影颜色"为RGB（255，255，255），单击"渲染当前帧"按钮，可以看到阴影透明效果，如图 5-76 所示。

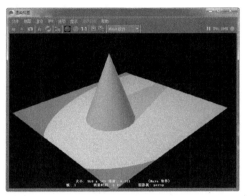

图 5-75

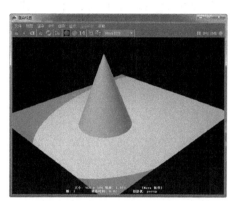

图 5-76

提示　通过调节"阴影颜色"属性，可以使阴影透明或有颜色，在默认设置下，阴影的颜色是黑色的。

5.9　本章小结

本章讲解了 Maya 2014 中各种灯光的作用以及各种重要参数，包括聚光灯属性、灯光效果和阴影等，同时安排大量案例进行强化练习。本章是一个非常重要的章节，请读者在学习本章的同时，不仅要深刻理解各项重要技术，还要多对重要灯光进行练习，这样才能制作出优秀的光影作品。

5.10　课后测试题

一、选择题

1. 哪种布光方法是场景中最经典也是最常用的？（　　）

    A. 三点式布光　　　　B. 辅助光　　　　C. 人工光　　　　D. 自然光

2. 下列哪几种是 Maya 提供的灯光类型？（　　）（多选）

    A. 平行光　　　　B. 自然光　　　　C. 聚光灯　　　　D. 点光源

3. 下列哪种能够产生非常好的柔化边缘的阴影？（　　）

    A. 光线跟踪阴影　　B. 深度贴图阴影　　C. 无阴影　　　　D. 贴图阴影

二、判断题

1. 光源距离物体越近，灯光强度衰减得越快；距离物体越远，衰减得越慢。（　　　）

2. 点光源用于模拟白炽灯泡或天上的星星。（　　　）

3. 场景灯光通常分为自然光和人工光两种类型。（　　　）

4. 通过调节"阴影颜色"属性，仅可以使阴影有颜色，在默认设置下，阴影的颜色是白色。（　　　）

三、简答题

1. 列出 Maya 2014 提供的几种灯光类型。

2. 介绍区域光与其他类型灯光的区别。

PART 6

第 6 章
摄影机技术

本章简介

本章介绍 Maya 2014 的摄影机技术，包括摄影机的类型、各种摄影机的作用、摄影机的基本设置、摄影机工具等。本章内容比较简单，大家只需要掌握比较重要的知识点即可，如"景深"的运用。

本章重点

- 了解摄影机的类型
- 掌握摄影机的基本设置
- 掌握摄影机工具的使用方法
- 掌握摄影机景深特效的制作方法

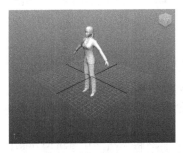

6.1 摄影机的类型

Maya 默认的场景中有 4 台摄影机，包括 1 台透视图摄影机和 3 台正交视图摄影机。执行"创建>摄影机"菜单下的命令可以创建一台新的摄影机，如图 6-1 所示。

图 6-1

6.1.1 摄影机

这是最基本的摄影机，可以用于静态场景和简单的动画场景。执行"创建>摄影机>摄影机 □"命令，弹出"创建摄影机选项"对话框，如图 6-2 所示，创建摄影机的相关参数说明如下。

图 6-2

- ➤ 兴趣中心：设置摄影机到兴趣中心的距离（以场景的线性工作单位为测量单位）。
- ➤ 焦距：设置摄影机的焦距，有效范围为 2.5～3500。增加焦距值可以拉近摄影机镜头，并放大对象在摄影机视图中的大小。减小焦距可以拉远摄影机镜头，并缩小对象在摄影机视图中的大小。
- ➤ 镜头挤压比：设置摄影机镜头水平压缩图像的程度。大多数摄影机不会压缩所录制的图像，因此其"镜头挤压比"为 1。但是有些摄影机（如变形摄影机）会水平压缩图像，使大纵横比（宽度）的图像落在胶片的方形区域内。
- ➤ 摄影机比例：根据场景缩放摄影机的大小。
- ➤ 水平/垂直胶片光圈：摄影机光圈或胶片背的高度和宽度（以"英寸"为测量单位）。
- ➤ 水平/垂直胶片偏移：在场景的垂直和水平方向上偏移分辨率门和胶片门。
- ➤ 胶片适配：控制分辨率门相对于胶片门的大小。如果分辨率门和胶片门具有相同的纵横比，则"胶片适配"的设置不起作用。

如果设置"胶片适配"选项为"水平"，则使分辨率门水平适配胶片门；如果设置"胶片适配"选项为"垂直"，则使分辨率门垂直适配胶片门；如果设置"胶片适配"选项为"填充"，则使分辨率门适配胶片门；如果设置"胶片适配"选项为"过扫描"，则使胶片门适配分辨率门。

- ➤ 胶片适配偏移：设置分辨率门相对于胶片门的偏移量，测量单位为"英寸"。
- ➤ 过扫描：仅缩放摄影机视图（非渲染图像）中的场景大小。调整"过扫描"值可以查看比实际渲染更多或更少的场景。
- ➤ 快门角度：会影响到运动模糊对象的对象模糊度。快门角度设置越大，对象越模糊。
- ➤ 近/远剪裁平面：对于硬件渲染、矢量渲染和 mental ray 渲染，这两个选项表示透视摄影机或正交摄影机的近裁剪平面和远剪裁平面的距离。
- ➤ 正交：如果勾选该选项，则摄影机为正交摄影机。
- ➤ 正交宽度：设置正交摄影机的宽度（以"英寸"为单位）。正交摄影机宽度可以控制摄影机的可见场景范围。

➢ 已启用平移/缩放：启用"二维平移/缩放工具"。

➢ 水平/竖直平移：设置在水平/垂直方向上的移动距离。

➢ 缩放：对视图进行缩放。

6.1.2 摄影机和目标

执行"创建>摄影机>摄影机和目标"命令，可以创建一台带目标点的摄影机，如图 6-3 所示。这种摄影机主要用于比较复杂的动画场景，如追踪鸟的飞行路线。

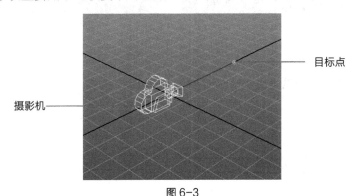

图 6-3

6.1.3 摄影机、目标和上方向

执行"创建>摄影机>摄影机、目标和上方向"命令，可以创建一台带两个目标点的摄影机，一个目标点朝向摄影机的前方，另外一个位于摄影机的上方，如图 6-4 所示。这种摄影机可以指定摄影机的哪一端必须朝上，适用于更为复杂的动画场景，如让摄影机随着转动的过山车一起移动。

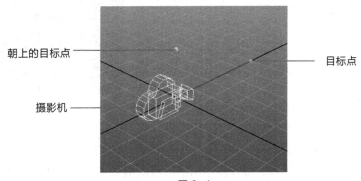

图 6-4

6.1.4 立体摄影机

执行"创建>摄影机>立体摄影机"命令，可以创建一台立体摄影机，如图 6-5 所示。使用立体摄影机可以创建具有三维景深的渲染效果。当渲染立体场景时，Maya 会考虑所有的立体摄影机属性，并执行计算以生成可被其他程序合成的立体图或平行图。

6.1.5 多重摄影机装配

执行"创建>摄影机> Mulu Stereo Rig（多重摄影机装配）"命令，可以创建由两个或更多立体摄影机组成的多重摄影机装配，如图 6-6 所示。

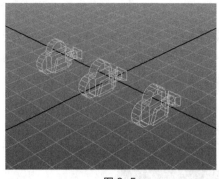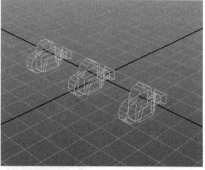

图 6-5　　　　　　　　　　　图 6-6

提示

在这 5 种摄影机当中，前两种摄影机最为重要，后面 3 种基本用不上。

6.2　摄影机的基本设置

展开视图菜单中的"视图>摄影机设置"菜单，如图 6-7 所示，该菜单下的选项可以用来设置摄影机。各摄影机的设置选项说明如下。

图 6-7

- ➤ 透视：勾选该选项时，摄影机将变为透视摄影机，视图也会变成透视图；若不勾选该选项，视图将变为正交视图。

- ➤ 可撤销的移动：如果勾选该选项，则所有的摄影机移动（如翻滚、平移和缩放）将写入"脚本编辑器"。

- ➤ 忽略二维平移/缩放：勾选该选项后，可以忽略"二维平移/缩放"的设置，从而使场景视图显示在完整摄影机的视图中。

- ➤ 无门：勾选该选项，不会显示"胶片门"和"分辨率门"。

- ➤ 胶片门：勾选该选项后，视图会显示一个边界，用于指示摄影机视图的区域。

- ➤ 分辨率门：勾选该选项后，可以显示出摄影机的渲染框。在这个渲染框内的物体都会被渲染出来，而超出渲染框的区域将不会被渲染出来。

- ➤ 门遮罩：勾选该选项后，可以更改"胶片门"或"分辨率门"之外的区域的不透明度和颜色。

- ➤ 区域图：勾选该选项后，可以显示栅格。

- ➤ 安全动作：该选项主要针对场景中的人物对象，在一般情况下，场景中的人物都不要超出安全动作框的范围（占渲染画面的 90%）。

- ➤ 安全标题：该选项主要针对场景中的字幕或标题。字幕或标题一般不要超出安全标题框的范围（占渲染画面的 80%）。

- 胶片原点：在通过摄影机查看时，显示胶片原点助手。

- 胶片枢轴：在通过摄影机查看时，显示胶片枢轴助手。

- 填充：勾选该选项后，可以是"分辨率门"尽量充满"胶片门"，但不会超出"胶片门"的范围。

- 水平/垂直：勾选"水平"选项，可以使"分辨率门"在水平方向上尽量充满视图；勾选"垂直"选项，可以使"分辨率门"在垂直方向上尽量充满视图。

- 过扫描：勾选该选项后，可以使胶片门适配分辨率门，也就是将图像按照实际分辨率显示出来。

自测 1　基本设置的效果
源文件：人邮教育\源文件\第 6 章\6-2.mb
视　频：人邮教育\视频\第 6 章\6-2.swf

STEP 1 执行"文件>打开场景"命令，打开文件"人邮教育\源文件\第 6 章\素材\6-2.mb"，效果如图 6-8 所示。执行"视图>摄影机设置>透视"命令，取消勾选，可以看到模型的效果，如图 6-9 所示。

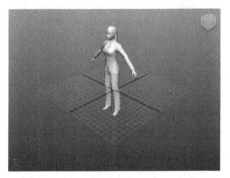
图 6-8

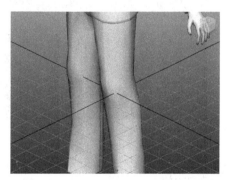
图 6-9

STEP 2 执行"视图>摄影机设置>透视"命令，勾选选项，可以看到模型的效果，如图 6-10 所示。执行"视图>摄影机设置>胶片门"命令，可以看到模型的效果，如图 6-11 所示。

图 6-10

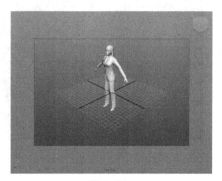
图 6-11

STEP 3 取消勾选"胶片门"选项，执行"视图>摄影机设置>分辨率门"命令，可以看到模型的效果，如图 6-12 所示。取消勾选"分辨率门"选项，执行"视图>摄影机设置>安全动作"命令，可以看到模型的效果，如图 6-13 所示。

129

第 6 章　摄影机技术

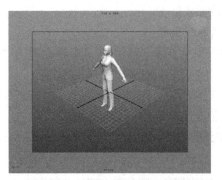
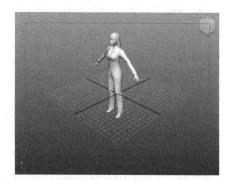

图 6-12   图 6-13

STEP 4 取消勾选"安全动作"选项，执行"视图>摄影机设置>安全标题"命令，可以看到模型的效果，如图 6-14 所示。取消勾选"安全标题"选项，执行"视图>摄影机设置>胶片原点"命令，可以看到模型的效果，如图 6-15 所示。

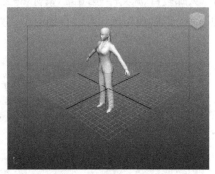
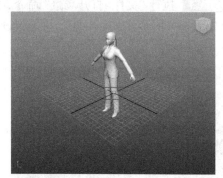

图 6-14   图 6-15

STEP 5 取消勾选"胶片原点"选项，执行"视图>摄影机设置>水平/垂直"命令，可以看到模型的效果，如图 6-16 所示。取消勾选"水平/垂直"选项，执行"视图>摄影机设置>过扫描"命令，可以看到模型的效果，如图 6-17 所示。

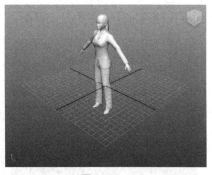
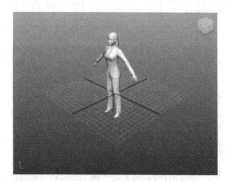

图 6-16   图 6-17

6.3 摄影机工具

展开视图菜单中的"视图>摄影机工具"菜单，该菜单下全部是对摄影机进行操作的工具，如图 6-18 所示。

图 6-18

6.3.1　侧滚工具

"侧滚工具"主要用来旋转视图摄影机，组合键为 Alt+鼠标左键。执行"视图>摄影机工具>侧滚工具▣"命令，弹出"工具设置"对话框，如图 6-19 所示。侧滚工具的参数说明如下。

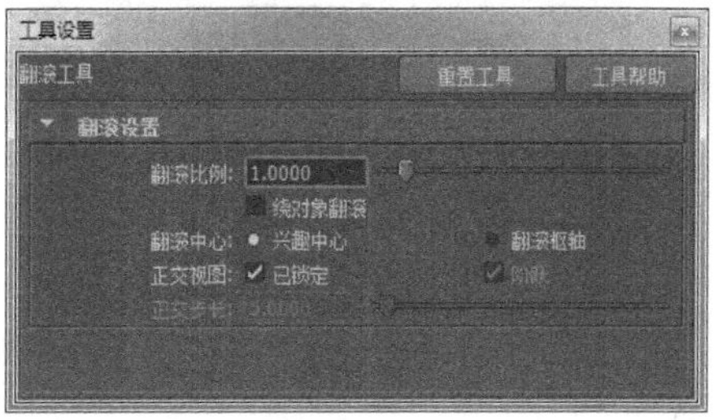

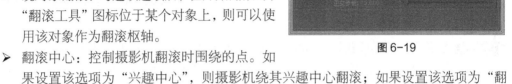

➢ 翻滚比例：设置摄影机移动的速度，默认值为 1。

➢ 绕对象翻滚：勾选该选项后，在开始翻滚时，"翻滚工具"图标位于某个对象上，则可以使用该对象作为翻滚枢轴。

图 6-19

➢ 翻滚中心：控制摄影机翻滚时围绕的点。如果设置该选项为"兴趣中心"，则摄影机绕其兴趣中心翻滚；如果设置该选项为"翻滚枢轴"，则摄影机绕其枢轴点翻滚。

➢ 正交视图：包含"已锁定"和"阶跃"两个选项。

如果设置"正交视图"选项为"已锁定"，则无法翻滚正交摄影机，如果关闭该选项，则可以翻滚正交摄影机；如果设置"正交视图"选项为"阶跃"，则能够以离散步数翻滚正交摄影机，通过"阶跃"操作，可以轻松返回到默认视图位置。

➢ 正交步长：在关闭"已锁定"并勾选"阶跃"选项的情况下，该选项用来设置翻滚正交摄影机时所用的步长角度。

6.3.2　平移工具

使用"平移工具"可以在平行线上移动视图摄影机，组合键为 Alt+鼠标中键。执行"视图>摄影机工具>平移工具▣"命令，弹出"工具设置"对话框，如图 6-20 所示，平移工具参数说明如下。

➢ 平移几何体：勾选该选项后，视图中的物体与光标的移动是同步的。在移动视图时，光标相对于视图中的对象位置不会再发生变化。

➢ 平移比例：该选项用来设置移动视图的速度，系统默认的移动速度为 1。

图 6-20

提示

　　"平移工具"的组合键是 Alt+鼠标中键，按组合键 Alt+Shift+鼠标中键可以在一个方向上移动视图。

STEP 1 执行"文件>打开场景"命令，打开文件"人邮教育\源文件\第 6 章\素材\6-3-2.mb"，效果如图 6-21 所示。执行"视图>摄影机工具>侧滚工具▣"命令，弹出"工具设置"对话框，设置相关选项，如图 6-22 所示。

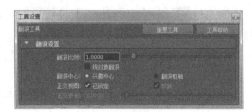

图 6-21　　　　　　　　　　　　　　　　　图 6-22

STEP 2 关闭"工具设置"对话框，对模型进行侧滚操作，可以看到向上翻滚的效果，如图 6-23 所示。继续执行"视图>摄影机工具>平移工具▣"命令，弹出"工具设置"对话框，设置相关选项，如图 6-24 所示。

图 6-23　　　　　　　　　　　　　　　　　图 6-24

STEP 3 关闭"工具设置"对话框，对模型进行向下平移操作，可以看到操作后的效果，如图 6-25 所示。

图 6-25

6.3.3 推拉工具

使用"推拉工具"可以推拉视图摄影机，组合键为 Alt+鼠标右键或 Alt+鼠标左键+鼠标中键。执行"视图>摄影机工具>推拉工具 □"命令，弹出"工具设置"对话框，如图 6-26 所示，推拉工具的参数说明如下。

图 6-26

> 缩放：该选项用来设置推拉视图的速度，系统默认的推拉速度为 1。
> 局部：勾选该选项后，可以在摄影机视图中进行拖动，并且可以让摄影机朝向或远离其兴趣中心移动。如果关闭该选项，也可以在摄影机视图中进行拖动，但可让摄影机与兴趣中心一同沿摄影机的视线移动。
> 兴趣中心：勾选该选项后，在摄影机视图中使用鼠标中键进行拖动，可以让摄影机的兴趣中心朝向或远离摄影机移动。
> 朝向中心：如果关闭该选项，可以在开始推拉时，朝向"推拉工具"图标的当前位置进行推拉。
> 捕捉长方体推拉到：按组合键 Ctrl+Alt 推拉摄影机时，兴趣中心将移动到蚂蚁线区域。

如果设置"捕捉长方体推拉到"选项为"表面"，则在对象上执行长方体推拉时，兴趣中心将移动到对象的曲面上；如果设置"捕捉长方体推拉到"选项为"边界框"，则在对象上执行长方体推拉时，兴趣中心将移动到对象边界框的中心。

6.3.4 缩放工具

"缩放工具"主要用来缩放视图摄影机，以改变视图摄影机的焦距。执行"视图>摄影机工具>缩放工具 □"命令，弹出"工具设置"对话框，如图 6-27 所示，缩放工具的参数说明如下。

图 6-27

> 缩放比例：该选项用来设置缩放视图的速度，系统默认的缩放速度为 1。

使用推拉工具、缩放工具对模型进行缩放操作
源文件：人邮教育\源文件\第 6 章\6-3-4.mb
视　频：人邮教育\视频\第 6 章\6-3-4.swf

STEP 1 执行"文件>打开场景"命令，打开文件"人邮教育\源文件\第 6 章\素材\6-3-4.mb"，效果如图 6-28 所示。执行"视图>摄影机工具>推拉工具 □"命令，弹出"工具设置"对话框，设置如图 6-29 所示。

STEP 2 关闭"工具设置"对话框，对模型进行向外推拉操作，可以看到模型的效果，如图 6-30 所示。执行"视图>摄影机工具>缩放工具 □"命令，弹出"工具设置"对话框，设置如图 6-31 所示。

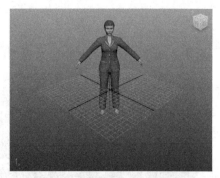

图 6-28

图 6-29

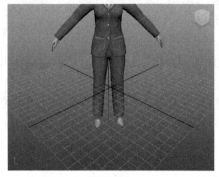

图 6-30

图 6-31

STEP 3 关闭"工具设置"对话框，对模型进行缩小操作，可以看到模型的效果，如图 6-32 所示。

图 6-32

6.3.5　二维平移/缩放工具

　　使用"二维平移/缩放工具"可以在二维视图中平移和缩放摄影机，并且可以在场景视图中查看结果。使用该功能可以在进行精确跟踪、放置或对位工作时查看特定区域中的详细信息，而无须实际移动摄影机。执行"视图>摄影机工具>二维平移/缩放工具 ▣"命令，弹出"工具设置"对话框，如图 6-33 所示，二维平移/缩放工具的参数说明如下。

图 6-33

　　➤ 缩放比例：该选项用来设置缩放视图的速度，系统默认的缩放速度为 1。

> 模式：包含"二维平移"和"二维缩放"两种模式。如果设置该选项为"二维平移"，则可以对视图进行移动操作；如果设置该选项为"二维缩放"，则可以对视图进行缩放操作。

6.3.6 方位角仰角工具

使用"方位角仰角工具"可以对正交视图进行旋转操作。执行"视图>摄影机工具>方位角仰角工具□"命令，弹出"工具设置"对话框，如图6-34所示,方位角仰角工具的参数说明如下。

> 比例：该选项用来设置旋转正交视图的速度，系统默认值为1。
> 旋转类型：包含"偏转俯仰"和"方位角仰角"两种类型。

图 6-34

如果设置"旋转类型"选项为"偏转俯仰"，则摄影机向左或向右的旋转角度称为偏转，向上或向下的旋转角度称为俯仰；如果设置"旋转类型"选项为"方位角仰角"，则摄影机视线相对于地平面垂直平面的角称为方位角，摄影机视线相对于地平面的角称为仰角。

巧用二维平移/缩放工具和方位角仰角工具
源文件：人邮教育\源文件\第 6 章\6-3-6.mb
视　频：人邮教育\视频\第 6 章\6-3-6.swf

STEP 1 执行"文件>打开场景"命令，打开文件"人邮教育\源文件\第 6 章\素材\6-3-6.mb"，效果如图 6-35 所示。执行"视图>摄影机工具>二维平移/缩放工具□"命令，弹出"工具设置"对话框，设置相关选项，如图 6-36 所示。

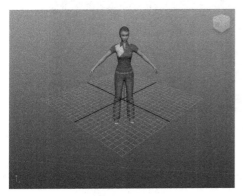

图 6-35

图 6-36

STEP 2 关闭"工具设置"对话框，在视图中对模型进行向上平移操作，效果如图 6-37 所示。执行"视图>摄影机工具>二维平移/缩放工具□"命令，弹出"工具设置"对话框，设置相关选项，如图 6-38 所示。

STEP 3 关闭"工具设置"对话框，使用"二维平移/缩放工具"在视图中对模型进行缩放操作，效果如图 6-39 所示。执行"视图>摄影机工具>方位角仰角工具"命令，弹出"工具设置"对话框，设置如图 6-40 所示。

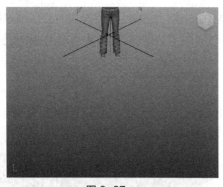

图 6-37

图 6-38

图 6-39

图 6-40

STEP 4 关闭"工具设置"对话框，对模型进行向上仰角操作，效果如图 6-41 所示。

图 6-41

6.3.7 偏转-俯仰工具

使用"偏转-俯仰工具"可以向上或向下旋转摄影机视图，也可以向左或向右旋转摄影机视图。

提示　　　　"偏转-俯仰工具"的参数与"方位角仰角工具"的参数相同，这里就不再重复讲解了。

6.3.8 飞行工具

用"飞行工具"可以让摄影机飞行穿过场景，不会受几何体约束。按住 Ctrl 键并向上拖动可以向前飞行，向下拖动可以向后飞行。如果要更改摄影机方向，可以松开 Ctrl 键然后拖动鼠标左键。

┌───┐
│ ▼ 自测 │ 使用偏转-俯仰工具和飞行工具 │
│   5   │ 源文件：人邮教育\源文件\第 6 章\6-3-8.mb │
│   │ 视　频：人邮教育\视频\第 6 章\6-3-8.swf │
└───┘

STEP 1 执行"文件>打开场景"命令，打开文件"人邮教育\源文件\第 6 章\素材\6-3-8.mb"，效果如图 6-42 所示。执行"视图>摄影机工具>偏转-俯仰工具 ▣"命令，弹出"工具设置"对话框，设置相关选项，如图 6-43 所示。

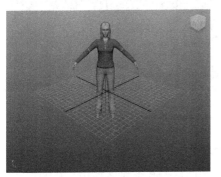

图 6-42　　　　　　　　　　　　　　图 6-43

STEP 2 关闭"工具设置"对话框，对模型进行向下旋转操作，效果如图 6-44 所示。执行"视图>摄影机工具>飞行工具"命令，对模型进行向上拖动向前飞行的操作，效果如图 6-45 所示。

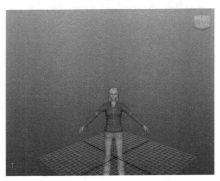

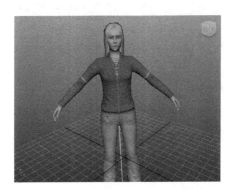

图 6-44　　　　　　　　　　　　　　图 6-45

6.4　摄影机视图指示器

　　通常，摄影机的取景器中一般都含有几个标志来帮助使用者决定影像的哪些部分被拍摄下来。在 Maya 中，在一个摄影机视图中可以有一个或几个这样的标志，称为视图指示器。在默认设置下，一个摄影机视图不显示任何视图指示器，因为在创建场景时不需要视图指示器。然而，在场景创建完成后，可以显示一个或多个视图指示器来帮助用户决定场景的哪些部分将要被渲染。

> 显示分辨率

创建摄影机后，按组合键 Ctrl+A，打开它的通道盒，并展开"显示选项"卷展栏。勾选"显示分辨率"选项，如图 6-46 所示。就会在摄影机视图中显示出 960×540 字样和白色的线框，这表示当前视图的分辨率是 960×540，如图 6-47 所示。

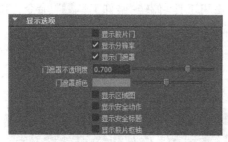

图 6-46

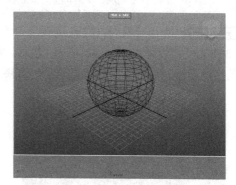

图 6-47

> 画面安全区指示器

画面安全指示器所标识的区域大小等于渲染分辨率的 90%。如果最后渲染的影像是在电视上播放，则可以使用安全区指示器来限制场景中的画面保持在安全区域中。在通道盒中勾选"显示安全动作"选项，如图 6-48 所示。就会在摄影机视图中显示出一个白色的线框，这就是画面安全区，如图 6-49 所示。

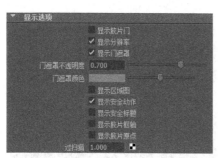

图 6-48

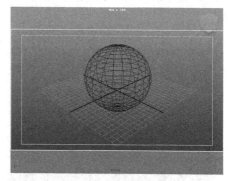

图 6-49

> 标题安全区指示器

标题安全区指示器标识区域的大小等于渲染分辨率的 80%。如果最后渲染的影像是在电视上播放，则可以使用标题安全区指示器来限制场景中的所有文本都保持在安全区域中。在通道盒中勾选"显示安全标题"选项，如图 6-50 所示。就会在摄影机视图中显示出一个白色的线框，它位于画面安全区的内侧，这就是标题安全区，如图 6-51 所示。

提示

还有几个指示器，如果在通道盒中勾选它们的话，那么就会在视图中显示出来，在此不再赘述。

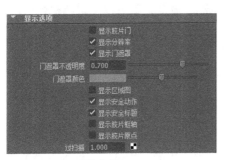

图 6-50

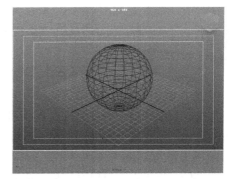

图 6-51

6.5 摄影机图标和操纵器

通常，我们在 Maya 中可以通过调节摄影机来调节摄影机视图。另外，还可以显示摄影机图标和操纵器来交互地调节一个摄影机的视图。下面就简单地介绍一下有关摄影机图标和摄影机操纵器的内容。

6.5.1 摄影机图标

摄影机图标描述了摄影机在一个视图中的位置和方向，在默认设置下，Maya 不显示摄影机图标。一个摄影机的图标不会显示在它自己的视图中，只能在其他摄影机视图中显示。

一般情况下，当执行"创建>摄影机>摄影机"命令，创建一个新的摄影机时，就会在视图中显示出摄影机的图标，如图 6-52 所示。

如果创建的是两节点摄影机（也就是执行"创建>摄影机>摄影机和目标"命令创建的摄影机），那么在其图标上会显示 1 个圆环，它代表了摄影机的兴趣点，如图 6-53 所示。如果创建的是三节点摄影机（也就是执行"创建>摄影机>摄影机、目标和上方向"命令创建的摄影机），那么在其图标上会显示两个圆环，这些圆环分别代表摄影机的兴趣点和控制点，如图 6-54 所示。

图 6-52

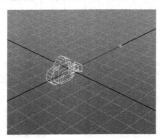

图 6-53

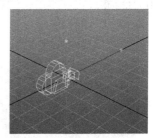

图 6-54

提示

通过执行"显示>显示>摄影机"命令，可以在视图中显示出摄影机图标。如果执行"显示>隐藏>摄影机"命令，则可以隐藏摄影机图标。

6.5.2 摄影机操纵器

在 Maya 中，可以使用摄影机操纵器交互地调节某些摄影机的属性。通过执行"显示>显示>摄影机操作器"命令，就可以显示出选中摄影机的操纵器。

通过执行"显示>隐藏>摄影机操纵器"命令，就可以隐藏起摄影机的操纵器。

在创建摄影机之后，在默认设置下，在视图中摄影机的图标非常小，但是可以使用放大工具把它放大或者缩小。按快捷键 R 即可打开缩放工具，然后按着缩放对象的方式进行缩放即可。另外，还有几种操纵器工具，下面分别介绍。

➢ 摄影机操纵器

单击摄影机操纵器可以循环显示三种摄影机操纵器：兴趣点操纵器、枢轴点操纵器和剪切平面操纵器，如图 6-55 所示。

➢ 兴趣点/摄影机原点操纵器

移动兴趣点操纵器中的两个手柄可以改变摄影机的位置（摄影机图标中的操纵器）和方向（圆环中的操纵器），如图 6-56 所示。

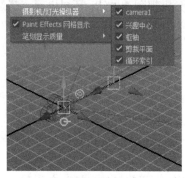

图 6-55

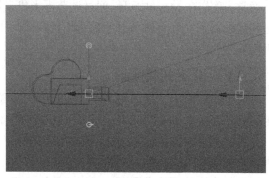

图 6-56

➢ 枢轴点操纵器

移动枢轴点操纵器，然后在其上单击，可以设置移动摄影机，或是移动摄影机兴趣点所使用的枢轴点；再次单击枢轴点操纵器则不能再对摄影机的枢轴点进行编辑，如图 6-57 所示。

➢ 剪切平面操纵器

使用剪切平面操纵器可以改变远近剪切平面的位置，如图 6-58 所示。

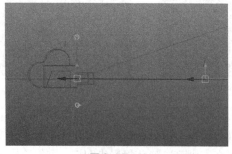

图 6-57

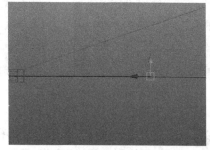

图 6-58

➢ 显示摄影机操作器

有两种方法可以显示摄影机的操纵器。

第一种方法：执行"显示>显示>摄影机操纵器"命令，可以显示摄影机的操纵器。第二种方法：单击工作视图左侧工具箱中的显示操纵器图标（或按 T 键），可以显示摄影机操纵器。

➢ 增加或减少摄影机操纵器的大小

在 Maya 中，可以改变摄影机操纵器图标的大小。操作非常简单，按"−"号键可以减小显示的尺寸；按"+"号键可以增加显示的尺寸，如图 6-59 所示。

图 6-59

6.6 景深

在真正的摄影机中都有一个距离范围，在此范围内的对象都是聚焦的。这个范围称为摄影机的景深。在此范围之外的（过于靠近摄影机或过于远离摄影机）对象是模糊的。

在 Maya 中，在默认设置下，无论对象距离摄影机远近，对象都是聚焦的。但是，也可以模仿真实摄影机的景深效果。

 当从一个打开景深的摄影机渲染场景时，Maya 会渲染所有对象，无论其聚焦与否，然后根据它们与摄影机之间的距离来实施模糊效果。

下面介绍设置摄影机视图景深的方法。

打开摄影机设置选项的通道盒，在"景深"卷展栏中，如图 6-60 所示，选中"景深"选项。可以通过改变景深属性来控制哪些对象是聚焦的，哪些对象没有聚焦。景深选项的说明如下。

➢ 聚焦距离：调节焦距属性，可以改变景深范围最远点与摄影机之间的距离。如果要缩放焦距属性，可以调节聚焦区域大小的属性。

➢ F 制光圈：调节光圈属性，可以改变景深范围的大小（光圈属性值越小，则景深越短）。

图 6-60

➢ 聚焦区域比例：该属性也会影响与摄影机之间的距离范围，当对象在此范围中时是聚焦的。

 "景深"就是指拍摄主题前后所能在一张照片上成像的空间层次的深度。简单地说，景深就是聚焦清晰的焦点前后"可接受的清晰区域"。

为了提高摄影机视图的渲染速度，可以尝试使用下列方法。

打开摄影机的通道盒，在通道盒中取消选中"景深"选项，这样可以关闭摄影机的景深效果。通过在摄影机的通道盒中增加"光圈"选项的数值来增加景深范围，使更多的对象处于聚集状态，这样也可以加快摄影机视图的渲染速度。

自测 6 制作景深特效
源文件：人邮教育\源文件\第 6 章\6-6.mb
视　频：人邮教育\视频\第 6 章\6-6.swf

STEP 1 执行"文件>打开场景"命令，打开文件"人邮教育\源文件\第 6 章\素材\6-6.mb"场景，效果如图 6-61 所示。单击"渲染当前帧"按钮，效果如图 6-62 所示。

图 6-61

图 6-62

STEP 2 执行"视图>选择摄影机"命令，选择视图中的摄影机，按组合键 Ctrl+A，打开摄影机的"属性编辑器"窗口，如图 6-63 所示。在"属性编辑器"窗口中打开"景深"卷展栏，设置如图 6-64 所示。

图 6-63

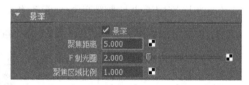

图 6-64

STEP 3 单击"渲染当前帧"按钮，效果如图 6-65 所示。返回视图中，将"聚焦距离"设置为 5.5、"F 制光圈"设置为 50，如图 6-66 所示。

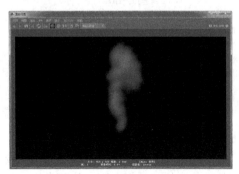

图 6-65

图 6-66

STEP 4 单击"渲染当前帧"按钮 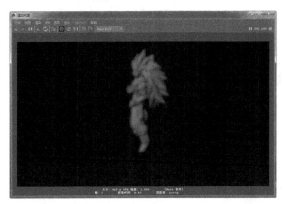，效果如图 6-67 所示。

图 6-67

6.7　本章小结

本章主要讲解了 Maya 2014 的摄影机技术以及摄影机常用参数的介绍说明，还讲解了摄影机工具的作用与用法。希望读者通过对本章知识点的理解，多加练习，能够掌握相应的知识点。

6.8　课后测试题

一、选择题

1. 下列不属于摄影机指示器的是（　　）。

　　A. 显示分辨率　　　　　　　　B. 画面安全区指示器

　　C. 景深　　　　　　　　　　　D. 标题安全区指示器

2. 按以下哪个键盘上的按键可以使摄影机图标放大？（　　）

　　A. +　　　　　B. -　　　　　C. ★　　　　　D. /

3. 推拉视图的组合键是（　　）。

　　A. 空格　　　　　　　　　　　B. Alt+鼠标右键

　　C. Alt+鼠标左键　　　　　　　D. Alt+鼠标中键

二、判断题

1. Maya 摄影机具有景深效果，不需要通过插件来实现。（　　）

2. 在默认设置下，无论对象距离摄影机远近，对象都是聚焦的。（　　）

3. 平移工具可以让摄影机飞行穿过场景，不会受几何体约束。（　　）

三、简答题

1. 简单列出 Maya 2014 中的摄影机类型。

2. 简述"二维平移/缩放工具"的功能。

第 7 章
材质与纹理技术

PART 7

本章简介

　　Maya 材质是模型整体制作流程中非常重要的一环。一个模型如果没有材质，那将会缺少很多美妙的细节。添加材质用于表现出物体的质感，再对其实施渲染，添加贴图纹理使画面更加真实。本章介绍材质与纹理的基础知识和灵活运用的方法。

本章重点

- 了解材质的基本知识
- 掌握材质编辑器
- 掌握常用材质的类型和属性
- 掌握纹理属性的设置方法
- 了解 UV 的创建与编辑方法

7.1 材质概述

在自然界当中，物体通常有 3 种自然状态：固体、液体和气体。每种状态都有自己的属性和显示外观，而且还有一些共有的物理属性，如颜色、光泽、凹凸和透明度。比如汽车的车窗是由玻璃制作的，它具有玻璃的特征；轮胎是用橡胶制作的，它具有橡胶的特征；木制的桌子是由木材制作而成的，它具有木材的特征，如图 7-1 所示。而这些特征就是所谓的材质。

在 Maya 中可以模拟这些物质的物理属性，也称为材质，就是对象构成元素的外观效果。比如石墙是用石块砌成的，具有石块的外观效果；塑料桶是用塑料制作而成的，它具有塑料的特性，比如光泽度和颜色等，如图 7-2 所示。

图 7-1　　　　　　　　　　　　　　　图 7-2

材质主要用于表现物体的颜色、质地、纹理、透明度和光泽等特性，依靠各种类型的材质可以制作出现实世界中的任何物体。一幅完美的作品除了需要优秀的模型和良好的光照外，同时也需要具有精美的材质。材质不仅可以模拟现实和超现实的质感，同时也可以增强模型的细节。

在 Maya 2014 中，创建材质就是为制作的模型赋予这些特征，有些材质是通过纹理贴图来表现的。

7.2 材质编辑器

要在 Maya 中创建和编辑材质，首先要学会使用 Hypershade（材质编辑器）对话框。Hypershade 对话框是以节点网络的方式来编辑材质，使用起来非常方便。在 Hypershade 对话框中可以很清楚地观察到一个材质的网络结构，并且可以随时在任意两个材质节点之间创建或打断链接。

Hypershade 是 Maya 渲染的中心工作区域，通过创建、编辑和链接渲染节点（如纹理、材质、灯光、渲染工具和特殊效果），可以在其中构建着色网络。着色网络是链接渲染节点的统称，它将定义好颜色和纹理，有助于改进曲面的最终外观（材质）。

执行"窗口>渲染编辑器>Hypershade"命令，打开 Hypershade 对话框，如图 7-3 所示。

菜单栏用来管理 Hypershade 的各种命令，执行菜单栏中的命令，可以创建材质球、渲染节点任务，创建、重命名或删除节点，打开属性编辑器或链接编辑器等。菜单栏的命令、工具栏及创建列表等是相对应的。菜单栏中包含了 Hypershade 对话框中的所有功能，但一般常用的功能都可以通过下面的工具栏、创建栏、分类区域和工作区域来完成。

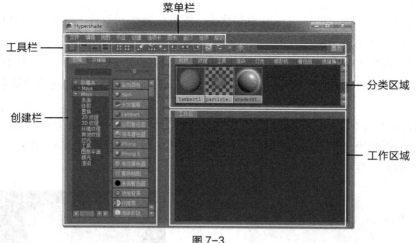

图 7-3

7.2.1 工具栏

工具栏提供了编辑材质的常用工具，用户可以通过这些工具来编辑材质和调整材质节点的显示方式，如图 7-4 所示。工具栏中的工具说明如下。

图 7-4

> 开启/关闭创建栏■：用来显示或隐藏创建栏。
> 仅显示顶部选项卡■：单击该按钮，只显示分类区域，工作区域会被隐藏。
> 仅显示底部选项卡■：单击该按钮，只显示工作区域，分类区域会被隐藏。
> 显示顶部和底部选项卡■：单击该按钮，可以将分类区域和工作区域同时显示出来。
> 显示前一图表■：显示工作区域的上一个节点连接。
> 显示下一图表■：显示工作区域的下一个节点连接。
> 清除图表■：用来清除工作区域内的节点网格。
> 重新排列图表■：用来重新排列工作区域内的节点网格，使工作区域变得更加整洁。
> 为选定对象上的材质制图■：用来查看选择物体的材质节点，并且可以将选择物体的材质节点网格显示在工作区域内，以便查找。
> 输入连接■：显示选定材质的输入连接节点。
> 输入和输出连接■：显示选定材质的输入和输出连接节点。
> 输出连接■：显示选定材质的输出连接节点。

提示

单击"清除图标"按钮，只清除工作区域内的节点网格，但节点网格本身并没有被清除，在分类区域中仍然可以找到。

7.2.2 创建栏

创建栏用来创建材质、纹理、灯光和工具等节点。直接单击创建栏中的材质球就可以在工作区域中创建出材质节点，如图 7-5 所示。同时分类区域也会显示出材质节点，当然也可以通过 Hypershade 对话框中的"创建"菜单来创建材质，如图 7-6 所示。

图 7-5

图 7-6

7.2.3 分类区域

分类区域的主要功能是将节点网格进行分类，以便用户查找相应的节点，如图 7-7 所示。分类区域主要用于分类和查找材质节点，不能用于编辑材质，可以通过组合键 Alt+鼠标右键来缩放分类区域。

图 7-7

7.2.4 工作区域

工作区域主要用来编辑材质节点，在这里可以编辑出复杂的材质节点网格，如图 7-8 所示。在材质上单击鼠标右键，通过弹出菜单可以快速将材质指定给选定对象，如图 7-9 所示。另外，也可以打开材质节点的"属性编辑器"窗口，对材质属性进行调整。

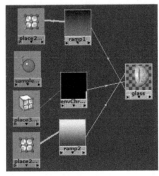

图 7-8

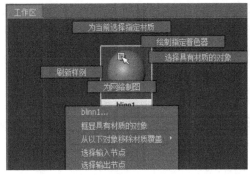

图 7-9

按组合键 Alt+鼠标中键，可以对工作区域的材质节点进行移动操作；按组合键 Alt+鼠标右键，可以对材质节点进行缩放操作。

7.3 材质类型

根据实际应用，材质可分为多种类型，每种类型都有自己的使用领域。在创建栏中列出了 Maya 所有的材质类型，包括"表面"材质、"体积"材质和"置换"材质 3 大类型。

7.3.1 表面材质

表面材质是最为常见的一种材质，类型最多，而且应用也最广泛。根据对象类型和应用纹理贴图的不同，表面属性的表现也不同，如光泽度、反射和亮度等，表面材质被细分为 12 种类型。

在 Hypershade 对话框中选择"表面"选项，则在右栏中出现相应的表面材质，如图 7-10 所示。表面材质的类型说明如下。

图 7-10

> 各向异性：该材质用来模拟物体表面带有细密凹槽的材质效果。

> Blinn：这是使用频率最高的一种材质，主要用来模拟具有金属质感和强烈反射效果的材质。

> 头发管着色器：该材质是一种管状材质，主要用来模拟细小的管状物体（如头发）。

> Lambert：主要用来制作表面不会产生镜面高光的物体。

> 分层着色器：该材质可以混合两种或多种材质，也可以混合两种或多种纹理，从而得到一个新的材质或纹理。

> 海洋着色器：该材质主要用来模拟海洋的表面效果。

> Phong：该材质主要用来制作表面比较平滑且具有光泽的塑料效果。

> Phong E：该材质是 Phong 材质的升级版，其特性和 Phong 材质相同，但该材质产生的高光更加柔和，并且能调节的参数也更多。

> 渐变着色器：该材质在色彩变化方面具有更多的可控特性，可以用来模拟具有色彩渐变的材质效果。

> 着色贴图：该材质主要用来模拟卡通风格的材质，可以用来创建各种非照片效果的表面。

> 表面着色器：这种材质不进行任何材质计算，它可以直接把其他属性和它的颜色、辉光颜色和不透明度属性连接起来。

> 使用背景：该材质可以用来合成背景图像。

7.3.2 体积材质

"体积"材质包括 6 种类型。在 Hypershade 对话框中选择"体积"选项，则在右栏中出现相应的体积材质，如图 7-11 所示。体积材质的类型说明如下。

> 环境雾：主要用来设置场景的雾气效果。

> 流体形状：主要用来设置流体的形态。

> 灯光雾：主要用来模拟灯光产生的薄雾效果。

> 粒子云：主要用来设置粒子的材质，该材质是粒子的专用材质。

> 体积雾：主要用来控制体积节点的密度。
> 体积着色器：主要用来控制体积材质的色彩和不透明度等特性。

7.3.3 置换材质

"置换"选项中包括了"C 肌肉着色器"和"置换"。在 Hypershade 对话框中选择"置换"选项，则在右栏中出现相应的置换材质，如图 7-12 所示。置换材质的类型说明如下。

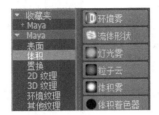

图 7-11

图 7-12

> C 肌肉着色器：该材质主要用来保护模型的中缝，原来在 Zbrush 中完成的置换贴图，用这个材质可以消除 UV 的接缝。
> 置换：用来制作表面凹凸效果。与"凹凸"贴图相比，"置换"材质所产生的凹凸是在模型表面产生的真实凹凸效果，而"凹凸"贴图只是使用贴图来模拟凹凸效果，所以模拟本身的形态不会发生变化。

自测 1 | **制作卡通材质**
源文件：人邮教育\源文件\第 7 章\7-3-3.mb
视　频：人邮教育\视频\第 7 章\7-3-3.swf

STEP 1 执行"文件>打开场景"命令，打开文件"人邮教育\源文件\第 7 章\素材\7-3-3.mb"，效果如图 7-13 所示。单击"渲染当前帧"按钮![按钮]，效果如图 7-14 所示。

图 7-13

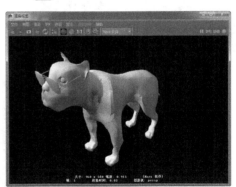

图 7-14

STEP 2 执行"窗口>渲染编辑器>Hypershade"命令，弹出 Hypershade 对话框，创建一个"着色贴图"材质节点，如图 7-15 所示。打开其"属性编辑器"窗口，单击"颜色"属性后面的![按钮]按钮，在弹出的对话框中单击 Blinn 节点，如图 7-16 所示。

STEP 3 在"属性编辑器"窗口中设置"着色贴图颜色"为 RGB（0，6，60），如图 7-17 所示。切换到 Blinn 节点的"属性编辑器"窗口，单击"颜色"属性后面的![按钮]按钮，在弹出的对话框中单击"渐变"节点，如图 7-18 所示。

图 7-15

图 7-16

图 7-17

图 7-18

STEP 4 在"渐变"节点的"属性编辑器"窗口中设置相关选项,如图 7-19 所示。设置完成后,返回视图中,选择模型,如图 7-20 所示。

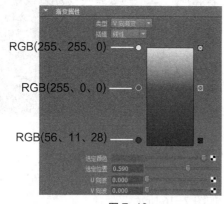

图 7-19

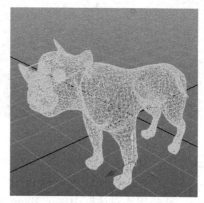

图 7-20

STEP 5 单击鼠标右键,在弹出菜单中执行"指定现有材质>blinn1"命令,如图 7-21 所示。单击"渲染当前帧"按钮 ,效果如图 7-22 所示。

图 7-21

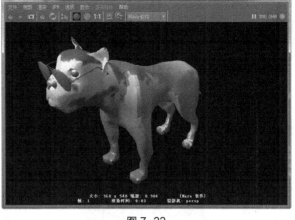

图 7-22

提示

赋予模型材质的方法还有两种：一种是在 Hypershade 对话框中使用鼠标中键拖动 blinn1 材质球到三维视窗中的模型上；另一种是在 Hypershade 对话框中选择 blinn1 材质球，单击鼠标右键，在弹出的菜单中选择"为当前选择指定材质"选项。

7.4　材质属性

在自然界中，物体的材质决定了对象反射吸收光线的能力，从而表现出各种各样的色彩和其他外表特征。例如，含有金属元素的对象比没有含金属元素的对象反射光线的能力要强。在 Maya 中，材质包含几种属性，像颜色、光泽度和透明度等。而在 Maya 中，可以通过调节这些属性来模拟真实世界中的物体表面特征。每种材质都有各自的属性，但各种材质之间又具有一些相同的属性。

7.4.1　公用材质属性

"各向异性"、Blinn、Lambert、Phong 和 Phong E 材质具有一些共同的属性，因此只需要掌握其中一种材质的属性即可。

在创建栏中单击 Blinn 材质球，在工作区域中创建一个 Blinn 材质，然后在材质节点上双击鼠标左键或按组合键 Ctrl+A，打开该材质的"属性编辑器"窗口，可以看到材质的通用参数，如图 7-23 所示。下面将介绍公用材质属性参数。

➢ 颜色

"颜色"是材质最基本的属性，即物体的固有色。颜色决定了物体在环境中所呈现的色调，在调节时可以采用 RGB 颜色模式或 HSV 颜色模式来定义材质的固有颜色。例如，设置 Blinn 材质的"颜色"为白色，效果如图 7-24 所示。当然也可以使用纹理贴图来模拟材质的颜色。

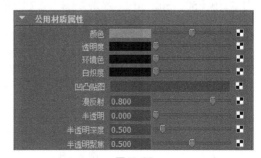

图 7-23

RGB 颜色模式是工业界的一种颜色标准模式，几乎包括了人类视眼所能感知到的所有颜色，是目前运用最广的颜色系统。

> 透明度

"透明度"属性决定了在物体后面的物体的可见程度。在默认情况下，物体的表面是完全不透明的（黑色代表完全不透明，白色代表完全透明）。大多数情况下，"透明度"属性和"颜色"属性可以一起控制色彩的透明效果。例如，设置 Blinn 材质的"透明度"为 RGB（78，78，78），效果如图 7-25 所示。

图 7-24   图 7-25

> 环境色

"环境色"是指由周围环境作用于物体所呈现出来的颜色，即物体背光部分的颜色。在默认情况下，材质的环境色都是黑色，而在实际工作中为了得到更真实的渲染效果（在不增加辅助光照的情况下），可以通过调整物体材质的环境色来得到良好的视觉效果。例如，设置 Blinn 材质的"环境色"为 RGB（61，61，61），效果如图 7-26 所示。

当环境色变亮时，它可以改变被照亮部分的颜色，使两种颜色互相结合。另外，环境色还可以作为光源来使用。

> 白炽度

材质的"白炽度"属性可以使物体表面产生自发光效果。在自然界中，一些物体的表面能够自我照明，也有一些物体的表面能够产生辉光，比如在模拟熔岩时就可以使用"白炽度"属性来模拟。

"白炽度"属性虽然可以使物体表面产生自发光效果，但并非真实的发光，也就是说具有自发光效果的物体并不是光源，没有任何照明作用，只是看上去好像在发光一样，它和"环境色"属性的区别为一个是主动发光，一个是被动发光。例如，设置 Blinn 材质的"环境色"为 RGB（50，50，50），效果如图 7-27 所示。

图 7-26   图 7-27

> 凹凸贴图

该属性可以通过设置一张纹理贴图来使物体的表面产生凹凸不平的效果，如图 7-28 所示。利用凹凸贴图可以在很大程度上提高工作效率，因为采用建模的方式来表现物体表面的凹凸效果会耗费很多时间。

凹凸贴图只是视觉假象，而置换材质会影响模型的外形，所以凹凸贴图的渲染速度要快于置换材质。另外，在使用凹凸贴图时，一般要与灰度贴图一起配合使用。

➢ 漫反射

该属性表示物体对光线的反射程度，较小的值表明物体对光线的反射能力较弱（如透明的物体）；较大的值表明物体对光线的反射能力较强（如较粗糙的表面）。

"漫反射"属性的默认值是 0.8，在一般情况下，默认值就可以渲染出较好的效果。虽然在材质编辑过程中并不会经常对"漫反射"属性值进行调整，但是它对材质颜色的影响却非常大。当"漫反射"值为 0 时，材质的环境色将替代物体的固有色；当"漫反射"值为 1 时，材质的环境色可以增加图像的鲜艳程度，在渲染真实的自然材质时，使用较小的"漫反射"值即可得到较好的效果。例如，设置 Blinn 材质的"漫反射"值为 1，效果如图 7-29 所示。

图 7-28

图 7-29

➢ 半透明

该属性可以使物体呈现出透明效果。在现实生活中经常可以看到这样的物体，如蜡烛、树叶、皮肤和灯罩等。当"半透明"数值为 0 时，表示关闭材质的透明属性，然而随着数值的增大，材质的透光能力将逐渐增强。

提示　　在设置透明效果时，"半透明"相当于一个灯光，只有当"半透明"设置为一个大于 0 的数值时，透明效果才能起作用。

➢ 半透明深度

该属性可以控制阴影投射的距离。该值越大，阴影穿透物体的能力越强，从而映射在物体的另一面。

➢ 半透明聚焦

该属性可以控制在物体内部由于光线散射造成的扩散效果。该数值越小，光线的扩散范围越大，反之就越小。

自测 2　　**制作玛瑙材质**
源文件：人邮教育\源文件\第 7 章\7-4-1.mb
视　频：人邮教育\视频\第 7 章\7-4-1.swf

STEP 1 执行"文件>打开场景"命令，打开文件"人邮教育\源文件\第 7 章\素材\7-4-

1.mb",效果如图 7-30 所示。单击"渲染当前帧"按钮 ▣,效果如图 7-31 所示。

图 7-30

图 7-31

STEP 2 执行"窗口>渲染编辑器>Hypershade"命令,打开 Hypershade 对话框,创建一个 Blinn 材质,如图 7-32 所示。在"属性编辑器"窗口中设置相关选项,如图 7-33 所示。

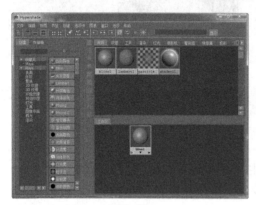

图 7-32

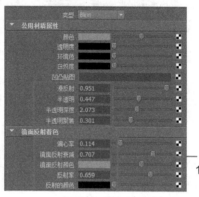

图 7-33

RGB
128,128,128

STEP 3 在 Hypershade 对话框中创建一个"分形"纹理节点,如图 7-34 所示。在"属性编辑器"窗口中设置相关选项,如图 7-35 所示。

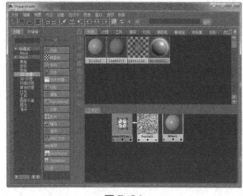

图 7-34

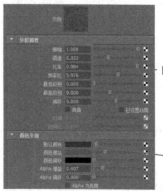

图 7-35

RGB 17,17,17

RGB 29,65,36

STEP 4 在 Hypershade 对话框中,使用鼠标中键将调整好的"分形"纹理节点拖曳到 Blinn 材质上,并在弹出菜单中选择 color 命令,如图 7-36 所示。创建一个"混合颜色"节点和"曲面亮度"节点,如图 7-37 所示。

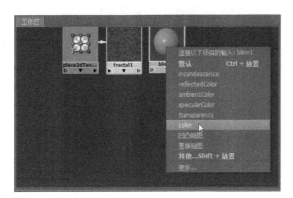

图 7-36

图 7-37

STEP 5 使用鼠标中键将"曲面亮度"节点拖曳到"混合颜色"节点的"属性编辑器"窗口中的"混合器"属性上，并在"属性编辑器"窗口中设置相关选项，如图 7-38 所示。使用鼠标中键将"混合颜色"节点拖曳到 Blinn 材质上，并在弹出菜单中选择 ambientColor 命令，如图 7-39 所示。

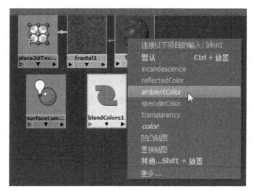

图 7-38

图 7-39

STEP 6 再次创建一个"分形"纹理节点，使用鼠标中键将其拖曳到 Blinn 材质上，并在弹出菜单中选择"凹凸贴图"命令，如图 7-40 所示。在"属性编辑器"窗口中设置相关选项，如图 7-41 所示。

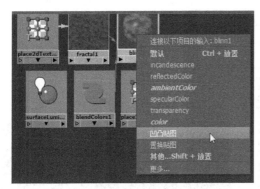

图 7-40

图 7-41

STEP 7 返回视图中，选择模型，单击鼠标右键，在弹出菜单中执行"指定现有材质>blinn1"命令，如图 7-42 所示。单击"渲染当前帧"按钮 ，最终效果如图 7-43 所示。

图 7-42   图 7-43

7.4.2 高光属性

镜面反射着色也就是通常所称高光。在"各向异性"、Blinn、Lambert、Phong 和 Phong E 这些材质中，主要的不同之处就是它们的高光属性。"各向异性"材料可以产生一些特殊的高光效果，Blinn 材质可以产生比较柔和的高光效果，而 Phong 和 Phong E 材质会产生比较锐利的高光效果。

1."各向异性"材质的高光属性

创建一个"各向异性"材质，然后打开其"属性编辑器"窗口，展开"镜面反射着色"卷展栏，如图 7-44 所示，"各向异性"材质的高光参数说明如下。

- ➤ 角度：用来控制椭圆形高光的方向。该材质的高光区域是一个月牙形。
- ➤ 扩散 X：用来控制 X 方向的拉伸长度。
- ➤ 扩散 Y：用来控制 Y 方向的拉伸长度。
- ➤ 粗糙度：用来控制高光的粗糙程度。数值越大，高光越强，高光区域就越分散。
- ➤ Fresnel 系数：用来控制高光的强弱。
- ➤ 镜面反射颜色：用来设置高光的颜色。
- ➤ 反射率：用来设置反射的强度。
- ➤ 反射的颜色：用来控制物体的反射颜色，可以在其颜色通道中添加一张环境贴图来模拟周围的反射效果。
- ➤ 各向异性反射率：用来控制是否开启该材质的"反射率"属性。

2.Blinn 高光属性

创建一个 Blinn 材质，然后打开其"属性编辑器"窗口，展开"镜面反射着色"卷展栏，如图 7-45 所示，Blinn 材质高光参数说明如下。

图 7-44   图 7-45

- ➤ 偏心率：用来控制材质上的高光面积大小。值越大，高光面积越大。

➢ 镜面反射衰减：用来控制 Blinn 材质的高光的衰减程度。

➢ 镜面反射颜色：用来控制高光区域的颜色，当颜色为黑色时，表示不产生高光效果。

➢ 反射率：用来设置物体表面反射周围物体的强度。值越大，反射越强。

➢ 反射的颜色：用来控制物体的反射颜色，可以在其颜色通道中添加一张环境贴图来模拟周围的反射效果。

3．Phong 高光属性

创建一个 Phong 材质，打开其"属性编辑器"窗口，展开"镜面反射着色"卷展栏，如图 7-46 所示，Phong 材质高光的参数说明如下。

➢ 余弦幂：用来控制高光面积的大小。值越大，高光越小。

➢ 镜面反射颜色：用来控制高光区域的颜色，当颜色为黑色时，表示不产生高光效果。

➢ 反射率：用来设置物体表面反射周围物体的强度。值越大，反射越强。

➢ 反射的颜色：用来控制物体的反射颜色，可以在其颜色通道中添加一张环境贴图来模拟周围的反射效果。

4．Phong E 高光属性

创建一个 Phong E 材质，打开其"属性编辑器"窗口，展开"镜面反射着色"卷展栏，如图 7-47 所示，Phong E 材质高光参数说明如下。

图 7-46

图 7-47

➢ 粗糙度：用来控制高光中心的柔和区域的大小。

➢ 高光大小：用来控制高光区域的整体大小。

➢ 白度：用来控制高光中心区域的颜色。

➢ 镜面反射颜色：用来控制高光区域的颜色，当颜色为黑色时，表示不产生高光效果。

➢ 反射率：用来设置物体表面反射周围物体的强度。值越大，反射越强。

➢ 反射的颜色：用来控制物体的反射颜色，可以在其颜色通道中添加一张环境贴图来模拟周围的反射效果。

自测 3

制作金属材质
源文件：人邮教育\源文件\第 7 章\7-4-2.mb
视　频：人邮教育\视频\第 7 章\7-4-2.swf

STEP 1 执行"文件>打开场景"命令，打开文件"人邮教育\源文件\第 7 章\素材\7-4-1.mb"，效果如图 7-48 所示。执行"窗口>渲染编辑器>Hypershade"命令，弹出 Hypershade 对话框，创建一个 Blinn 材质，如图 7-49 所示。

STEP 2 在"属性编辑器"窗口中设置相关选项，如图 7-50 所示。返回视图中，选择模型，单击鼠标右键，在弹出菜单中执行"指定现有材质>blinn1"命令，如图 7-51 所示。

图 7-48

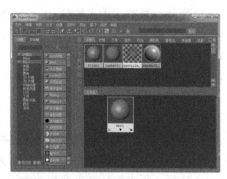

图 7-49

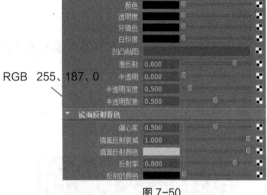

RGB 255、187、0

图 7-50

图 7-51

STEP 3 在视图中可以看到刚设置的模型效果，如图 7-52 所示。单击"渲染当前帧"按钮，最终效果如图 7-53 所示。

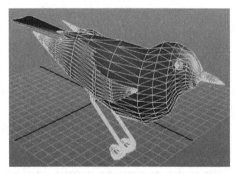

图 7-52

图 7-53

提示

金属材质的制作方法虽然有很多种，但是要注意下面 3 个方面，以便制作效果更加真实：金属的颜色多为中灰色和亮灰色；金属的高光一般较为强烈；金属的表面具有较强的反射效果。

7.4.3 光线跟踪属性

因为"各向异性"、Blinn、Lambert、Phong 和 Phong E 材质的"光线跟踪"属性都相同，在这里选择 Phong E 材质来进行讲解。打开其"属性编辑器"窗口，展开"光线跟踪选项"

卷展栏，如图 7-54 所示，光线跟踪选项的参数说明如下。

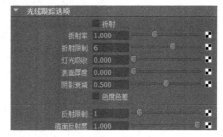

> 折射：用来决定是否开启折射功能。

> 折射率：用来设置物体的折射率。折射是光线穿过不同介质时发生的弯曲现象，折射率就是光线弯曲的大小。

> 折射限制：用来设置光线穿过物体时产生折射的最大次数。值越高，渲染效果越真实，但渲染速度会变慢。

图 -54

> 灯光吸收：用来控制物体表面吸收光线的能力，值为 0 时，表示不吸收光线；值越大，吸收的光线就越多。

> 表面厚度：用于渲染单面模型，可以产生一定的厚度效果。

> 阴影衰减：用于控制透明对象产生光线跟踪阴影的聚焦效果。

> 色度色差：当开启光线跟踪功能时，该选项用来设置光线穿过透明物体时以相同的角度进行折射。

> 反射限制：用来设置物体被反射的最大次数。

> 镜面反射度：用于避免在反射高光区域产生锯齿闪烁效果。

提示　　如果需要使用"光线跟踪"功能，必须在"渲染设置"对话框中开启"光线跟踪"选项后才能正常使用。

自测4　　**制作迷彩材质**
源文件：人邮教育\源文件\第 7 章\7-4-3.mb
视　频：人邮教育\视频\第 7 章\7-4-3.swf

STEP 1　执行"文件>打开场景"命令，打开文件"人邮教育\源文件\第 7 章\素材\7-4-3.mb"，效果如图 7-55 所示。执行"窗口>渲染编辑器>Hypershade"命令，弹出 Hypershade 对话框，创建一个"分形"纹理节点，如图 7-56 所示。

图 7-55

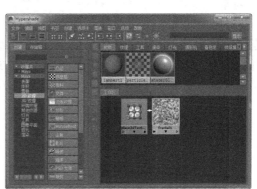

图 7-56

STEP 2　在"属性编辑器"窗口中设置相关选项，如图 7-57 所示。在 Hypershade 对话框中选择"分形"纹理节点，按组合键 Ctrl+D，复制一个"分形"纹理节点，如图 7-58 所示。

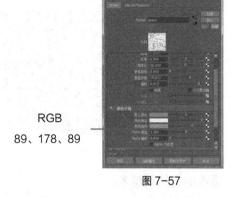

RGB
89、178、89

图 7-57

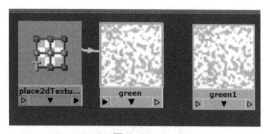

图 7-58

STEP 3 在"属性编辑器"窗口中设置复制得到的节点名称为 red，并设置其他选项，如图 7-59 所示。在 Hypershade 对话框中创建一个 Lambert 材质和"分层纹理"节点，如图 7-60 所示。

图 7-59

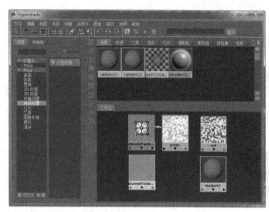

图 7-60

提示　　在"收藏夹"列表选择"其他纹理"选项，然后单击"分层纹理"图标即可创建一个"分层纹理"节点。

STEP 4 使用鼠标中键将 green 纹理节点拖曳到"分层纹理"的"属性编辑器"窗口中，并设置相关选项，如图 7-61 所示。删除绿色节点，使用鼠标中键将 red 纹理节点拖曳到该"属性编辑器"窗口中，并设置相关选项，如图 7-62 所示。

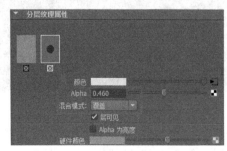

图 7-61

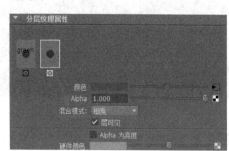

图 7-62

STEP 5 打开 Lambert 材质的"属性编辑器"窗口，使用鼠标中键将"分层纹理"节点拖入"颜色"属性上，如图 7-63 所示。在 Hypershade 对话框中可以看到制作好的材质节点效果，如图 7-64 所示。

图 7-63

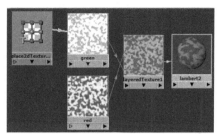

图 7-64

STEP 5 返回视图中，选择模型，单击鼠标右键，在弹出菜单中执行"指定现有材质>lambert1"命令，如图 7-65 所示。单击"渲染当前帧"按钮，最终效果如图 7-66 所示。

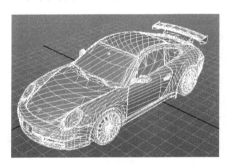

图 7-65

图 7-66

提示　　纹理不能直接指定给模型，只有材质才能指定给模型。因此制作时一定要注意。

7.5 纹理

当模型被指定材质时，Maya 会迅速对灯光做出反应，以表现出不同的材质特性，如固有色、高光、透明度和反射等。但模型额外的细节，如凹凸、刮痕和图案可以使用纹理贴图来实现，这样可以增强物体的真实感。通过对模型添加纹理贴图，可以丰富模型的细节。

7.5.1 纹理的类型

材质、纹理、工具节点和灯光的大多数属性都可以使用纹理贴图。纹理可以分为二维纹理、三维纹理、环境纹理和层纹理 4 大类型。二维和三维纹理主要作用于物体本身，Maya 提供了一些二维和三维的纹理类型，并且用户可以自行制作纹理贴图。三维软件中的纹理贴图的工作原理比较类似，不同软件中的相同材质也有着相似的属性，因此其他软件的贴图经验也可以应用到 Maya 中。

➢ 二维纹理

二维纹理的显示效果取决于模型的 UV 坐标贴图以及图片的叠加方式，贴图的 UV 坐标会影响图片在模型上的显示位置、纹理密集程度与拉伸程度。它作用于物体的表面，形象地说，二维纹理就像盒子外面的包装纸，不论里面的盒子什么形状，包上这层纸就会变得很漂亮，当这层纸被撕掉，里面的物体则还原成了初始的灰色模样。

➤ 三维纹理

三维纹理则不受模型外形与 UV 坐标的限制，它是一个整体。三维纹理可以将纹理的图案作用于物体内部。无论物体如何改变外观，所显示的效果也不会因为模型的改变而产生变化。

将二维纹理与三维纹理相互进行嵌套结合，可以得到更加丰富的表现效果，让模型的材质效果表现得更加淋漓尽致，如图 7-67 所示。

➤ 环境纹理

环境纹理也称作 HDRI 贴图，它与二维纹理和三维纹理最大的差异就是，它并不直接作用于物体，而是作用在模型的外围，用于模拟模型周围的环境，以此来影响模型材质的高光、折射和反射效果，如图 7-68 所示。

图 7-67　　　　　　　　　　　　　　　　图 7-68

➤ 层纹理

层纹理可以为同一个材质叠加许多层效果，最后显示出来的是最后一层叠加之后的效果。

7.5.2　纹理的作用

模型完成制作后，要根据模型的外观来选择合适的贴图类型，并且要考虑材质的高光、透明度和反射属性。指定材质后，可以利用 Maya 的节点功能使材质表现出特有的效果，以增强物体的表现力。

二维纹理作用于物体表面，与三维纹理不同，二维纹理的效果取决于投射和 UV 坐标，二维纹理就像动物外面的皮毛，而三维纹理可以将纹理的图案作用于物体的内部，无论物体如何改变外观，三维纹理都是不变的。

环境纹理并不直接作用于物体，主要用于模拟周围的环境，可以影响到材质的高光和反射，不同类型的环境纹理模拟的环境外形是不一样的。

使用纹理贴图可以在很大程度上降低建模的工作量，弥补模型在细节上的不足，同时也可以通过对纹理的控制，制作出在现实生活中不存在的材质效果。

7.5.3　纹理的属性

在 Maya 中，常用的纹理有"2D 纹理"和"3D 纹理"。但是可以创建 3 种类型的纹理，分别是正常纹理、投影纹理和蒙板纹理（在纹理上单击鼠标右键，在弹出的菜单中即可看到这 3 种纹理）。

1. 正常纹理

打开 Hypershade 对话框，然后创建一个"布料"纹理节点，接着双击与其相连的 place2dTexture 节点，打开其"属性编辑器"窗口中的"2D 纹理放置属性"卷展栏，如图 7-69 所示，正常纹理参数说明如下。

- ➢ 交互式放置：单击该按钮后，可以使用鼠标中键对纹理进行移动、缩放和旋转等交互式操作。
- ➢ 覆盖：控制纹理的覆盖范围。
- ➢ 平移帧：控制纹理的偏移量。
- ➢ 旋转帧：控制纹理的旋转量。
- ➢ U/V 向镜像：表示在 U/V 方向上镜像纹理。
- ➢ U/V 向折回：表示纹理在 U/V 方向上的重复程度，在一般情况下都采用默认设置。
- ➢ 交错：该选项一般在制作砖墙纹理时使用，可以使纹理之间相互交错。
- ➢ UV 向重复：用来设置 UV 的重复程度。
- ➢ 偏移：设置 UV 的偏移量。
- ➢ UV 向旋转：该选项和"旋转帧"选项都可以对纹理进行旋转，不同的是该选项旋转的是纹理的 UV，"旋转帧"旋转的是纹理。
- ➢ UV 噪波：该选项用来对纹理的 UV 添加噪波效果。

2. 投影纹理

在"棋盘格"纹理上单击鼠标右键，在弹出的菜单中选择"创建为投影"命令，这样可以创建一个带"投影"节点的"棋盘格"节点。双击 projection1 节点，打开其"属性编辑器"窗口中的"投影属性"卷展栏，如图 7-70 所示，投影纹理参数说明如下。

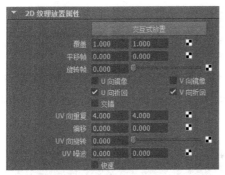

图 7-69

图 7-70

- ➢ 交互式放置：在场景视图中显示投影操纵器。
- ➢ 适应边界框：使纹理贴图与贴图对象或集的边界框重叠。
- ➢ 投影类型：选择 2D 纹理的投影方式，共有 9 种方式。

设置"投影类型"为"禁用"，则关闭投影功能；设置"投影类型"为"平面"，则主要用于平面物体；设置"投影类型"为"球形"，则主要用于球形物体，其手柄工具的用法与"平面"投影相同；设置"投影类型"为"圆柱体"，则主要用于圆柱体物体；设置"投影类型"为"球"，则与"球形"投影类似，但是这种类型的投影不能调整 UV 方向的位移和缩放参数；设置"投影类型"为"立方"，则只要用于立方体，可以投射到物体 6 个不同的方向上，适合于具有 6 个面的模型；设置"投影类型"为"三平面"，这种投影可以沿着指定的轴向通过挤压方式将纹理投射到模型上，也可以运用于圆柱体以及圆柱体的顶部；设置"投影类型"为"同心"，这种贴图坐标是从同心圆的中心出发，由内而外产生纹理的投影方式，可以使物体纹理呈现出一个同心圆的纹理形状；设置"投影类型"为"透视"，这种投影是通过摄影机的视点将纹理投射到模型上，一般需要在场景中自定义一台摄像机。

➢ 图像：设置蒙板的纹理。

➢ 透明度：设置纹理的透明度。

➢ U/V 向角度：仅限"球体"和"圆柱体"投影，主要用来更改 U/V 向的角度。

3. 蒙板纹理

蒙板纹理可以使用某一特定图像作为 2D 纹理，将其映射到物体表面的特定区域，并且可以通过控制蒙板纹理的节点来定义遮罩区域。蒙板纹理主要用来制作带标签的物体，如酒瓶等。

在"文件"纹理上单击鼠标右键，在弹出的菜单中选择"创建为蒙板"命令，这样可以创建一个带蒙板的"文件"节点，双击 stencil1 节点，打开其"属性编辑器"窗口中的"蒙板属性"卷展栏，如图 7-71 所示，蒙板纹理的参数说明如下。

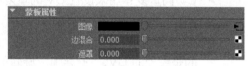

图 7-71

➢ 图像：设置蒙板的纹理。

➢ 边混合：控制纹理边缘的锐度，增加该值能更加柔和地对边缘进行混合处理。

➢ 遮罩：表示蒙板的透明度，用于控制整个纹理的总体透明度，若要控制纹理中选定区域的透明度，可以将另一纹理映射到遮罩上。

自测 5　　**制作玻璃材质**
源文件：人邮教育\源文件\第 7 章\7-5-3.mb
视　频：人邮教育\视频\第 7 章\7-5-3.swf

STEP 1 执行"文件>打开场景"命令，打开文件"人邮教育\源文件\第 7 章\素材\7-5-3.mb"，效果如图 7-72 所示。执行"窗口>渲染编辑器>Hypershade"命令，弹出 Hypershade 对话框，创建一个 Blinn 材质，如图 7-73 所示。

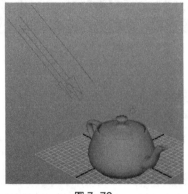

图 7-72

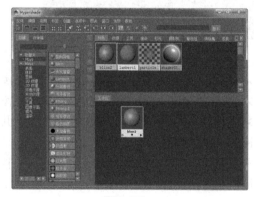

图 7-73

STEP 2 在其"属性编辑器"窗口中设置相关选项，如图 7-74 所示。在 Hypershade 对话框中创建一个"采样器信息"节点和"渐变"纹理节点，如图 7-75 所示。

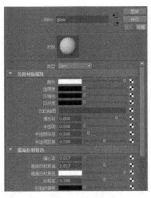
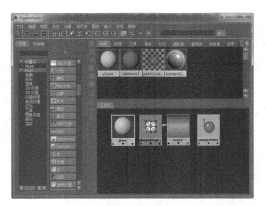

图 7-74   图 7-75

STEP 3 在"采样器信息"节点上单击鼠标中键,在弹出的菜单中选择"其他"选项,如图 7-76 所示。在弹出的"连接编辑器"窗口中设置相关选项,如图 7-77 所示。

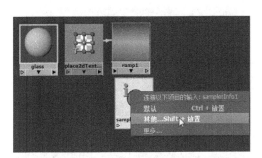

图 7-76   图 7-77

STEP 4 设置完成后,单击"关闭"按钮,在"渐变"节点的"属性编辑器"窗口中设置相关选项,如图 7-78 所示。使用鼠标中键将"渐变"节点拖曳到 glass 材质节点上,在弹出的菜单中选择"其他…Shift+放置"选项,如图 7-79 所示。

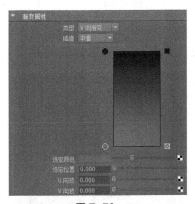
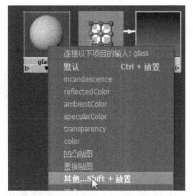

图 7-78   图 7-79

STEP 5 在弹出的"连接编辑器"窗口中设置相关选项,如图 7-80 所示。设置完成后,单击"关闭"按钮,在 Hypershade 对话框中创建一个"环境铬"节点,用鼠标中键将其拖曳到 glass 材质节点上,在弹出的"连接编辑器"窗口中设置相关选项,如图 7-81 所示。

图 7-80 图 7-81

STEP 6 设置完成后，单击"关闭"按钮，在"环境铬"节点的"属性编辑器"窗口中设置相关选项，如图 7-82 所示。在 Hypershade 对话框中再创建一个"渐变"节点，使用鼠标中键将其拖曳到 glass 材质节点上，在弹出的"连接编辑器"窗口中设置相关选项，如图 7-83 所示。

图 7-82

图 7-83

STEP 7 设置完成后，单击"关闭"按钮，在"渐变"节点的"属性编辑器"窗口中设置相关选项，如图 7-84 所示。在 Hypershade 对话框中可以看到设置好的材质节点，如图 7-85 所示。

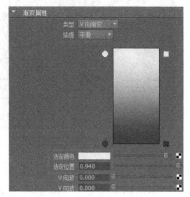

图 7-84

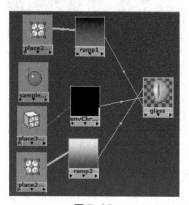

图 7-85

STEP 8 返回视图中，选择模型，单击鼠标右键，在弹出的菜单中执行"指定现有材质>glass"命令，如图 7-86 所示。单击"渲染当前帧"按钮 ，最终效果如图 7-87 所示。

图 7-86

图 7-87

7.6 创建与编辑 UV

在 Maya 中，对多边形划分 UV 是很方便的，Maya 为多边形的 UV 提供了多种创建与编辑方式。

7.6.1 UV 介绍

一个物体在初始创建时，UV 坐标是按照 Maya 中 UV 的默认方式展开的。随着模型的不断修改和完善，UV 的分布被破坏，许多点的 UV 都交叉重叠在一起，很难分开。所以当建模结束以后，需要将这些重叠在一起的杂乱 UV 重新展开，按照适合绘图贴图的方式将所有的 UV 点重新进行排布。这里需要注意的是，物体表面 UV 的调整并不影响物体的外观。

NURBS 模型的 UV 排布是沿着曲面的两个方向（U 向和 V 向）均匀排列的，直接由模型上的等参线进行控制，只能通过重建等参线的分布来控制 UV 坐标位置。基本上认为 NURBS 模型的 UV 排布是不可变化的。

多边形和细分曲面模型的 UV 分布都是可以随意调节的。这里着重介绍多边形模型的 UV 展开方法。

UV 编辑菜单在多边形模块下，有"创建 UV"菜单，如图 7-88 所示。"编辑 UV"菜单如图 7-89 所示。为了方便观察多边形物体的表面 UV 展开状况，在进行 UV 编辑之前，经常会先赋予多边形模型一张棋盘格贴图。这是 Maya 自带的程序贴图，在赋予模型的材质的"颜色"节点后单击"棋盘格"即可。

图 7-88

图 7-89

7.6.2　UV 映射类型

为多边形设定 UV 映射坐标的方式有 4 种，分别是"平面映射""圆柱形映射""球形映射"和"自动映射"。

在为物体设定 UV 坐标时，会出现一个映射控制手柄，可以使用这个控制手柄对坐标进行交互式操作。在调整纹理映射时，可以结合控制手柄和"UV 纹理编辑器"来精确定位贴图坐标。

1.平面映射

使用"平面映射"命令可以从假设的平面沿一个方向投影 UV 纹理坐标，可以将其映射到选定的曲面网格。

执行"创建 UV>平面映射■"命令，弹出"平面映射选项"对话框，如图 7-90 所示，平面映射的参数说明如下。

➢ 适配投影到：选项投影的匹配方式，共有两种。设置该选项为"最佳平面"，则会将纹理和投影操纵器自动缩放尺寸并吸附到所选择的面上；设置该选项为"边界框"，则会将纹理和投影操纵器垂直吸附到多边形物体的边界框中。

➢ 投影源：选择从物体的哪个轴向来匹配投影。

如果设置"投影源"选项为"X 轴""Y 轴"或"Z 轴"，则从物体的 X 轴、Y 轴或 Z 轴匹配投影；如果设置"投影源"选项为"摄影机"，则从场景摄影机匹配投影；如果设置"投影源"选项为"保持图像宽度/高度比率"，则保持图像的宽度/高度比率，避免纹理出现偏移选项；如果设置"投影源"选项为"在变形器之前插入投影"，则可以在应用变形器前将纹理放置并应用到多边形物体上。

➢ 创建 UV 集：该选项可以创建新的 UV 集并将创建的 UV 放置在该集中。

➢ UV 集名称：设置创建的新 UV 集的名称。

2.圆柱形映射

使用"圆柱形映射"命令可以通过向内投影 UV 纹理坐标到一个虚构的圆柱体上，以映射它们到选定对象。

执行"创建 UV>圆柱形映射■"命令，弹出"圆柱形映射选项"对话框，如图 7-91 所示，圆柱形映射的参数说明如下。

图 7-90

图 7-91

➢ 在变形器之前插入投影：该选项可以在应用变形器前将纹理放置并应用到多边形物体上。

➢ 创建新 UV 集：该选项可以创建新的 UV 集并将创建的 UV 放置在该集中。

- UV 集名称：设置创建的 UV 集的名称。

169

提示 　　通过在物体的顶点处投影 UV，可以将纹理贴图弯曲为圆柱体形状，这种贴图方式适合于圆柱体的物体。

3. 球形映射

使用"球形映射"命令可以通过将 UV 从假想球体向内投影，并将 UV 映射到选定对象上。

执行"创建 UV>球形映射■"命令，弹出"球形映射选项"对话框，如图 7-92 所示。可以看到"球形映射"命令的参数选项与"圆柱形映射"命令完全相同。

4. 自动映射

使用"自动映射"命令可以同时从多个角度将 UV 纹理坐标投影到选定对象上。

执行"创建 UV>自动映射■"命令，弹出"多边形自动映射选项"对话框，如图 7-93 所示，自动映射的参数说明如下。

图 7-92

图 7-93

> 平面：选择使用投影平面的数量，可以选择 3、4、5、6、8 或 12 个平面。使用的平面越多，UV 扭曲程度越小，但是分割的 UV 面片就越多。

> 以下项的优化：选择优化平面的方式，共有两种方式。

如果设置该选项为"较少的扭曲"，则平均投影多个平面，这种方式可以为任意面提供最佳的投影，扭曲较少，但产生的面片较多，适用于对称物体；如果设置该选项为"较少片数"，则保持对每个平面的投影，可以选择最少的投影数来产生较少的面片，但是可能产生部分扭曲变形。

> 在变形器之前插入投影：该选项可以在应用变形器前将纹理放置并应用到多边形物体上。

> 加载投影：该选项可以加载投影。

> 投影对象：显示要加载投影的对象名称。

> 加载选定项：单击该按钮，选择要加载的投影。

➢ 壳布局：选择壳布局方式，共有 4 种方式。

如果设置"壳布局"为"重叠"，则重叠放置 UV 块；如果设置"壳布局"为"沿 U 方向"，则沿 U 方向放置 UV 块；如果设置"壳布局"为"置于方形"，则在 0～1 的纹理空间中放置 UV 块，系统的默认设置就是该选项；如果设置"壳布局"为"平铺"，则平铺放置 UV 块。

➢ 比例模式：形状 UV 块的缩放模式，有 3 种模式。

如果设置"比例模式"为"无"，则表示不对 UV 块进行缩放；如果设置"比例模式"为"一致"，则将 UV 块进行缩放以匹配 0～1 的纹理空间，但不改变其外观的长宽比例；如果设置"比例模式"为"拉伸至方形"，则扩展 UV 块以匹配 0～1 的纹理空间，但 UV 块可能会产生扭曲现象。

➢ 壳堆叠：用于设置形状壳堆叠的方式。

如果设置"壳堆叠"为"边界框"，则将 UV 块堆叠到边界框；如果设置"壳堆叠"为"形状"，则按照 UV 块的形状来进行堆叠。

➢ 间距预设：根据纹理映射的大小选择一个相应的预设值，如果未知映射大小，可以选择一个较小的预设值。

➢ 百分比间距：如果"间距预设"选项选择的是"自定义"方式，该选项才能被激活。

提示　　　对于一些复杂的模型，单独使用"平面映射""圆柱形映射"和"球形映射"可能会产生重叠的 UV 和扭曲现象，而"自动映射"方式可以在纹理空间中对模型中的多个不连接的面片进行映射，并且可以将 UV 分割成不同的面片，分布在 0~1 的纹理空间中。

7.6.3　UV 坐标的设置原则

合理地安排和分配 UV 是一项非常重要的技术，但是在分配 UV 时要注意以下两点。

应该确保所有的 UV 网格分布在 0～1 纹理空间中，"UV 纹理编辑器"窗口中的默认设置是通过网格来定义 UV 的坐标，这是因为如果 UV 超过 0～1 的纹理空间范围，纹理贴图就会在相应的顶点重复。

要避免 UV 之间的重叠。UV 点相互连接形成网状结构，称为"UV 网格面片"。如果"UV 网格面片"相互重叠，那么纹理映射就会在相应的顶点重复，因此在设置 UV 时，应尽量避免 UV 重叠，只有在为一个物体设置相同的纹理时，才能将"UV 网格面片"重叠在一起进行放置。

7.6.4　UV 纹理编辑器

"UV 纹理编辑器"窗口可以用于查看多边形和细分曲面的 UV 纹理坐标，并且可以用交互方式对其进行编辑。

执行"窗口> UV 纹理编辑器▣"命令，弹出"UV 纹理编辑器"对话框，如图 7-94 所示，UV 纹理编辑器的工具说明如下。

➢ UV 晶格工具▦：使用该工具，允许出于变形目的围绕 UV 创建晶格，将 UV 布局作为组进行操作。

➢ 移动 UV 壳工具◈：使用该工具，通过在壳上单个 UV 来选择和重新定位 UV 壳，可以自动防止已重新定位的 UV 壳在 2D 视图中与其他 UV 壳重叠。

> 平滑 UV 工具▣：使用该工具可以按交互方式展开或松弛 UV。
> UV 涂抹工具▣：使用该工具，可以将选定 UV 及其相邻 UV 的位置移动到用户定义的一个缩小的范围内。
> 选择最短边路径工具▣：使用该工具，可以用于在曲面网格上的两个顶点之间选择边的路径。
> 在 U 方向上翻转选定 UV▣：使用该工具，可以在 U 方向上翻转选定 UV 的位置。
> 在 V 方向上翻转选定 UV▣：使用该工具，可以在 V 方向上翻转选定 UV 的位置。

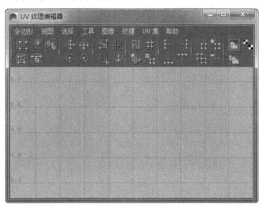

图 7-94

> 逆时针旋转选定 UV▣：使用该工具，以逆时针方向按 45°旋转选定 UV 的位置。
> 逆时针旋转选定 UV▣：使用该工具，以顺时针方向按 45°旋转选定 UV 的位置。
> 沿选定边分离 UV▣：使用该工具，可以沿选定边分离 UV，从而创建边界。
> 将选定 UV 分离为每一个连接边一个 UV▣：使用该工具，可以沿连接到选定 UV 点的边将 UV 彼此分离，从而创建边界。
> 将选定边或 UV 缝合到一起▣：使用该工具，可以沿选定边界附加 UV，但不在"UV 纹理编辑器"窗口的视图中一起移动它们。
> 移动并缝合选定边▣：使用该工具，可以沿选定边界附加 UV，在"UV 纹理编辑器"窗口视图中一起移动它们。
> 启用/禁用显示图像▣：单击该工具，可以显示或隐藏纹理图像。
> 切换启用/禁用过滤的图像▣：使用该工具，可以在硬件纹理过滤和明晰定义的像素之间切换背景图像。
> 启用/禁用暗淡图像▣：单击该按钮，可以减小当前显示的背景图像的亮度。
> 启用/禁用视图栅格▣：单击该按钮，可以显示或隐藏栅格。
> 启用/禁用像素捕捉▣：单击该按钮，选择是否自动将 UV 捕捉到像素边界。
> 切换着色 UV 显示▣：单击该按钮，以半透明的方式对选定 UV 壳进行着色，以便可以确定重叠的区域或 UV 缠绕顺序。
> 切换活动网格的纹理边界显示▣：单击该按钮，切换 UV 壳上纹理边界的显示。

自测 6　**使用 UV 纹理编辑器**
源文件：人邮教育\源文件\第 7 章\7-6-4.mb
视　频：人邮教育\视频\第 7 章\7-5-3.swf

STEP 1 执行"文件>打开场景"命令，打开文件"人邮教育\源文件\第 7 章\素材\7-6-4.mb"，效果如图 7-95 所示。单击"渲染当前帧"按钮▣，效果如图 7-96 所示。

STEP 2 选中模型，执行"创建 UV>平面映射"命令，效果如图 7-97 所示。执行"窗口> UV 纹理编辑器"命令，弹出"UV 纹理编辑器"对话框，如图 7-98 所示。

图 7-95

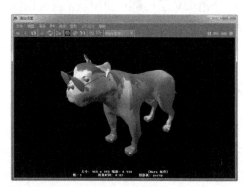

图 7-96

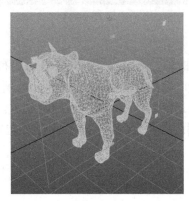

图 7-97

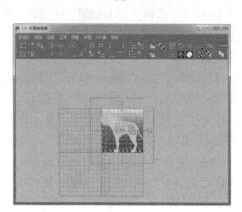

图 7-98

STEP 3 在"UV 纹理编辑器"对话框中移动 UV 壳,如图 7-99 所示。单击"渲染当前帧"按钮 ,效果如图 7-100 所示。

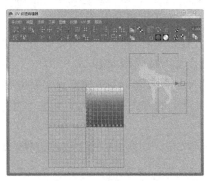

图 7-99

图 7-100

7.7　本章小结

　　本章介绍了 Maya 2014 的材质与纹理技术,包括"材质编辑器"的用法、材质类型、材质属性、纹理运用、UV 编辑等知识点。本章是重要的一章,也是本书中较难的一章,读者应该认真仔细地阅读本章,并对本章的案例中常见材质进行多加练习,以掌握材质设置的方法与技巧。

7.8 课后测试题

一、选择题

1. 关于"清除图标"命令的功能，下列叙述正确的是（　　　）。
   A. "清除图标"不仅清除工作区域内的节点网格，又清除节点网格本身
   B. "清除图标"只清除节点网格本身，但工作区域内的节点网格并没有被清除
   C. "清除图标"只清除工作区域内的节点网格，但节点网格本身并没有被清除
   D. "清除图标"不清除工作区域内的节点网格，也不清除节点网格本身

2. 哪种材质最为常见的，类型最多的，而且应用也最广泛的？（　　　）
   A. 体积　　　　　　B. 置换　　　　　　C. 纹理　　　　　　D. 表面

3. 纹理可以分为哪几种类型？（　　　）（多选）
   A. 二维纹理　　　B. 三维纹理　　　C. 环境纹理　　　D. 层纹理

二、判断题

1. Maya 所有的材质类型包括"表面"材质、"体积"材质和"置换"材质3大类型。（　　）

2. 多边形设定 UV 映射坐标的方式有 3 种，分别是"平面映射""圆柱形映射"和"球形映射"。（　　　）

3. 投影纹理可以使某一特定图像作为 2D 纹理将其映射到物体表面的特定区域。（　　　）

三、简答题

1. 简单列出"各向异性"、Blinn、Lambert、Phong 和 Phong E 材质的共同属性。

2. 赋予模型材质的方法有几种？

第8章
渲染运用

PART 8

本章简介

　　本章的重要性不言而喻，如果没有渲染，所做的一切工作都将毫无用处。本章的内容比较多，主要分为 3 部分，"Maya 软件"渲染器、"Maya 硬件"渲染器和 mentel ray 渲染器。这 3 个渲染器都很重要，都各有特点。大家在学习本章内容时，不但要掌握渲染器的使用方法，还要掌握渲染参数的设置原理。

本章重点

- 了解渲染的基础知识点
- 掌握"Maya 软件"渲染器的使用方法和技巧
- 掌握"Maya 硬件"渲染器的使用方法和技巧
- 掌握 mentel ray 渲染器的使用方法和技巧

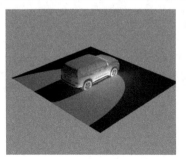

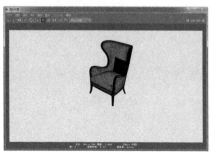

8.1　渲染基础

在三维作品的制作过程中，渲染是非常重要的阶段。不管制作何种作品，都必须经过渲染来输出最终的成品。

8.1.1　渲染概念

英文 Render 就是经常所说的"渲染"，直译为"着色"，也就是为场景对象进行着色的过程。当然这并不是简单的着色过程，Maya 会经过相当复杂的运算，将虚拟的三维场景投影到二维平面上，从而形成最终输出的画面。

提示　渲染可以分为实时渲染和非实时渲染。实时渲染可以实时地将三维空间中的内容反应到画面上，能即时计算出画面内容，如游戏画面就是实时渲染；非实时渲染是将三维作品提前输出为二维画面，然后再将这些二维画面按一定速率进行播放，如电影、电视等都是非实时渲染出来的。

8.1.2　渲染算法

从渲染的原理来看，可以将渲染的算法分为"扫描线算法""光线跟踪算法"和"热辐射算法"3种，每种算法都有其存在的意义。

1. 扫描线算法

扫描线算法是早期的渲染算法，也是目前发展最为成熟的一种算法，其最大优点是渲染速度很快，现在的电影大部分都采用这种算法进行渲染。使用扫描线渲染算法最为典型的渲染器是 Render man 渲染器。

2. 光线跟踪算法

光线跟踪算法是生成高质量画面的渲染算法之一，能实现逼真的反射和折射效果，如金属、玻璃类物体。

光线跟踪算法是从视点发出一条光线，通过投影面上的一个像素进入场景。如果光线与场中的物体没有发生相遇情况，即没有与物体产生交点，那么光线跟踪过程就结束了；如果光线在传播的过程中与物体相遇，将会根据以下条件进行判断。

（1）与漫反射物体相遇，将结束光线跟踪过程。

（2）与反射物体相遇，将根据反射原理产生一条新的光线，并且继续传播下去。

（3）与折射的透明物体相遇，将根据折射原理弯曲光线，并且继续传播。

光线跟踪算法会进行庞大的信息处理，与扫描算法相比，其速度相对比较慢，但可以产生真实的反射和折射效果。

3. 热辐射算法

热辐射算法是基于热辐射能在物体表面之间的能量传递和能量守恒定律。热辐射算法可以使光线在物体之间产生漫反射效果，直至能量耗尽。这种算法可以使物体之间产生色彩溢出现象，能实现真实的漫反射效果。

提示　著名的 mental ray 渲染器就是一种热辐射算法渲染器，能够输出电影级的高质量画面。热辐射算法需要大量的光子进行计算，在速度上比前面两种算法都慢。

8.2 默认渲染器——Maya 软件

Maya 软件渲染器是 Maya 默认的渲染器。执行"窗口>渲染编辑器>渲染设置"命令，弹出"渲染设置"对话框，在该对话框中提供了较多的渲染设置选项，如图 8-1 所示。

图 8-1

提示   渲染设置是渲染前的最后准备，将直接决定渲染输出的图像质量，所以必须要掌握渲染参数的设置方法。

8.2.1 文件输出

在"渲染设置"对话框中展开"文件输出"卷展栏，如图 8-2 所示。该卷展栏中的选项主要用于设置文件名称、文件类型等，文件输出的参数说明如下。

➤ 文件名前缀：设置输出文件的名字。

➤ 图像格式：设置图像文件的保存格式。

➤ 帧/动画扩展名：用来决定是渲染静帧图像还是渲染动画，以及设置渲染输出的文件名采用何种格式。

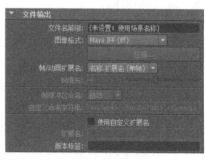

➤ 帧填充：设置帧编号扩展名的位数。

➤ 帧缓冲区命名：将字段与多重渲染过程功能结合使用。

8-2

➤ 自定义名字符串：设置"帧缓冲区命名"为"自定义"选项时可以激活该选项。使用该选项可以自己选择渲染标记来自定义通道命令。

➤ 使用自定义扩展名：勾选"使用自定义扩展名"选项后，可以在下面的"扩展名"选项中输入扩展名，这样可以对渲染图像文件名使用自定义文件格式扩展名。

➤ 版本标签：可以将版本标签添加到渲染输出文件名中。

8.2.2 图像大小

在"渲染设置"对话框中展开"图像大小"卷展栏，如图 8-3 所示。该卷展栏中的选项主要用于设置图像的渲染大小等，图像大小的参数说明如下。

> 预设：Maya 提供了一些预置的尺寸规格，以方便用户进行选择。
> 保持宽度/高度比率：勾选该选项后，可以保持文件尺寸的宽度比。
> 保持比率：指定要使用的渲染分辨率的类型。

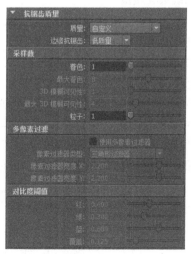

图 8-3

如果设置该选项为"像素纵横比"，则使用组成图像的宽度和高度的像素数之比；如果设置该选项为"设备纵横比"，则使用显示器的宽度单位数乘以高度单位数。4∶3 的显示器将生成比较方正的图像，而 16∶9 的显示器将生成全景形状的图像。

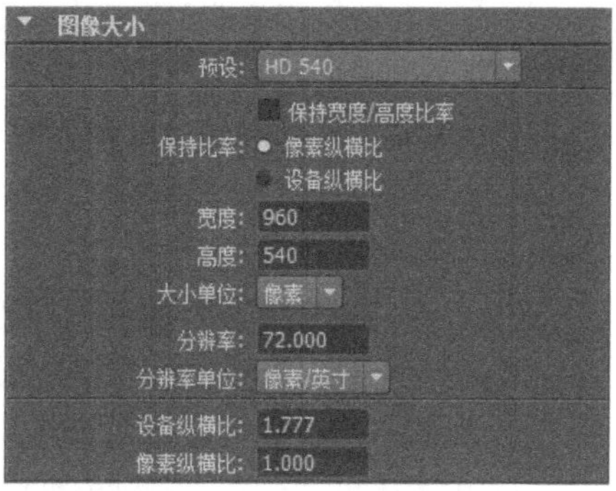

> 宽度：设置图像的宽度。
> 高度：设置图像的高度。
> 大小单位：设置图像大小的单位，一般以"像素"为单位。
> 分辨率：设置渲染图像的分辨率。
> 分辨率单位：设置分辨率的单位，一般以"像素/英寸"为单位。
> 设备纵横比：查看渲染图像的显示设备的纵横比。"设备纵横比"表示图像纵横比乘以像素纵横比。
> 像素纵横比：查看渲染图像的显示设备的各个像素的纵横比。

8.2.3 渲染设置

在"渲染设置"对话框中单击"Maya 软件"选项卡，在这里可以设置"抗锯齿质量""光线跟踪质量"和"运动模糊"等参数，如图 8-4 所示。

1.抗锯齿质量

在"渲染设置"对话框中展开"抗锯齿质量"卷展栏，如图 8-5 所示，抗锯齿质量的参数说明如下。

图 8-4

图 8-5

> 质量：设置抗锯齿的质量，共有 6 种选项。

如果设置该选项为"自定义"，则用户可以自定义抗锯齿质量；如果设置该选项为"预览质量"，则使用测试渲染时的抗锯齿效果；如果设置该选项为"中间质量"，则使用比预览质量更好的一种抗锯齿质量；如果设置该选项为"产品级质量"，则可以得到比较好的抗锯齿效果，适用于大多数作品的渲染输出；如果设置该选项为"对比度敏感产品级"，则使用比"产品级质量"抗锯齿效果更好的一种抗锯齿级别；如果设置该选项为"3D 运动模糊产品级"，则主要用来渲染动画中的运动模糊效果。

> 边界抗锯齿：控制物体边界的抗锯齿效果，有"低质量""中等质量""高质量"和"最高质量"级别之分。

> 着色：用来设置表面的采样数值。

> 最大着色：设置物体表面的最大采样数值，主要用于决定最高质量的每个像素的计算次数。但是如果数值过大会增加渲染时间。

> 3D 模糊可见性：当运动模糊物体穿越其他物体时，该选项用来设置其可视性的采样数值。

> 最大 3D 模糊可见性：用于设置更高采样级别的最大采样数值。

> 粒子：设置粒子的采样数值。

> 使用多像素过滤器：多重像素过滤器开关器。当勾选该选项时，下面的参数将会被激活，同时在渲染过程中会对整个图像中的每个像素之间进行柔化处理，以防止输出的作品产生闪烁效果。

> 像素过滤器类型：设置模糊运算的算法，有以下 5 种。

如果设置该选项为"长方体过滤器"，则是一种非常柔和的方式；如果设置该选项为"三角形过滤器"，则是一种比较柔和的方式；如果设置该选项为"高斯过滤器"，则是一种细微柔和的方式；如果设置该选项为"二次 B 样条线过滤器"，则是比较陈旧的一种柔和方式；如果设置该选项为"插件过滤器"，则使用插件进行柔和。

> 像素过滤器宽度 X/Y：用来设置每个像素点的虚化宽度。值越大，模糊效果越明显。

> 红/绿/蓝：用来设置画面的对比度。值越低，渲染出来的画面对比度越低，同时需要更多的渲染时间；值越高，画面的对比度越高，颗粒感越强。

2.光线跟踪质量

在"渲染设置"对话框中展开"光线跟踪质量"卷展栏，如图 8-6 所示。该卷展栏控制是否在渲染过程中对场景进行光线跟踪，并控制光线跟踪图像的质量。更改这些全局设置时，关联的材质属性值也会更改。光线跟踪质量的参数说明如下。

图 8-6

> 光线跟踪：勾选该选项时，将进行光线跟踪计算，可以产生反射、折射和光线跟踪阴影等效果。

> 反射：设置光线被反射的最大次数，与材质自身的"反射限制"一起起作用，但是较低的值才会起作用。

> 折射：设置光线被折射的最大次数，其使用方法与"反射"相同。

> 阴影：设置被反射和折射的光线产生阴影的次数，与灯光光线跟踪阴影的"光线深度限制"选项共同决定阴影的效果，但较低的值才会起作用。

> 偏移：如果场景中包含 3D 运动模糊的物体并存在光线跟踪阴影，可能在运动模糊的物体上观察到黑色画面或不正常的阴影，这时应设置该选项的数值在 0.05～0.1，如果场景中不包含 3D 运动模糊的物体和光线跟踪阴影，该值应设置为 0。

3.运动模糊

在"渲染设置"对话框中展开"运动模糊"卷展栏，如图 8-7 所示。渲染动画时，运动模糊可以通过对场景中的对象进行模糊处理来产生移动的效果。运动模糊的参数说明如下。

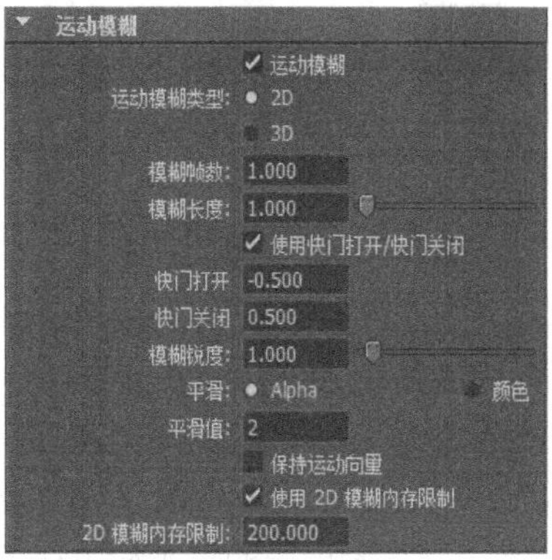

➤ 运动模糊：勾选该选项时，渲染时会将运动的物体进行模糊处理，使渲染效果更加逼真。

➤ 运动模糊类型：有 2D 和 3D 两种类型。2D 是一种比较快的计算方式，但产生的运动模糊效果不太逼真；3D 是一种很真实的运动模糊方式，会根据物体的运动方向和速度产生很逼真的运动模糊效果，但需要更多的渲染时间。

➤ 模糊帧数：设置前后有多少帧的物体被模糊。数值越高，物体越模糊。

图 8-7

➤ 模糊长度：用来设置 2D 模糊方式的模糊长度。

➤ 使用快门打开/快门关闭：控制是否开启快门功能。

➤ 快门打开/关闭：设置"快门打开"和"快门关闭"的数值。"快门打开"的默认值为 −0.5，"快门关闭"的默认值为 0.5。

➤ 模糊锐度：用来设置运动模糊物体的锐化程度。数值越高，模糊扩散的范围就越大。

➤ 平滑：用来处理"平滑值"产生抗锯齿作用所带来的噪波的副作用。

➤ 平滑值：设置运动模糊边缘的级别。数值越高，更多的运动模糊将参与抗锯齿处理。

➤ 保持运动向量：勾选该选项时，可以将运动向量信息保存到图像中，但不处理图像的运动模糊。

➤ 使用 2D 模糊内存限制：决定是否在 2D 运动模糊过程中使用内存数量的上限。

➤ 2D 模糊内存限制：设置在 2D 运动模糊过程中使用内存数量的上限。

8.3 向量渲染器——Maya 向量

Maya 除了提供"Maya 软件""Maya 硬件"和 mental ray 渲染器外，还带有"Maya 向量"渲染器。向量渲染可以用来制作各种线框图以及卡通效果，同时还可以直接将动画渲染输出成 Flash 格式，利用这一特性，可以为 Flash 动画添加一些复杂的三维效果。

打开"渲染设置"对话框，在"使用以下渲染器渲染"下拉列表中选择"Maya 向量"选项，如图 8-8 所示。单击"Maya 向量"选项卡，切换到该选项卡中，可以看到所提供的相关设置选项，如图 8-9 所示。

图 8-8

图 8-9

对于"Maya 向量"渲染器，用户只需要知道它是用来渲染卡通效果和线框图的即可，其他的无须掌握。下面就针对该渲染器的线框选项进行讲解。

8.3.1　外观选项

在"渲染设置"对话框中展开"外观选项"卷展栏，如图 8-10 所示。在该卷展栏中可以设置渲染图像的外观选项。外观选项的参数说明如下。

图 8-10

> 曲线容差：其取值范围为 0～15。当值为 0 时，渲染出来的轮廓线由一条条线段组成，这些线段和 Maya 渲染出来的多边形边界相匹配，且渲染出来的外形比较准确，但渲染出来的文件相对较大。当值为 15 时，轮廓线由曲线构成，渲染出来的文件相对较小。

> 二次曲线拟合：可以将线分段转化为曲线，以更方便地控制曲线。

> 细节级别预设：用来设置细节的级别，共有以下 5 种方式。

如果设置该选项为"自动"，则 Maya 会根据实际情况来自动设置细节级别；如果设置该选项为"低"，则是一种很低的细节级别，即下面的"细节级别"数值为 0；如果设置该选项为"中等"，则是一种中等的细节级别，即下面的"细节级别"数值为 20；如果设置该选项为"高"，则是一种较高的细节级别，即下面的"细节级别"数值为 30；如果设置该选项为"自定义"，则用户可以自定义细节的级别。

> 细节级别：手动设置"细节级别"的数值。

在实际工作中，一般将"细节级别预设"设置为"自动"即可，因为级别越高，虽然获得的图像细节越丰富，但会耗费更多的渲染时间。

8.3.2　填充选项

在"渲染设置"对话框中展开"填充选项"卷展栏，如图 8-11 所示。在该卷展栏中可以设置阴影、高光和反射等属性，填充选项的参数说明如下。

图 8-11

> 填充对象：用来决定是否对物体表面填充颜色。

> 填充样式：用来设置填充的样式，共有 7 种方式，分别是"单色""双色""四色""全色""平均颜色""区域渐变"和"网格渐变"。

> 显示背面：该选项与物体表面的法线相关，若关闭该选项，将不能渲染物体的背面。因此，在渲染测试前一定要检查物体表面的法线方向。

> 阴影：勾选该选项时，可以为物体添加阴影效果，在勾选该选项前必须在场景中创建

出产生阴影的点光源（只能使用点光源），但是添加阴影后的渲染时间将会延长。

➤ 高光：勾选该选项时，可以为物体添加高光效果。

➤ 高光级别：用来设置高光的等级。

➤ 反射：控制是否开启反射功能。

➤ 反射深度：主要用来控制光线反射的次数。

8.3.3 边选项

在"渲染设置"对话框中展开"边选项"卷展栏，如图8-12所示。该卷展栏主要设置线框渲染的样式、颜色、粗细等。边选项参数说明如下。

➤ 包括边：勾选该选项时，可以渲染出线框效果。

➤ 边权重预设：设置边界线框的粗细程度，共有14个级别。

➤ 边权重：自行设置边界线框的粗细。

➤ 边样式：共有"轮廓"和"整个网格"两种样式。

-12

➤ 边颜色：用来设置边界框的颜色。

➤ 隐藏的边：勾选该选项时，被隐藏的边也会被渲染出来。

➤ 边细节：勾选该选项时，将开启"最小边角度"选项，其取值范围为0~90。

➤ 在相交处绘制轮廓线：勾选该选项时，会沿两个对象的相交点产生一个轮廓。

自测1　　**使用 Maya 向量改变线框效果**
源文件：人邮教育\源件\第8章\8-3-3-1.mb
视　频：人邮教育\视频\第8章\8-3-3-1.swf

STEP 1　执行"文件>打开场景"命令，打开文件"人邮教育\源文件\第 8 章\素材\8-3-3-1.mb"，效果如图8-13所示。执行"视图>摄影机属性编辑器"命令，打开"属性编辑器"窗口，如图8-14所示。

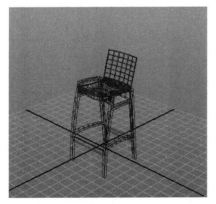

图 8-13

图 8-14

STEP 2　在"环境"卷展栏下设置"背景色"为浅灰色 RGB（217，217，217），如图8-15所示。执行"窗口>渲染编辑器>渲染设置"命令，弹出"渲染设置"对话框，设置渲染器为"Maya 向量"，如图8-16所示。

图 8-15

图 8-16

STEP 3 展开"边选项"卷展栏，设置"边权重预设"为"4点"，如图 8-17 所示。渲染当前场景，可以看到对象渲染的效果，如图 8-18 所示。

图 8-17

图 8-18

STEP 4 返回"渲染设置"对话框中，重新设置"边样式"为"轮廓"，如图 8-19 所示。渲染当前场景，可以看到对象渲染的效果，如图 8-20 所示。

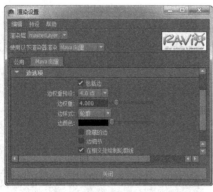

图 8-19

图 8-20

STEP 5 返回"渲染设置"对话框中，设置"边颜色"为红色 RGB（255，0，0），如图 8-21 所示。渲染当前场景，可以看到对象渲染的效果，如图 8-22 所示。

STEP 6 返回"渲染设置"对话框中，勾选"隐藏的边"选项，如图 8-23 所示。渲染当前场景，可以看到对象渲染的效果，如图 8-24 所示。

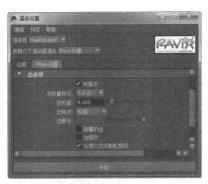

图 8-21

图 8-22

图 8-23

图 8-24

自测 2	使用 Maya 向量渲染线框图 源文件：人邮教育\源文件\第 8 章\8-3-3-2.mb 视　频：人邮教育\视频\第 8 章\8-3-3-2.swf

STEP 1 执行"文件>打开场景"命令，打开文件"人邮教育\源文件\第 8 章\素材\8-3-3-2.mb"，效果如图 8-25 所示。执行"视图>摄影机属性编辑器"命令，打开"属性编辑器"窗口，如图 8-26 所示。

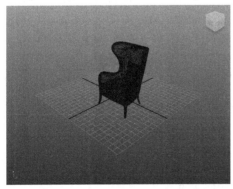

图 8-25

图 8-26

STEP 2 在"环境"卷展栏下设置"背景色"为浅灰色 RGB（217，217，217），如图 8-27 所示。执行"窗口>渲染编辑器>渲染设置"命令，弹出"渲染设置"对话框，在"外观选项"卷展栏下设置"细节级别预设"为"高"，如图 8-28 所示。

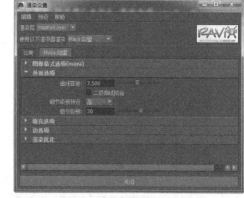

图 8-28

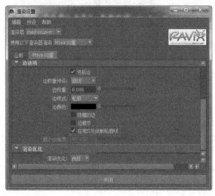

图 8-27

STEP 3 继续设置"边选项"和"渲染优化"选项，如图 8-29 所示。渲染当前场景，可以看到对象渲染的效果，如图 8-30 所示。

图 8-29   图 8-30

8.4 硬件渲染器——Maya 硬件

硬件渲染是利用计算机上的显卡来对图像进行实时渲染，Maya 的"Maya 硬件"渲染器可以利用显卡渲染出接近于软件渲染的图像质量。硬件渲染的速度比软件渲染快得多，但是对显卡的要求很高（有些粒子必须使用硬件渲染器才能渲染出来）。在实际工作中常常先使用硬件渲染来观察作品质量，然后再使用渲染器渲染出高品质的图像。

打开"渲染设置"对话框，在"使用以下渲染器渲染"下拉列表中选择"Maya 硬件"选项，如图 8-31 所示。单击"Maya 硬件"选项卡，切换到该选项卡中，可以看到所提供的相关设置选项，如图 8-32 所示。

Maya 硬件的参数说明如下。

➢ 预设：选择硬件渲染质量，共有 5 种预设选项，分别为"自定义""预览质量""中间质量""产品级质量"和"带透明的产品级质量"。

➢ 高质量照明：开启该选项时，可以获得硬件渲染时的最佳照明效果。

➢ 加速多重采样：利用显示硬件采样来提高渲染质量。

➢ 采样数：在 Maya 硬件渲染中，采样点的分布有别于软件渲染，每个像素的第 1 个采样点在像素中心，其余采样点也在像素中心，不过进行采样时整个画面将进行轻微偏移，采样完后再将所有画面对齐，从而合成为最终的画面。

➤ 帧缓冲区格式：帧缓冲区是一块视频内存，用于保存刷新视频显示（帧）所用的像素。

图 8-31

图 8-32

➤ 透明阴影贴图：如果要使用透明阴影贴图，就需要勾选该选项。

➤ 透明度排序：在渲染之前进行排序，以提高透明度。

➤ 颜色分辨率：如果硬件渲染无法直接对着色网络求值，着色网络将被烘焙为硬件渲染器可以使用的 2D 图像。该选项为材质上的支持映射颜色通道指定烘焙图像的尺度。

➤ 凹凸分辨率：如果硬件渲染无法直接对着色网络求值，着色网络将被烘焙为硬件渲染器可以使用的 2D 图像。该选项指定支持凹凸贴图的烘焙图像尺度。

➤ 纹理压缩：纹理压缩可减少最多 75% 的内存使用量，并且可以改进绘制性能。所用的算法通常只产生很少量的压缩瑕疵，因此适用于各种纹理。

➤ 消隐：控制用于渲染的消隐类型。

➤ 小对象消隐阈值：如果勾选该选项，则不绘制小于指定阈值的不透明对象。

➤ 图像大小的百分比：这是"小对象消隐阈值"选项的子选项，所设置的阈值是对象占输出图像的大小百分比。

➤ 硬件几何缓存：当显卡内存未被用于其他场合时，启用该选项可以将几何体缓存到显卡。在某些情况下，这样做可以提高性能。

➤ 最大缓存大小：如果要限制使用可用显卡内存的特定部分，可以设定该选项。

➤ 硬件环境查找：如果禁用该选项，则以与"Maya 软件"渲染器相同的方式解释"环境球/环境立方体"贴图。

➤ 运动模糊：如果勾选该选项，可以更改"运动模糊"和"曝光次数"的数值。

➤ 运动模糊帧数：在硬件渲染器中，通过渲染时间方向的特定点场景，并将生成的采样渲染混合到单个图像来实现运动模糊。

➤ 曝光次数：曝光次数将"运动模糊帧数"选项确定的时间范围分成时间方向的离散时刻，并对整个场景进行重新渲染。

➤ 启用几何体遮罩：勾选该选项后，不透明几何体对象将遮罩粒子对象，而且不绘制透明几何体。当通过软件来渲染几何体合成粒子时，这个选项就非常有用。

➤ 使用 Alpha 混合镜面反射：勾选该选项后，可以避免镜面反射看上去像悬浮在曲面上方。

> 阴影链接：可以通过链接灯光与曲面来缩短场景所需的渲染时间，这时只有指定曲面被包含在阴影计算中（阴影链接），或是由给定的灯光照明（灯光链接）。

8.5 电影级渲染器——mental ray

mental ray 是一款超强的高端渲染器，能够生成电影级的高质量画面，被广泛应用于电影、动画、广告等领域。从 Maya 5.0 起，mental ray 就内置于 Maya 中，使 Maya 的渲染功能得到很大提升。随着 Maya 的不断升级，mental ray 与 Maya 的融合也更加完美。

mental ray 可以使用很多种渲染算法，能方便地实现透明、反射、运动模糊和全局照明等效果，并且使用 mental ray 自带的材质节点还可以快捷方便地制作出烤漆材质、3S 材质和不锈钢金属材质等，如图 8-33 所示。

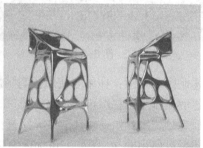

图 8-33

8.5.1 mental ray 的常用材质

mental ray 的材质非常多，执行"窗口>渲染编辑器>Hypershade"命令，弹出"Hypershade"对话框，在左侧 mental ray 卷展栏上单击"材质"选项，即可看到预设的 mental ray 材质，如图 8-34 所示。

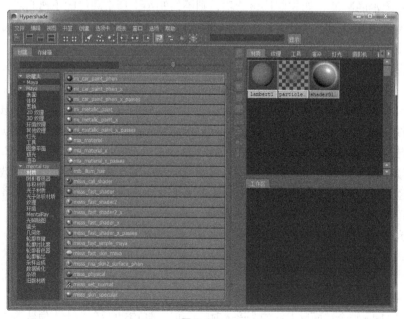

图 8-34

mental ray 的常用材质说明如下。

➤ mi-car-paint-phen（车漆材质）：常用于制作汽车或其他金属的外壳，可以支持加入 Dirt（污垢）来获得更加真实的渲染效果。

➤ mi-metallic-paint（金属漆材质）：和车漆材质比较类似，只是减少了 Diffuse（漫反射）、Reflection Parameters（反射参数）和 Dirt Parameters（污垢参数）。

➤ mia-material（金属材质）/mia-material-X（金属材质-X）：这两个材质是专门用于建筑行业的材质，具有很强大的功能，通过它的预设值就可以模拟出很多建筑材质类型。

➤ mib-illum-hair：该材质主要用来模拟角色的毛发效果。

➤ misss-call-shader：是 mental ray 用来调用不同的单一次表面散射的材质。

➤ misss-fast-shader：不包含其他色彩成分，以 Bake lightmao（烘焙灯光贴图）方式来模拟次表面散射的照明结果。

➤ misss-fast-simple-maya/misss-fast-skin-maya：包含色彩成分，以 Bake lightmao（烘焙灯光贴图）方式来模拟次表面散射的照明结果。

➤ misss-physical：主要用来模拟真实的次表面散射的光能传递以及计算次表面散射的结果。该材质只有在开启全局照明的场景中才起作用。

➤ misss-set-normal：主要用来将 Maya 软件的"凹凸"节点的"法线"的"向量"信息转换成 mental ray 可以识别的"法线"信息。

➤ misss-skin-specular：主要用来模拟有次表面散射成分的物体表面的透明膜（常见的如人类皮肤的角质层）上的高光效果。

提示　使用 mental ray 渲染器渲染玻璃和金属材质时，最好使用 mental ray 自带的材质，这样不但速度快，而且设置方便，物理特性也很鲜明。

8.5.2　mental ray 渲染参数设置

执行"窗口>渲染编辑器>渲染设置"命令，弹出"渲染设置"对话框，如图 8-35 所示。在"使用以下渲染器渲染"下拉列表中选择 mental ray 选项，mental ray 渲染器由 6 个选项卡组成，分别是"公用""过程""功能""质量""间接照明"和"选项"，如图 8-36 所示。

图 8-35

图 8-36

1. 公用

"公用"选项卡中的参数与"Maya 软件"渲染器的"公用"选项卡下的参数相同，主要用来设置动画文件的名称、格式和设置动画的时间范围，同时还可以设置输出图像的分辨率以及摄影机的控制属性等，如图 8-37 所示。

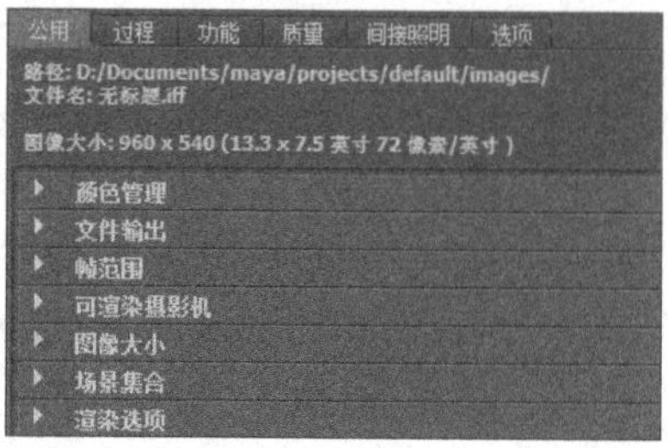

图 8-37

2. 过程

"过程"选项卡中包含"渲染过程"和"预合成"两个卷展栏，该选项卡主要用来设置 mental ray 渲染器的分层渲染以及相关的分层通道，如图 8-38 所示。

3. 功能

"功能"选项卡中包含"渲染功能"和"轮廓"两个卷展栏，如图 8-39 所示。

图 8-38

图 8-39

● 渲染功能

在"功能"选项卡中展开"渲染功能"卷展栏，如图 8-40 所示，"渲染功能"卷展栏还包含一个"附加功能"卷展栏，展开"附加功能"卷展栏，可以看到相应的设置选项，如图 8-41 所示。

图 8-40

图 8-41

渲染功能的参数说明如下。

➢ 渲染模式：用于设置渲染的模式，包含以下 4 种模式。

如果设置该选项为"普通"，则使用"渲染设置"对话框中设置的所有功能进行渲染；如果设置"渲染模式"选项为"仅最终聚焦"，则只计算最终聚焦；如果设置"渲染模式"选项为"仅阴影贴图"，则只计算阴影贴图；如果设置"渲染模式"选项为"仅光照贴图"，则只计算光照贴图（烘焙）。

➢ 次效果：在使用 mental ray 渲染器渲染场景时，可以启用一些补充效果，从而加强场景渲染的精确度，以提高渲染质量，这些效果包括以下 7 种。

如果设置该选项为"光线跟踪"，则可以计算反射和折射效果；如果设置该选项为"全局照明"，则可以计算全局照明；如果设置该选项为"焦散"，则可以计算焦散效果；如果设置该选项为"重要性粒子",则可以计算重要性粒子;如果设置该选项为"最终聚焦",则可以计算最终聚焦;如果设置该选项为"辐照度粒子",则可以计算重要性粒子和发光粒子;如果设置该选项为"环境光遮挡",则可以启用环境光遮挡功能。

➢ 阴影:勾选该选项后,可以计算阴影效果。该选项相当于场景中阴影的总开支。
➢ 运动模糊:控制计算运动模糊的方式,共有以下 3 种。

如果设置该选项为"禁用",则不计算运动模糊;如果设置该选项为"无变形",则这种计算速度比较快,类似于"Maya 软件"渲染器的"2D 运动模糊";如果设置该选项为"完全",则这种方式可以精确计算运动模糊效果,但计算速度比较慢。

提示　　"附加功能"复卷展栏下的参数基本不会用到,因此这里不对这些参数进行介绍。

● 轮廓

在"功能"选项卡中展开"轮廓"卷展栏,如图 8-42 所示,在该卷展栏中可以设置如何对物体的轮廓进行渲染。轮廓参数说明如下。

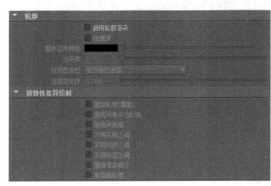

图 8-42

➢ 启用轮廓渲染:勾选该选项后,可以使用线框渲染功能。
➢ 隐藏源:勾选该选项后,只渲染线框图,并使用"整体应用颜色"填充背景。
➢ 整体应用颜色:该选项配合"隐藏源"选项一起使用,主要用来设置背景颜色。
➢ 过采样:该值越大,获得的线框效果越明显,但渲染的时间也会延长。
➢ 过滤器类型:选择过滤器的类型,包括以下 3 种。

如果设置该选项为"长方体过滤器",则用这种过滤器渲染出来的线框比较模糊;如果设置该选项为"三角形过滤器",则线框模糊效果介于"长方体过滤器"和"高斯过滤器"之间;如果设置该选项为"高斯过滤器",则可以得到比较清晰的线框效果。

➢ 按特性差异绘制:该卷展栏下的参数主要用来选择绘制线框的类型,共有 8 种类型,用户可以根据实际需要来进行选择。
➢ 启用颜色对比度:该选项主要和"整体应用颜色"选项一起配合使用。
➢ 启用深度对比度:该选项主要是对像素所具有的 z 深度进行对比,如果超过指定的阈值,则会产生线框效果。
➢ 启用距离对比度:该选项与深度对比类似,只不过是对像素间距进行对比。

➤ 启用法线对比度：该值以角度为单位，当像素间的法线的变化差值超过多少度时，会在变化处绘制线框。

距离对比与深度对比的差别并不是很明显，渲染时可以调节这两个参数来为画面增加细节效果。

4. 质量

"质量"选项卡中的参数主要用来设置渲染的采样、光线跟踪、阴影和运动模糊等，如图 8-43 所示。

● 采样

在"质量"选项卡中包含"采样"和"采样选项"两个卷展栏，如图 8-44 所示。

图 8-43

图 8-44

采样的重要参数说明如下。

➤ 采样模式：设置图像采样的模式，共有以下 3 种。

如果设置该选项为"统一采样"，则使用固定的样本数量进行采样；如果设置该选项为"旧版光栅化器模式"，则根据不同的场景进行采样，样本的"最小采样数"和"最高采样数"差距不会超过 2；如果设置该选项为"旧版采样模式"，则每个像素的采样数由不同的场景而定。

➤ 质量：用来设置图像采样的质量高低，值越大图像采样质量越高。

➤ 最小采样数：用来设置每一个图像采样数的最低级别。

➤ 最大采样数：用来设置每一个图像采样数的最高级别。

过滤器：设置多像素过滤的类型，可以通过模型处理来提高渲染的质量，共有 5 种类型。

➤ 过滤器大小：该参数的数值越大，来自相邻像素的信息就越多，图像也越模糊，但数值不能低于（1，1）。

➤ 抖动：这是一种特殊的方向采样计算方式，可以减少锯齿现象，但是会以牺牲几何形状的正确性为代价。一般情况都应该关闭该选项。

➤ 采样锁定：勾选该选项后，可以消除渲染时产生的噪波、杂点和闪烁效果，一般情况都要开启该选项。

➤ 诊断采样：勾选该选项后，可以产生一种灰度图像来代表采样密度，从而可以观察采样是否符合要求。

- 光线跟踪

"光线跟踪"卷展栏中的参数主要用来控制物理反射、折射和阴影效果，如图 8-45 所示。光线跟踪的参数说明如下。

> 光线跟踪：控制是否开启"光线跟踪"功能。

> 反射：设置光线跟踪的反射次数。数值越大，反射效果越好。

> 折射：设置光线跟踪的折射次数。数值越大，折射效果越好。

> 最大跟踪深度：用来限制反射和折射的次数，从而控制反射和折射的渲染效果。

> 阴影：设置光线跟踪的阴影质量。如果该数值为 0，阴影将不穿过透明折射的物体。

> 反射/折射模糊限制：设置二次反射/折射的模糊值。数值越大，反射/折射的效果会更加模糊。

- 阴影

"阴影"卷展栏下的参数主要用来设置阴影的渲染模式以及阴影贴图，如图 8-46 所示。阴影的参数说明如下。

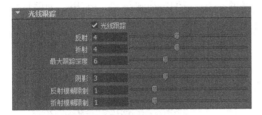

图 8-45

图 8-46

> 阴影方法：用来选择阴影的使用方法，共有 4 种，分别是"已禁用""简单""已排序"和"分段"。

> 阴影链接：选择阴影的链接方式，共有"启用""遵守灯光链接"和"禁用"3 个方式。

> 格式：设置阴影贴图的格式，共有以下 4 种。

如果设置该选项为"已禁用阴影贴图"，则关闭阴影贴图；如果设置该选项为"常规"，则能得到较好的阴影贴图效果，但是渲染速度较慢；如果设置该选项为"常规（OpenGL 加速）"，则如果用户的显卡是专业显卡，可以使用这种阴影贴图格式，以获得较快的渲染速度，但是渲染时间有可能会出错；如果设置该选项为"细节"，则使用细节较强的阴影贴图格式。

> 重建模式：确定是否重新计算所有的阴影贴图，共有以下 3 种模式。

如果设置该选项为"重用现有贴图"，则如果情况允许，可以载入以前的阴影贴图来覆盖现有的数据；如果设置该选项为"重建全部并覆盖"，则全部重新计算阴影贴图和现有的点来覆盖现有的数据；如果设置该选项为"重建全部并合并"，则全部重新计算阴影贴图来生成新的数据，并合并这些数据。

> 运动模糊阴影贴图：控制是否生成运动模糊的阴影贴图，使运动中的物体沿着运动路径产生阴影。

自测 3

为对象添加阴影
源文件：人邮教育\源文件\第 8 章\8-5-2-1.mb
视　频：人邮教育\视频\第 8 章\8-5-2-1.swf

STEP 1 执行"文件>打开场景"命令，打开文件"人邮教育\源文件\第 8 章\素材\8-5-

2-1.mb",效果如图 8-47 所示。执行"视图>选择摄影机"命令,按组合键 Ctrl+A,打开"属性编辑器"窗口,在"环境"卷展栏中设置"背景色"为 RGB（217,217,217）,如图 8-48 所示。

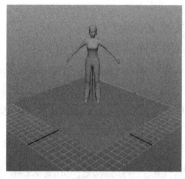

图 8-47

图 8-48

STEP 2 单击"渲染当前帧"按钮,渲染当前场景,可以看到渲染的效果,如图 8-49 所示。执行"创建>灯光>环境光"命令,在场景中创建一处环境光,调整合适的位置,如图 8-50 所示。

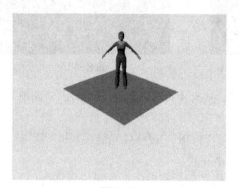

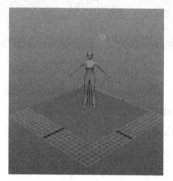

图 8-49

图 8-50

STEP 3 打开"环境光"的"属性编辑器"窗口,设置如图 8-51 所示。完成设置后,渲染当前场景,可以看到渲染的效果,如图 8-52 所示。

图 8-51

图 8-52

STEP 4 展开"阴影"卷展栏中的"光线跟踪阴影属性"卷展栏,对相关选项进行设置,如图 8-53 所示。执行"窗口>渲染编辑器>渲染设置"命令,弹出"渲染设置"对话框,如图 8-54 所示。

图 8-53

图 8-54

STEP 5 将渲染器设置为 mental ray 渲染器,在其渲染器上对相关选项进行设置,如图 8-55 所示。完成设置后,渲染当前场景,可以看到对象阴影的效果,如图 8-56 所示。

图 8-55

图 8-56

提示

"环境光"只支持"光线追踪阴影",没有"深度贴图阴影"选项。

- 运动模糊

"运动模糊"有"运动模糊"和"运动模糊优化"两个卷展栏,如图 8-57 所示。运动模糊的参数说明如下。

➢ 运动模糊:设置运动模糊的方式,共有以下 3 种。

如果设置该选项为"禁用",则关闭运动模糊;如果设置该选项为"无变形",则以线性平移方式来处理运动模糊,只针对未开孔或没有透明属性的平移运动物体,渲染速度比较快;如果设置该选项为"完全",则针对每个顶点进行采样,而不是针对每个对象,这种方式的渲染速度比较慢,但能得到准确的运动模糊效果。

➢ 运动步数:启用运动模糊后,mental ray 可以通过运动变换创建运动路径,就像顶点处的多个运动向量可以创建运动路径一样。

➢ 运动模糊时间间隔:该参数的数值越大,运动模糊效果越明显,但是渲染速度很慢。

➢ 置换运动因子:根据可视运动的数量控制精细置换质量。

➢ 关键帧位置:设置帧的位置,包括"帧开头""帧中间"和"帧末尾"3 种位置。

● 帧缓冲区

"帧缓冲区"卷展栏下的选项主要针对图像最终渲染输出进行设置，如图 8-58 所示，帧缓冲区的参数说明如下。

图 8-57

图 8-58

➤ 数据类型：选择帧缓冲区中包含的信息类型。

➤ Gamma（伽马）：对已渲染的颜色像素应用 Gamma（伽马）校正，以补偿具有非线性颜色响应的输出设备。

➤ 颜色片断：在将颜色写入非浮点型帧缓冲区或文件之前，该选项用来决定如何将颜色剪裁到有效范围（0，1）内。

➤ 对采样插值：该选项可使 mental ray 在两个已知的像素采样值之间对采样值进行插值。

➤ 降低饱和度：如果要将某种颜色输出到没有 32 位（浮点型）和 16 位（半浮点型）精度的帧缓冲区，并且其 RGB 分量超出（0，最大值）的范围，则 mental ray 会将该颜色剪裁至该合适范围。

➤ 预乘：如果勾选该选项，mental ray 会避免对象在背景上抗锯齿。

➤ 抖动：通过向像素中引入噪波，从而平摊舍入误差来减轻可视化带状条纹问题。

➤ 光栅化器使用不透明度：使用光栅化器时，启用该选项会强制在所有颜色用户帧缓冲区上执行透明度/不透明度合成，无论各个帧缓冲区上的设置如何，都是如此。

➤ 为所有缓冲区分析对比度：这是一项性能优化技术，允许 mental ray 在颜色统一的区域对图像进行更为粗糙的采样，而在包含细节的区域（如对象边缘和复杂条纹理）进行精细采样。

5. 间接照明

Maya 默认的灯光照明是一种直接照明方式。所谓直接照明就是被照明物体直接由光源进行照明，光源发出的光线不会产生反射来照亮其他物体，而现实生活中的物体都会产生漫反射，从而间接照亮其他物体，并且还会携带颜色信息，使物体之间的颜色相互影响，直到能量耗尽才会结束光能的反弹，这种照明方式也就是"间接照明"。

在讲解"间接照明"的参数之前，这里还要介绍一下"全局照明"。所谓"全局照明"（习惯上简称为 GI），就是直接照明加上间接照明，两种照明方式同时被使用可以生成非常逼真的光照效果。mental ray 实现 GI 的方法有很多种，如"光子贴图""最终聚焦"和"基于图像的照明"等。

"间接照明"选项卡是 mental ray 渲染器的核心部分，在这里可以制作"基于图像的照明"和"物理太阳和天空"效果，同时还可以设置"全局照明""贴图"和"最终聚焦"等，如图 8-59 所示。

● 环境

"环境"卷展栏主要针对环境的间接照明进行设置，如图 8-60 所示。

图 8-59

图 8-60

环境的参数说明如下。

➤ 基于图像的照明：单击后面的"创建"按钮，可以利用纹理或贴图为场景提供照明。

➤ 物理阳光和天空：单击后面的"创建"按钮，可以为场景添加物理阳光效果。

● 全局照明

展开"全局照明"卷展栏，如图 8-61 所示。全局照明是一种允许使用间接照明和颜色溢出等效果的过程。

全局照明的参数说明如下。

➤ 全局照明：控制是否开启"全局照明"功能。

➤ 精确度：设置全局照明的精度。数值越高，渲染效果越好，但渲染速度会变慢。

➤ 比例：控制间接照明效果对全局照明的影响。

➤ 半径：默认值为 0，此时 Maya 会自动计算光子半径。如果场景中的噪点较多，增大该值（1~2 之间）可以减少噪点，但是会带来更模糊的结果。为了减小模糊程度，必须增加由光源发出的光子数量（全局照明精度）。

➤ 合并距离：合并指定的光子世界距离。对于光子分布不均匀的场景，该参数可以大大降低光子映射的大小。

● 焦散

"焦散"卷展栏可以控制渲染的焦散效果，如图 8-62 所示，焦散的参数说明如下。

图 8-61

图 8-62

➤ 焦散：控制是否开启"焦散"功能。

➤ 精确度：设置渲染焦散的精度。数值越大，焦散效果越好。

➤ 比例：控制间接照明效果对焦散的影响。

➤ 半径：默认值为 0，此时 Maya 会自动计算焦散光子的半径。

➤ 合并距离：合并指定的光子世界距离。对于光子分布不均匀的场景，该参数可以大大减少光子映射的大小。

➤ 焦散过滤器类型：选择焦散的过滤器类型，共有以下 3 种。

如果设置该选项为"长方体"，则用过滤器渲染出来的焦散效果很清晰，并且渲染速度比较快，但是效果不太精确；如果设置该选项为"圆锥体"，则用该过滤器渲染出来的焦散效果很平滑，而渲染速度比较慢，但是焦散效果比较精确；如果设置该选项为"高斯"，则用该过滤器渲染出来的焦散效果最好，但渲染速度最慢。

➤ 焦散过滤器内核：增大该参数值，可以使焦散效果变得更加平滑。

> **提示** "焦散"就是指物体被灯光照射后所反射或折射出来的影像，其中反射后产生的焦散为"反射焦散"，折射后产生的焦散为"折射焦散"。

● 光子跟踪

"光子跟踪"卷展栏主要对 mental ray 渲染产生的光子进行设置，如图 8-63 所示，光子跟踪的参数说明如下。

➤ 光子反射：限制光子在场景中的反射量。该参数与最大光子的深度有关。
➤ 光子折射：限制光子在场景中的折射量。该参数与最大光子的深度有关。
➤ 最大光子深度：限制光子反弹的次数。

● 光子贴图

"光子贴图"卷展栏主要针对 mental ray 渲染产生的光子形成的光子贴图进行设置，如图 8-64 所示，光子贴图的参数说明如下。

图 8-63　　　　　　　　　　图 8-64

➤ 重建光子贴图：勾选该选项后，Maya 会重新计算光子贴图，而现有的光子贴图文件将被覆盖。
➤ 光子贴图文件：设置一个光子贴图文件，同时新的光子贴图将加载这个光子贴图文件。
➤ 启用贴图可视化器：勾选该选项后，在渲染时可以在视图中观察到光子的分布情况。
➤ 直接光照阴影效果：如果在使用了全局照明和焦散效果的场景中有透明的阴影，应该勾选该选项。
➤ 诊断光子：使用可视化效果来诊断光子属性设置是否合理。
➤ 光子密度：使用光子贴图时，该选项可以使用内部着色器替换场景中的所有材质着色器，该内部着色器可以生成光子密度的伪彩色渲染。

● 光子体积

"光子体积"卷展栏主要针对 mental ray 光子的体积进行设置，如图 8-65 所示，光子体积的参数说明如下。

➤ 光子自动体积：控制是否开启"光子自动体积"功能。
➤ 精确度：控制光子映射来估计参与焦散效果或全局照明的光子强度。

- ➢ 半径：设置参与媒介的光子的半径。
- ➢ 合并距离：合并指定的光子世界距离。对于光子分布不均匀的场景，该参数可以大大降低光子映射的大小。
- ● 重要性粒子

"重要性粒子"卷展栏主要针对 mental ray 的"重要性粒子"进行设置，如图 8-66 所示。"重要性粒子"类似于光子的粒子，但是它们从摄影机中发射，并以相反的顺序穿越场景。

图 8-65

图 8-66

重要性粒子的参数说明如下。
- ➢ 重要性粒子：控制是否启用重要性粒子发射。
- ➢ 密度：设置对于每个像素从摄影机发射的重要性粒子数。
- ➢ 合并距离：合并指定的世界空间距离内的重要性粒子。
- ➢ 最大深度：控制场景中重要性粒子的漫反射。
- ➢ 穿越：勾选该选项后，可以使重要性粒子不受阻止，即使完全不透明的几何体也是如此；关闭该选项后，重要性粒子会存储在从摄影机到无穷远的光线与几何体的所有相交处。
- ● 最终聚焦

"最终聚焦"简称 FG，是一种模拟 GI 效果的计算方法。FG 分为以下两个处理过程。

第 1 个过程：从摄影机发出光子射线到场景中，当与物体表面产生交点时，又从该交点发射出一定数量的光线，以该点的法线为轴，呈半球状分布，只发生一次反弹，并且存储相关信息为最终聚焦贴图。

第 2 个过程：利用由预先处理过程中生成的最终聚集贴图信息进行插值和额外采样点计算，然后用于最终渲染。
- ● 辐照度粒子

"辐照度粒子"是一种全局照明技术，它可以优化"最终聚集"的图像质量。展开"辐照度粒子"卷展栏，如图 8-67 所示，辐照度粒子的参数说明如下。
- ➢ 辐照度粒子：控制是否开启"辐照度粒子"功能。
- ➢ 光线数：使用光线的数量来估计辐射。最低值为 2，默认值为 256。
- ➢ 间接过程：设置间接照明传递的次数。
- ➢ 比例：设置"辐照度粒子"的强度。
- ➢ 插值：设置"辐照度粒子"使用的插值方法。
- ➢ 插值点数量：用于设置插值点的数量，默认值为 64。
- ➢ 环境：控制是否计算辐照环境贴图。
- ➢ 环境光线：计算辐照环境贴图使用的光线数量。
- ➢ 重建：如果勾选该选项，mental ray 会计算辐照粒子贴图。
- ➢ 贴图文件：指定辐射粒子的贴图文件。

● 环境光遮挡

展开"环境光遮挡"卷展栏，如图 8-68 所示。如果要创建环境光遮挡过程，则必须启用"环境光遮挡"功能。

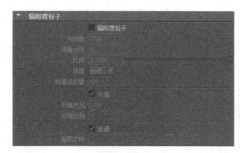

图 8-67　　　　　　　　　　　　　　　　　　图 8-68

环境光遮挡的参数说明如下。

➤ 环境光遮挡：控制是否开启"环境光遮挡"功能。

➤ 光线数：使用环境的光线来计算每个环境闭塞。

➤ 缓存：控制环境闭塞的缓存。

➤ 缓存密度：设置每个像素的环境闭塞点的数量。

➤ 缓存点数：查找缓存点的数目的位置插值，默认值为 64。

6. 选项

"选项"选项卡中的参数主要用来控制 mental ray 渲染器的"诊断""预览""覆盖"和"转换"等功能，如图 8-69 所示。

图 8-69

使用"诊断"功能可以检测场景中光子映射的情况。用户可以指定诊断网格和网格的大小，以及诊断光子的密度或辐照度。

> **自测 4**　**制作全局照明**
> 源文件：人邮教育\源文件\第 8 章\8-5-2-2.mb
> 视　频：人邮教育\视频\第 8 章\8-5-2-2.swf

STEP 1 执行"文件>打开场景"命令，打开文件"人邮教育\源文件\第 8 章\素材\8-5-2-2.mb"，效果如图 8-70 所示。执行"视图>选择摄影机"命令，按组合键 Ctrl+A，打开"属性编辑器"窗口，在"环境"卷展栏中设置"背景色"为 RGB（115，115，115），如图 8-71 所示。

STEP 2 单击"渲染当前帧"按钮，渲染当前场景，可以看到渲染的效果，如图 8-72 所示。执行"窗口>渲染编辑器>渲染设置"命令，弹出"渲染设置"对话框，设置渲染器为 mental ray 渲染器，在"间接照明"卷展栏中勾选"全局照明"选项，设置如图 8-73 所示。

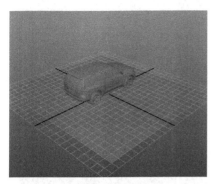

图 8-70

图 8-71

图 8-72

图 8-73

STEP 3 执行"创建>灯光>聚光灯"命令，为场景创建一处聚光灯，调整合适的位置，如图 8-74 所示。打开"属性编辑器"窗口，在 mental ray 卷展栏中展开"焦散和全局照明"卷展栏，对相关选项进行设置，如图 8-75 所示。

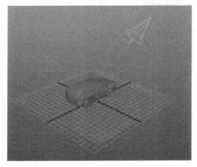

图 8-74

图 8-75

STEP 4 渲染当前场景，可以看到渲染的效果，如图 8-76 所示。打开"渲染设置"对话框，在"全局照明"卷展栏中对相关选项进行设置，如图 8-77 所示。

STEP 5 完成设置后，渲染当前场景，可以看到渲染的效果，如图 8-78 所示。打开"渲染设置"对话框，在"全局照明"卷展栏中对相关选项进行设置，如图 8-79 所示。

STEP 6 完成设置后，单击"关闭"按钮，渲染当前场景，可以看到渲染的效果，如图 8-80 所示。

图 8-76

图 8-77

图 8-78

图 8-79

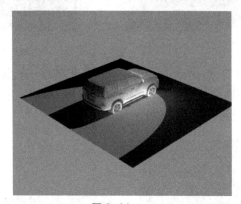

图 8-80

8.6　本章小结

　　本章主要讲解了 Maya 的几种渲染器，"Maya 软件"渲染器、"Maya 硬件"渲染器和 mental ray 渲染器，这 3 个渲染器是实际工作中使用最多的渲染器，大家务必仔细学习本章，并掌握其用法。

8.7　课后测试题

一、选择题

1. 以下属于渲染算法的是（　　　　）。

A.　扫描线算法　　　　　　　　　　　B.　光线跟踪算法

C.　热辐射算法　　　　　　　　　　　D.　运动模糊算法

2.　以下属于 mental ray 中实现 GI 的方法是（　　　　）。

A.　光子贴图　　　　　　　　　　　B.　最终聚焦

C.　间接照明　　　　　　　　　　　D.　基于图像的照明

3.　以下不属于焦散过滤器类型的是（　　　　）。

A.　长方体　　　　　B.　圆锥体　　　　　C.　高斯　　　　　D.　球体

二、判断题

1.　全局照明是一种允许使用间接照明和颜色溢出等效果的过程。（　　　）

2.　重要性粒子从摄影机中发射，并以相反的顺序穿越场景。（　　　）

3.　mental ray 不可以用来做电视动画片。（　　　）

三、简答题

1.　什么是 FG？FG 的处理过程是怎样的？

2.　简述渲染的概念。

第9章
动画技术

PART 9

本章简介

　　动画能够给物体带来动力、有趣和活力。Maya 中的动画技术也在不断地强大，给工作人员带来了更大的便捷。本章主要介绍 Maya 动画的基础知识，包括关键帧动画、变形动画、骨架设定和蒙皮技术等。全面的内容让读者能够仔细领会各项重要动画技术。

本章重点

- 了解动画的基本知识
- 掌握"时间轴"和"曲线图编辑器"的用法
- 掌握各类基础动画中的设置方式
- 掌握各类高级动画中的设置方式
- 掌握常用变形器和约束的运用方法

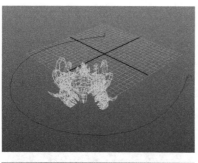

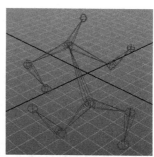

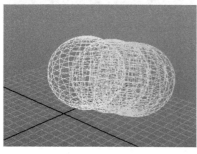

9.1 动画概述

动画，顾名思义就是让角色或物体动起来，其英文为 Animation。动画与运动是分不开的，因为运动是动画的本质，将多张连续的单帧画面连在一起就形成了动画。

Maya 作为世界最为优秀的三维软件之一，为用户提供了一套非常强大的动画系统，如关键帧动画、路径动画、非线性动画、表达式动画和变形动画等。但无论使用哪种方法来制作动画，都需要用户对角色或物体有着仔细的观察和深刻的体会，这样才能制作出生动的动画效果。有很多成功的动漫都是通过动画制作出来的，如图 9-1 所示。

图 9-1

9.2 时间轴

在制作动画时，无论是传统动画的创作还是用三维软件制作动画，时间都是一个难以控制的部分，但是它的重要性是无可比拟的，它存在于动画的任何阶段，通过它可以描述出角色的重量、体积和个性等，而且时间不仅包含于运动当中，同时还能表达出角色的情感。

Maya 中的"时间轴"提供了快速访问时间和关键帧设置的工具，包括"时间滑块""时间范围滑块"和"播放控制器"等，如图 9-2 所示。这些工具可以从"时间轴"快速地进行访问和调整。

图 9-2

9.2.1 时间滑块

"时间滑块"可以控制动画的播放范围、关键帧和播放范围内的受控制帧。在"时间滑块"上的任意位置单击鼠标左键，即可改变当前时间，场景会跳转到动画的该时间处。

按住 K 键，然后在视图中按住鼠标左键水平拖曳光标，场景动画便会随光标的移动而不断更新。按住 Shift 键在"时间滑块"上单击鼠标左键并在水平位置拖曳一个红色的范围，选择的时间范围会以红色显示出来，如图 9-3 所示。水平拖曳选择区域两端的箭头，可以缩放选择区域；水平拖曳选择区域中间的双箭头，可以移动选择区域。

图9-3

9.2.2　时间范围滑块

"时间范围滑块"用来控制动画的播放范围，如图9-4所示。拖曳"时间范围滑块"可以改变播放范围；拖曳"时间范围滑块"两端的按钮可以缩放播放范围；双击"时间范围滑块"，播放范围会变成动画开始时间数值框和动画结束时间数值框中的数值的范围，再次双击，可以返回到先前的播放范围。

图9-4

9.2.3　播放控制器

时间轴中"时间滑块"的右侧就是"播放控制器"，如图9-5所示。它的功能主要是用来控制动画的播放状况。其按钮及功能如下。

图9-5

- ➤ |◀◀：转至播放范围开头。
- ➤ |◀：后退一帧。
- ➤ I◀：后退到前一关键帧。
- ➤ ◀：向后播放。
- ➤ ▶：向前播放。
- ➤ ▶I：前进到下一关键帧。
- ➤ ▶|：前进一帧。
- ➤ ▶▶|：转至播放范围末尾。

9.2.4　动画控制菜单

在"时间滑块"的任意位置单击鼠标右键会弹出动画控制菜单，如图9-6所示。该菜单中的命令主要用于操作当前选择对象的关键帧，包括"剪切""复制""粘贴""删除"和"捕捉"等操作。

9.2.5　动画首选项

在"时间轴"右侧单击"动画首选项"按钮，或执行"窗口>设置/首选项>首选项"命令，弹出"首选项"对话框，在该对话框中可以设置动画和时间滑块的首选项，如图9-7所示。

图9-6

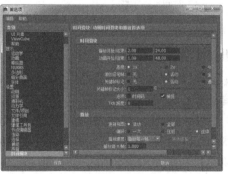

图9-7

9.3 关键帧动画

在 Maya 动画系统中，使用最多的就是关键帧动画。所谓关键帧动画，就是在不同的时间（或帧）将能体现动画物体动作特征的一系列属性采用关键帧的方式记录下来，并根据不同关键帧之间的动作（属性值）差异自动进行中间帧的插入计算，最终生成一段完整的关键帧动画。为物体属性设置关键帧的方法有很多，下面介绍几种最常用的方法。

9.3.1 设置关键帧

切换到"动画"模块，执行"动画>设置关键帧"命令，可以完成一个关键帧的记录。首先用鼠标左键在"时间轴"上拖曳时间滑块，确定要记录关键帧的位置，选择要设置关键帧的对象，修改相应的对象属性；然后执行"动画>设置关键帧"命令或按快捷键 S，为当前属性记录一个关键帧。

通过以上方法设置的关键帧，在当前时间，选择对象的属性值将始终保持一个固定不变的状态，直到再次修改该属性值并重新设置关键帧。

如果要继续在不同的时间为物体属性设置关键帧，执行"动画>设置关键帧□"命令，弹出"设置关键帧选项"对话框，如图 9-8 所示，设置关键帧选项的参数说明如下。

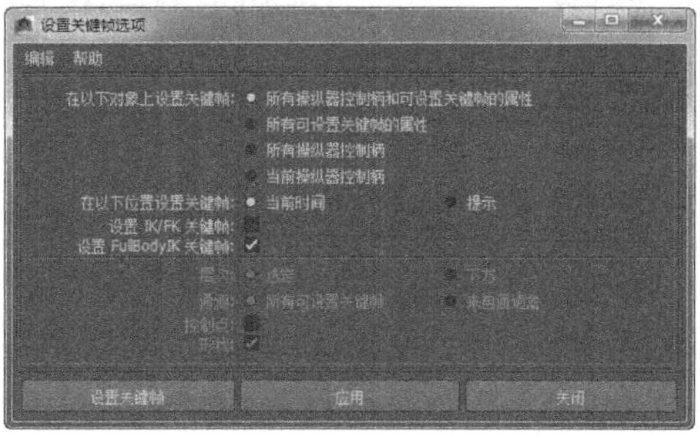

图 9-8

➤ 在以下对象上设置关键帧：指定将在哪些属性上设置关键帧，提供了 4 个选项。

如果设置该选项为"所有操纵器控制柄和可设置关键帧的属性"，则为当前操纵器和选择对象的所有可设置关键帧属性记录一个关键帧，这是默认选项。

如果设置该选项为"所有可设置关键帧的属性"，则为选择对象的所有可设置关键帧属性记录一个关键帧。

如果设置该选项为"所有操纵器控制柄"，则为选择操纵器所影响的属性记录一个关键帧。例如，当使用"旋转工具"时，将只会为"旋转 X""旋转 Y"和"旋转 Z"属性记录一个关键帧。

如果设置该选项为"当前操纵器控制柄"，则为选择操纵器控制柄所影响的属性记录一个关键帧。例如，当使用"旋转工具"操纵器的 Y 轴手柄时，将只会为"旋转 Y"属性记录一个关键帧。

➤ 在以下位置设置关键帧：指定在设置关键帧时将采用何种方式确定时间，提供了 2 个选项。

如果设置该选项为"当前时间"，则只在当前时间位置记录关键帧；如果设置该选项为"提示"，则在执行"设置关键帧"命令时会弹出一个"设置关键帧"对话框，询问在何处设置关键帧。

➤ 设置 IK/FK 关键帧：该选项在为一个带有 IK 手柄的关节链设置关键帧时，能为 IK 手柄的所有属性和关节链的所有关节记录关键帧，它能够创建平滑的 IK/FK 动画。只有当"所有可设置关键帧的属性"选项处于选择状态时，这个选项才会有效。

> 设置 FullBodyIK 关键帧：该选项设置全身 IK 关键帧。
> 层次：指定在有组层级或父子关系层级的对象中，将采用何种方式设置关键帧，提供 2 个选项。

如果设置该选项为"选定"，则只在选择对象的属性上设置关键帧；如果设置该选项为"下方"，则在选择对象和它的子对象属性上设置关键帧。

> 通道：指定将采用何种方式为选择对象的通道设置关键帧，提供了 2 个选项。

如果设置该选项为"所有可设置关键帧"，则在选择对象所有的可设置关键帧通道上记录关键帧；如果设置该选项为"来自通道盒"，则只为当前对象从"通道盒"中选择的属性通道设置关键帧。

> 控制点：该选项将在选择对象的控制点上设置关键帧。
> 形状：该选项将在选择对象的形状节点和变换节点设置关键帧；如果关闭该选项，将只在选择对象的变换节点设置关键帧。

 提示

　　当为对象的控制点设置关键帧后，如果删除对象构造历史，将导致动画不能正确工作。

9.3.2　设置变换关键帧

在"动画>设置变换关键帧"菜单下有 3 个子命令，分别是"平移""旋转"和"缩放"，如图 9-9 所示。执行这些命令可以为选择对象的相关属性设置关键帧。"设置变换关键帧"菜单命令的说明如下。

> 平移：只为平移属性设置关键帧，组合键为 Shift+W。
> 旋转：只为旋转属性设置关键帧，组合键为 Shift+E。
> 缩放：只为缩放属性设置关键帧，组合键为 Shift+R。

图 9-9

9.3.3　自动关键帧

使用"时间轴"右侧的"自动关键帧切换"按钮 ，可以为对象属性自动记录关键帧。这样只需要改变当前时间和调整对象属性数值，省去了每次执行"设置关键帧"命令的麻烦。在使用自动设置关键帧功能之前，必须先采用手动方式为要制作动画的属性设置一个关键帧，之后自动设置关键帧功能才会发挥作用。

先采用手动方式为要制作动画的对象属性设置一个关键帧；单击"自动关键帧切换"按钮，使该按钮处于开启状态 ，用鼠标左键在"时间轴"上拖曳时间滑块，确定要记录关键帧的位置；改变先前已经设置了关键帧的对象属性数值，这时在当前时间位置处会自动记录一个关键帧。

如果要继续在不同的时间为对象属性设置关键帧，可以重复执行以上步骤的操作，直到再次单击"自动关键帧切换"按钮，使按钮处于关闭状态 ，结束自动记录关键帧操作。

9.3.4　在通道盒中设置关键帧

在通道盒中设置关键帧是最常用的一种方法，这种方法十分简便，控制起来也很容易。首先用鼠标左键在"时间轴"上拖动时间滑块确定要记录关键帧的位置；然后选择要设置关键帧的对象，修改相应的对象属性。在通道盒中单击"通道"按钮，在弹出菜单中选择"为选定项设置关键帧"命令。也可以在弹出菜单中选择"为所有项设置关键帧"命令，为通道盒中的所有属性设置关键帧，如图 9-10 所示。

制作关键帧动画
源文件：人邮教育\源文件\第 9 章\9-3-4.mb
视　频：人邮教育\视频\第 9 章\9-3-4.swf

STEP 1 执行"文件>打开场景"命令，打开文年"人邮教育\源文件\第 9 章\素材\9-3-4.mb"，效果如图 9-11 所示。选择汽车模型，在"通道盒"窗口中看到相关属性，如图 9-12 所示。

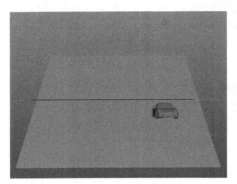

图 9-10　　　　　　　图 9-11　　　　　　　图 9-12

STEP 2 在"时间滑块"上选定在第 1 帧，如图 9-13 所示。在"通道盒"窗口中的"平移 X"属性上单击鼠标右键，在弹出菜单中选择"为选定项设置关键帧"命令，如图 9-14 所示。

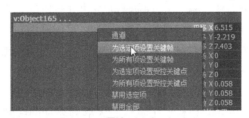

图 9-13　　　　　　　　　图 9-14

STEP 3 在"时间滑块"上选定第 24 帧，在"通道盒"窗口中设置"平移 X"为 2，并单击右键，在弹出菜单中选择"为选定项设置关键帧"命令，如图 9-15 所示。在"时间滑块"上可以看到设置效果，如图 9-16 所示。

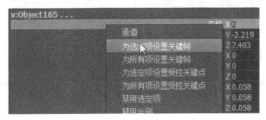

图 9-15

图 9-16

STEP 4 完成该关键帧动画的制作，单击"向前播放"按钮▶，可以看到汽车已经在移动了，效果如图 9-17 所示。

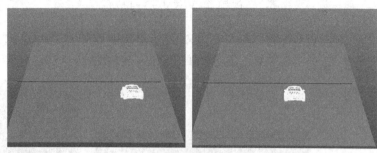

图 9-17

提示　　　如果要取消没有受到影响的关键帧属性，可以执行"编辑>按类型删除>静态通道"命令，删除没有用处的关键帧。

9.4　曲线图编辑器

"曲线图编辑器"是一个功能强大的关键帧动画编辑对话框。在 Maya 中，所有编辑关键帧和动画曲线相关的工作几乎都可以利用"曲线图编辑器"对话框来完成。

在"曲线图编辑器"对话框中能够让用户以曲线图标的方式形象化地观察和操纵动画曲线。所谓动画曲线，就是在不同时间为动画对象的属性值设置关键帧，并通过在关键帧之间连续曲线段所形成的一条能够反映动画时间与属性对应关系的曲线。利用"曲线图编辑器"对话框提供的各种工具和命令，可以对场景中动画对象上现有的动画曲线进行精确细致的编辑调整，最终创造出更加令人信服的关键帧动画效果。

执行"窗口>动画编辑器>曲线图编辑器"命令，弹出"曲线图编辑器"对话框，如图 9-18 所示，该对话框由菜单栏、工具栏、大纲列表和曲线图表 4 部分组成。

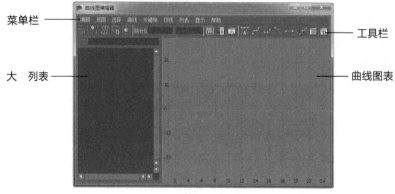

图 9-18

9.4.1 工具栏

为了节省操作时间，提高工作效率，Maya 在"曲线图编辑器"对话框中增加了工具栏。工具栏中的多数工具按钮都可以在菜单栏的各个菜单中找到，因为在编辑动画曲线时这些命令和工具的使用频率很高，所以把它们做成工具按钮放在工具栏上，如图 9-19 所示。

图 9-19

工具栏中的工具说明如下。

➢ 移动最近拾取的关键帧工具：可以让用户利用鼠标中键在激活的动画曲线上直接拾取并拖曳一个最靠近的关键帧或切线手柄，用户不必精确选择它们就能够自由改变关键帧的位置和切线手柄的角度。

➢ 插入关键帧工具：可以在现有动画曲线上插入新的关键帧。

➢ 晶格变形关键帧：可以在曲线图表现图中操纵动画曲线。

➢ 关键帧状态数值输入框：这个关键帧状态数值输入框能显示出所选择关键帧的时间值和属性值，用户也可以通过键盘输入值的方式来编辑当前所选择的关键帧的时间值和属性值。

➢ 框显全部：激活该选项，可以使所有动画曲线都能够最大化显示在"曲线图编辑器"对话框中。

➢ 框显播放范围：激活该选项，可以使在"时间轴"定义的播放时间范围能够最大化显示在"曲线图编辑器"对话框中。

➢ 使视图围绕当前时间居中：激活该选项，将在曲线图表现的中间位置处显示当前时间。

➢ 自动切线：该工具会根据相邻关键帧值将帧之间的曲线值钳制为最大点或最小点。

➢ 样条线切线：该工具可以为所选择的关键帧指定一种样条切线方式，这种方式能在选择关键帧的前后两侧创建平滑动画曲线。

➢ 钳制切线：该工具可以为所选择的所关键帧指定一种钳制切线方式。

➢ 线性切线：该工具可以为所选择的所关键帧指定一种线性切线方式，这种方式使两个关键帧之间以直线连接。

➢ 平坦切线：该工具可以为所选择的关键帧指定一种平直切线方式。该方式创建动画曲线在所选择关键帧上的入切线和出切线手柄是水平的。

➢ 阶跃切线：该工具可以为所选择的关键帧指定一种阶梯切线方式，这种方式创建的动画曲线在所选择关键帧的出切线位置为直线。

➢ 高原切线：该工具可以为所选择的关键帧指定一种高原切线方式，这种方式可以强制创建的动画曲线不超过关键帧属性值的范围。

➢ 缓冲区曲线快照：可以为当前动画曲线形状捕捉一个快照，通过与"交换缓冲区曲线"工具配合使用，可以在当前曲线和快照曲线之间切换。

➢ 交换缓冲区曲线：可以在原始动画曲线（即缓冲区曲线快照）与当前动画曲线之间进行切换，同时，也可以编辑曲线。

➢ 断开切线：使用该工具单击所选择的关键帧，可将切线手柄在关键帧位置处打断，这样允许单独操作一个关键帧的入切线手柄或出切线手柄。

➤ 统一切线 : 使用该工具单击所选择的关键帧，在单独调整关键帧任何一侧的切线手柄之后，仍然能保持另一侧切线手柄的相对位置。

➤ 自由切线权重 : 当移动切线手柄时，使用该工具可以同时改变切线的角度和权重。该工具仅应用于权重动画曲线。

➤ 锁定切线权重 : 当移动切线手柄时，使用该工具只能改变切线的角度，而不能影响动画曲线的切线权重，该工具仅应用于权重动画曲线。

➤ 自动加载曲线图编辑器开/关 : 激活该工具后，每次在场景视图中改变所选择的对象时，在"曲线编辑器"对话框中显示的对象和动画曲线也会自动更新。

➤ 从当前选择加载曲线图编辑器 : 激活该工具后，可以使用手动方式将在场景视图中所选择的对象载入到"曲线图编辑器"对话框中显示。

➤ 时间捕捉开/关 : 激活该工具后，在曲线图表视图中移动关键帧时，将强迫关键帧捕捉到与其最接近的整数时间单位制位置，这是默认值。

➤ 值捕捉开/关 : 激活该工具后，在曲线图表视图中移动关键帧，将关键帧捕捉到与其最接近的整数属性值位置。

➤ 启用规格化曲线显示 : 使用该工具可以按比例缩减大的关键帧值或提高小的关键帧值，使整条动画曲线沿属性值轴向适配到–1～1之间。

➤ 禁用规格化曲线显示 : 该工具可以为所选择的动画曲线关闭标准化设置。当曲线返回到非标准化状态时，动画曲线将退回到它们的原始范围。

➤ 重新规格化曲线 : 缩放当前显示在图表视图中所有选定曲线，以适配在–1～1之间。

➤ 启用堆叠的曲线显示 : 激活该工具后，每个曲线均会使用其自身的值轴显示，默认情况下，该值已规格化为1～–1之间。

➤ 禁用堆叠的曲线显示 : 激活该工具后，可以不显示堆叠的曲线。

➤ 前方无限循环 : 在动画范围之外无限重复动画曲线的拷贝。

➤ 前方无限循环加偏移 : 在动画范围之外无限重复动画曲线的拷贝，并且循环曲线最后一个关键帧值要添加到原始曲线第1个关键帧值的位置处。

➤ 后方无限循环 : 在动画范围之内无限重复动画曲线的拷贝。

➤ 后方无限循环加偏移 : 在动画范围之内无限重复动画曲线的拷贝，并且循环曲线最后一个关键帧值要添加到原始曲线第1个关键帧值的位置处。

➤ 打开摄影表 : 可以快速打开"摄影表"对话框，并载入当前物体动画关键帧。

➤ 打开Trax编辑器 : 能快速打开"Trax编辑器"对话框，并载入当前物体动画片段。

 提示　　　　　　"曲线图编辑器"对话框中菜单栏命令的用法大多与工具栏中的工具相同。

9.4.2　大纲列表

"曲线图编辑器"对话框的大纲列表与执行主菜单"窗口>大纲视图"命令打开的"大纲视图"对话框有很多共同的特性。大纲列表中显示动画对象的相关节点，如果在大纲列表中选择一个动画节点，该节点的所有动画曲线将显示在曲线图表视图中，如图9-20所示。

9.4.3 曲线图表视图

在"曲线图编辑器"对话框的曲线图表视图中，可以显示和编辑动画曲线段、关键帧和关键帧切线。如果在曲线图表视图中的任何位置单击鼠标右键，还会弹出一个快捷菜单，这个菜单组中包含与"曲线图编辑器"对话框的菜单栏相同的命令，如图9-21所示。

图9-20   图9-21

一些操作3D场景视图的组合键在"曲线图编辑器"对话框的曲线图标视图中仍然适用，这些组合键及其功能如下。

➤ 按住Alt键，在曲线图表视图中沿任意方向拖曳鼠标中间，可以平移视图。

➤ 按住Alt键，在曲线图表视图中拖曳鼠标右键或同时拖动鼠标的左键和中键，可以推拉视图。

➤ 按组合键Shift+Alt，在曲线图表视图中沿水平或垂直方向拖曳鼠标中键，可以在单方向上平移视图。

➤ 按组合键Shift+Alt，在曲线图表视图中沿水平或垂直方向拖曳右键或同时拖动鼠标的左键和中键，可以缩放视图。

自测 2 ┃ **使对象具有重影**
源文件：人邮教育\源文件\第9章\9-4-3.mb
视　频：人邮教育\视频\第9章\9-4-3.swf

STEP 1 执行"文件>打开场景"命令，打开文件"人邮教育\源文件\第9章\素材\9-4-3.mb"，如图9-22所示。选中球体，执行"动画>为选定对象生成重影■"命令，在弹出的对话框中设置相关选项，如图9-23所示。

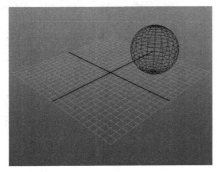

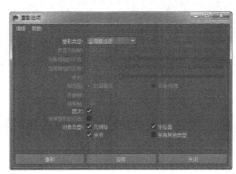

图9-22   图9-23

STEP 2 设置完成后，单击"重影"选项，选择"时间滑块"上的第1帧，在"通道盒"窗口中的相关属性上单击右键，在弹出菜单中选择"为选定项设置关键帧"命令，如图9-24所示。选择"时间滑块"上的第6帧，相应地移动对象，如图9-25所示。

图9-24

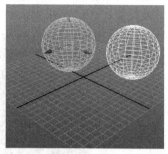

图9-25

STEP 3 在"通道盒"窗口中的相关属性上单击鼠标右键，在弹出菜单中选择"为选定项设置关键帧"命令，如图9-26所示。选择"时间滑块"上的第12帧，相应地移动对象，如图9-27所示。

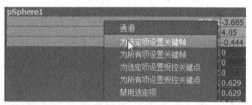

图9-26

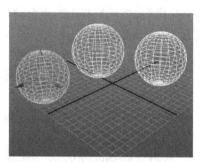

图9-27

STEP 4 在"通道盒"窗口中的相关属性上单击鼠标右键，在弹出的对话框中选择"为选定项设置关键帧"命令，如图9-28所示。完成重影对象的制作，单击"向前播放"按钮▶，可以看到球体在动画中产生重影，效果如图9-29所示。

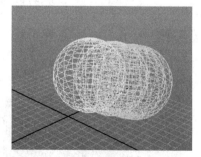

图9-28

图9-29

提示　　　如果要想取消应用到选择对象上的重影效果，那么执行"动画>取消选定对象的重影"命令即可。

9.5 变形器

使用 Maya 提供的变形功能，可以改变可变形对象的几何形状，在可变形对象上产生各种变形效果。可变形对象就是由控制顶点构建的物体。这里所说的控制顶点，可以是 NURBS 曲面的控制点、多边形曲面的顶点、细分曲线的顶点和晶格物体的品格点。由此可以得出，NURBS 曲线、NURBS 曲面、多边形曲面、细分曲面和晶格物体都是可变形对象。

为了满足制作变形动画的需要，Maya 提供了各种功能齐全的变形器，用于创建和编辑这些变形器的工具和命令都被集合在"创建变形器"菜单中，如图 9-30 所示。

图 9-30

9.5.1 混合变形

"混合变形"可以使用一个基础对象来与多个目标对象进行混合，能将一个对象的形状以平滑过渡的方式改变另一个对象的形状。它是一个很重要的变形工具，经常被用于制作角色表情动画。

不同于其他变形器，"混合变形"还提供了一个"创建混合变形选项"对话框（这是一个编辑器），利用这个编辑器可以控制场景中的所有混合变形。

当创建混合变形时，因为会用到多个对象，所以还要对对象的类型加以区分。如果在混合变形中，一个 A 对象的形状被变形到 B 对象的形状，通常就说 B 对象是目标物体、A 对象是基础物体。在创建一个混合变形时可以同时存在多个目标对象，但基础对象只有一个。

执行"创建变形器>混合变形▣"命令，弹出"创建混合变形选项"对话框，该对话框分为"基本"和"高级"两个选项卡，如图 9-31 所示。"基本"和"高级"选项卡的参数说明如下。

图 9-31

> 混合变形节点：用于设置混合变形运算节点的具体名称。
> 封套：用于设置混合变形的比例系数，其取值范围为 0～1。数值越大，混合变形的作用效果就越明显。
> 原点：指定混合变形是否与基础对象的位置、旋转和比例有关，包括 2 个选项。

如果设置"原点"选项为"局部"，则在基础对象形状与目标对象形状进行混合时，将忽略基础对象与目标对象之间在位置、旋转和比例上的不同；如果设置"原点"选项为"世界"，则在基础对象形状与目标对象形状进行混合时，将考虑基础对象与目标对象之间在位置、选择和比例上的任何差别。

> 目标形状选项：共有 3 个选项。

如果设置该选项为"介于中间"，则指定是依次混合还是并行混合。如果启用该选项，混合将依次发生，形状过滤将按照选择目标形状的顺序发生；如果禁用该选项，混合将并行发生，各目标对象形状能够以并行方式同时影响混合，而不是依次进行；如果设置该选项为"检查拓扑"，则可以选定是否检查基础对象形状与目标对象形状之间存在相同的拓扑结构；如果设置该选项为"删除目标"，则指定在创建混合变形后是否删除目标对象形状。

➢ 变形顺序：指定变形器节点在可变形器对象的历史中的位置。

➢ 排除：指定变形器集是否位于某个划分中，划分中的集可以没有重叠的成员。如果启用该选项，"要使用的划分"和"新划分名称"选项才可用。

➢ 要使用的划分：列出所有的现有划分。

➢ 新划分名称：指定将包括变形器集的新划分的名称。

自测 3　用混合变形制作表情动画
源文件：人邮教育\源文件\第 9 章\9-5-1.mb
视　频：人邮教育\视频\第 9 章\9-5-1.swf

STEP 1 执行"文件>打开场景"命令，打开文件"人邮教育\源文件\第 9 章\素材\9-5-1.mb"，效果如图 9-32 所示。选中面部，执行"窗口>动画编辑器>混合变形"命令，弹出"混合变形"对话框，可以看见相应的权重滑块，如图 9-33 所示。

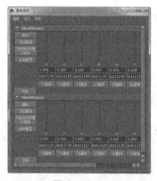

图 9-32　　　　　　　　　　　　　　　图 9-33

STEP 2 选择"时间滑块"上第 1 帧，在"混合变形"对话框中单击"为所有项设置关键帧"按钮，如图 9-34 所示。选择"时间滑块"上的第 8 帧，在"混合变形"对话框中设置相应的权重滑块，并单击相应滑块下的"关键帧"按钮，如图 9-35 所示。

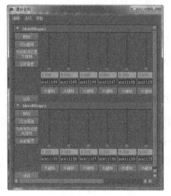
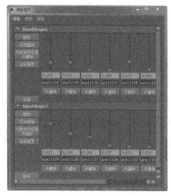

图 9-34　　　　　　　　　　　　　　　图 9-35

STEP 3 选择"时间滑块"上的第 14 帧，在"混合变形"对话框中设置相应的权重滑块，并单击相应滑块下的"关键帧"按钮，如图 9-36 所示。选择"时间滑块"上的第 20 帧，在"混合变形"对话框中设置相应的权重滑块，并单击相应滑块下的"关键帧"按钮，如图 9-37 所示。

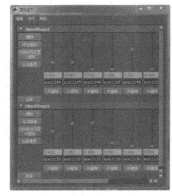

图 9-36

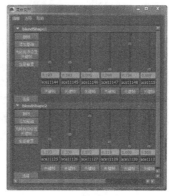

图 9-37

STEP 4 完成该动画制作，单击"向前播放"按钮▶，可以看到刚制作的表情动画，效果如图 9-38 所示。

图 9-38

9.5.2 晶格

"晶格"变形器可以利用构成晶格物体的晶格点来自由改变可变形对象的形状，在对象上创造出变形效果。用户可以直接移动、旋转或缩放整个晶格物体来整体影响可变形对象，也可以调整每个晶格点，在可变形对象的局部创造变形效果。

"晶格"变形器经常用于变形结构复杂的对象。"晶格"变形器可以利用环绕在可变形对象周围的晶格物体，自由改变可变形对象的形状。

"晶格"变形器依靠晶格物体来影响可变形对象的形状。晶格物体是由晶格点构建的线框结构物体。可以采用直接移动、旋转、缩放晶格物体或调整晶格点位置的方法创建晶格变形效果。

一个完整的晶格物体由"基本晶格"和"影响晶格"两部分构成。在编辑晶格变形效果时，其实就是对"影响晶格"进行编辑操作，晶格变形效果是基于"基础晶格"的晶格点和"影响晶格"的晶格点之间存在的差别而创建的。在默认状态下，"基础晶格"被隐藏，这样可以方便对"影响晶格"进行编辑操作。但是变形效果始终取决于"影响晶格"和"基础晶格"之间的关系。

执行"创建变形器>晶格■"命令，弹出"晶格选项"对话框，该对话框分为"基本"和"高级"两个选项卡，如图 9-39 所示。

图 9-39

晶格选项的参数说明如下。

➤ 分段：在晶格的局部 STU 空间中指定晶格的结构（STU 空间是为指定晶格结构提供的特定坐标系统）。

➤ 局部模式：当勾选"使用局部模式"选项时，可以通过设置"局部分段"数值来指定每个晶格点能影响靠近其自身的可变形对象上的点的范围；当关闭该选项时，每个晶格点将影响全部可变形对象上的点。

➤ 局部分段：在"局部模式"中勾选"使用局部模式"选项时，该选项才起作用。"局部分段"可以根据晶格的局部 STU 空间指定每个晶格点的局部影响力。

➤ 位置：指定创建晶格物体将要放置的位置。

➤ 分组：指定是否将影响晶格和基础晶格放置到一个组中，编组后的两个晶格物体可以同时进行移动、旋转或缩放等变换操作。

➤ 建立父子关系：指定在创建晶格变形后是否将影响晶格和基础晶格作为旋转可变形对象的子物体，从而在可变形对象和晶格物体之间建立父子连接关系。

➤ 冻结模式：指定是否冻结晶格变形映射，当勾选该选项时，在影响晶格内的可变形对象组分元素将被冻结，即不能对其进行移动、旋转或缩放等变换操作。

➤ 外部晶格：指定晶格变形时可变形对象上点的影响范围，共有 3 个选项。

如果设置该选项为"仅在晶格内部时变换"，则只有在基础晶格之内的可变形对象点才能被变形，这是默认选项；如果设置该选项为"变换所有点"，则所有目标可变形对象上（包括在晶格内部和外部）的点，都被晶格物体变形；如果设置该选项为"在衰减范围内则变换"，则只有在基础晶格和指定衰减距离之内的可变形对象点，才能被晶格物体变形。

➤ 衰减距离：只有在"外部晶格"中选择了"在衰减范围内则变换"选项时，该选项才起作用。该选项用于指定从基础晶格到哪些点的距离能被晶格物体变形，衰减距离的单位是实际测量的晶格宽度。

9.5.3 包裹

"包裹"变形器可以使用 NURBS 曲线、NURBS 曲面或多边形表面网格作为影响物体来改变可变形对象的形状。在制作动画时，经常会采用一个低精度模型通过"包裹"变形的方法来影响高精度模型的形状，这样可以使高精度模型的控制更加容易。

执行"创建变形器>包裹■"命令，弹出"创建包裹选项"对话框，如图9-40所示，创建包裹选项的参数说明如下。

图 40

➤ 独占式绑定：勾选该选项，"包裹"变形器目标曲面行为将类似于刚性绑定蒙皮，"包裹"变形器目标曲面上的每个曲面点只受单个包裹影响对象点的影响。

➤ 自动权重阈值：勾选该选项，"包裹"变形器将通过计算最小"最大距离"值，自动设定包裹影响对象形状的最佳权重，从而确保网格上的每个点受一个影响对象的影响。

➤ 权重阈值：设定包裹影响物体的权重。根据包裹影响物体的点密度，改变该参数可以调整整个变形对象的平滑效果。

➤ 使用最大距离：如果要设定"最大距离"值并限制影响区域，就需要启用"使用最大距离"选项。

➤ 最大距离：设定包裹影响物体上每个点所能影响的最大距离，在该距离范围以外的顶点或CV点将不受包裹变形效果的影响。

➤ 渲染影响对象：设定是否渲染包裹影响对象。如果勾选该选项，包裹影响对象将在渲染场景时可见，如果关闭该选项，包裹影响对象将不可见。

➤ 衰减模式：包含了2个模式选项。

如果设置该选项为"体积"，则将"包裹"变形器设定为使用直接距离来计算包裹影响对象的权重；如果设置该选项为"表面"，则将"包裹"变形器设定为使用基于画面的距离来计算权重。

9.5.4 簇

使用"簇"变形器可以同时控制一组可变形对象上的点，这些点可以是NURBS曲线或曲面的控制点、多边形曲面的顶点、细分曲面的顶点和晶格物体的晶格点。用户可以根据需要为组中的每个点分配不同的变形权重，只要对"簇"变形器手柄进行变换（移动、旋转、缩放）操作，就可以使用不同影响力变形"族"有效作用区域内的可变形对象。

"簇"变形器会创建一个变形点组，该组中包含可变形对象上选择的多个可变形物体点，可以为组中的每个点分配变形权重的百分比，这个权重百分比表示"簇"变形在每个点上变形影响力的大小。"簇"变形器还提供了一个操作手柄，在视图中显示为C字母图标，当使用"簇"变形器手柄进行变换（移动、旋转、缩放）操作时，组中的点将根据设置不同权重百分比来产生不同程度的变换效果。

执行"创建变形器>簇■"命令，弹出"簇选项"对话框，该对话框分为"基本"和"高级"两个选项卡，如图9-41所示。

图9-41

簇选项的参数说明如下。

➤ 模式：指定是否只有当"簇"变形器手柄自身进行变换操作时，该变形器才能对可变形对象产生影响。

➤ 相对：如果勾选该选项，只有当"簇"变形器手柄自身进行变换操作时，才能引起变形对象产生变形效果；当关闭该选项时，如果对"簇"变形器手柄的上一层级对象进行变换操作，也能引起可变形对象产生变形效果。

➤ 封套：设置该变形器的比例系数。如果设置为 0，将不会产生变形效果；如果设置为0.5，将产生全部变形效果的一半；如果设置为 1，会得到完全的变形效果。

提示 Maya 中顶点和控制点是无法成为父子关系的，但可以为顶点或控制点创建簇，间接实现其父子关系。

9.5.5 非线性

执行"创建变形器>非线性▣"命令，可以看到"非线性"变形器菜单包含 6 个子命令，分别是"弯曲""扩张""正弦""挤压""扭曲"和"波浪"，如图 9-42 所示。非线性命令的说明如下。

图 9-42

➤ 弯曲：使用该变形器可以沿着圆弧变形操纵器弯曲可变形对象。

➤ 扩张：使用该变形器可以沿着两个变形操纵平面来扩张或锥化可变形对象。

➤ 正弦：使用该变形器可以沿着一个正弦波形改变任何可变形对象的形状。

➤ 挤压：使用该变形器可以沿着一个轴向挤压或伸展任何可变形的对象。

➤ 扭曲：使用该变形器可以利用两个旋转平面围绕一个轴向扭曲可变形对象。

➤ 波浪：使用该变形器可以通过一个圆形波浪变形操纵器改变可变形对象的形状。

9.5.6 抖动变形器

在可变形对象上创建"抖动变形器"后，当对象移动、加速或减速时，会在可变形对象表面产生抖动效果。"抖动变形器"适合用于表现头发在运动中抖动、相扑运动员腹部脂肪在运动中的颤抖、昆虫触须的摆动等效果。用户可以将"抖动变形器"应用到整个可变形对象上或者对象局部特定的一些点上。

执行"创建变形器>抖动变形器▣"命令，弹出"创建抖动变形器选项"对话框，该对话框分为"基本"和"高级"两个选项卡，如图 9-43 所示。

图 9-43

创建抖动变形器选项的参数说明如下。

> 刚度：设定抖动变形的刚度。值越大，抖动动作越僵硬。

> 阻尼：设定抖动变形的阻尼值，可以控制抖动变形的程度。值越大，抖动程度越小。

> 权重：设定抖动变形的权重。值越大，抖动程度越大。

> 仅在对象停止时抖动：勾选该选项，只在对象停止运动时才开始抖动变形。

> 忽略变换：在抖动变形时，忽略对象的位置变换。

自测 4   创建抖动效果
源文件：人邮教育\源文件\第 9 章\9-5-6.mb
视　频：人邮教育\视频\第 9 章\9-5-6.swf

STEP 1 执行"文件>打开场景"命令，打开文件"人邮教育\源文件\第 9 章\素材\9-5-6.mb"，效果如图 9-44 所示。切换到前视图中，使用"绘制选择工具" ，选择相应的点，如图 9-45 所示。

图 9-44

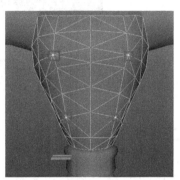

图 9-45

STEP 2 执行"创建变形器>抖动变形器"命令，在"属性编辑器"窗口中设置相关选项，如图 9-46 所示。返回到主视图中，选中模型，如图 9-47 所示。

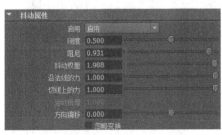

图 9-46

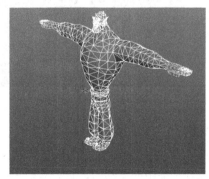

图 9-47

STEP 3 选择"时间滑块"上的第 1 帧，在"通道盒"窗口中的相关属性上单击鼠标右键，在弹出菜单中选择"为选定项设置关键帧"命令，如图 9-48 所示。选择"时间滑块"上的第 20 帧，使用"移动工具"移动模型到相应位置，如图 9-49 所示。

STEP 4 在"通道盒"窗口中的相关属性上单击鼠标右键，在弹出菜单中选择"为选定项设置关键帧"命令，如图 9-50 所示。在"时间滑块"中可以看到刚设置的关键帧，如图 9-51 所示。

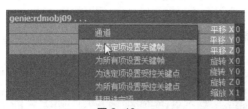

图 9-48

图 9-49

图 9-50

图 9-51

STEP 5 完成该抖动动画的制作，单击"向前播放"按钮▶，可以看到腹部发生抖动变形，效果如图 9-52 所示。

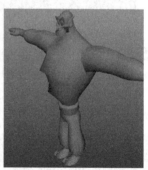

图 9-52

9.5.7 线工具

用"线工具"可以使用一条或多条 NURBS 曲线改变可变形对象的形状。"线工具"就好像是雕刻家手中的雕刻刀，它经常被用于角色模型面部表情的调节。

执行"创建变形器>线工具■"命令，弹出"线工具"的"工具设置"对话框，展开"线设置"卷展栏，可以看到相关参数，如图 9-53 所示。线工具的参数说明如下。

➢ 限制曲线：设定创建的线变形是否带有固定器，使用固定器可限制曲线的变形范围。

图 53

- 封套：设定变形影响系数，其最大值为 1，最小值为 0。
- 交叉效果：控制两条影响线交叉处的变形效果。
- 局部影响：设定两个或多个影响线变形作用的位置。
- 衰减距离：设定每条影响线影响的范围。
- 分组：勾选"将线和基础线分组"选项后，可以群组影响线和基础线。否则，影响线和基础线将独立存在于场景中。
- 变形顺序：设定当前变形在物体的变形顺序中的位置。

> **提示** 　　用于创建线变形的 NURBS 曲线称为"影响线"。在创建线变形后，还有一种曲线，是为每一条影响线所创建的，称为"基础线"。线变形效果取决于影响线和基础线之间的差别。

9.5.8　褶皱工具

执行"创建变形器>褶皱工具▣"命令，弹出"褶皱工具"的"工具设置"对话框，展开"褶皱设置"卷展栏，可以看到相关参数，如图 9-54 所示。

"褶皱工具"是"线工具"和"簇"变形器的结合，使用"褶皱工具"可以在物体表面添加褶皱细节效果，如图 9-55 所示。

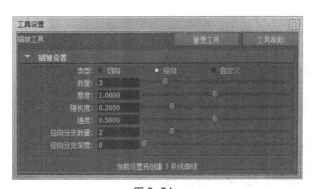

图 9-54

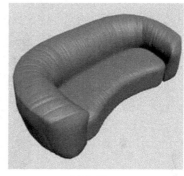

图 9-55

9.6　受驱动关键帧动画

"受驱动关键帧"在 Maya 中是一种特殊的关键帧，利用受驱动关键帧功能，可以将一个对象的属性与另一个对象的属性建立连接关系，通过改变一个对象的属性值来驱动另一个对象属性值发生相应的改变。其中，能主动驱使其他对象属性发生变化的物体称为驱动对象，而受其他对象属性影响的对象称为被驱动对象。

受驱动关键帧与正常关键帧的区别在于，正常关键帧是在不同时间值位置为对象的属性值设置关键帧，通过改变时间值使对象属性值发生变化。而受驱动关键帧是在驱动对象不同的属性值位置为被驱动对象的属性值设置关键帧，通过改变驱动对象的属性值使被驱动对象的属性值发生变化。

正常关键帧与时间相关，驱动关键帧与时间无关。当创建了受驱动关键帧之后，可以在"曲线图编辑器"对话框中查看和编辑受驱动关键帧的动画曲线，这条动画曲线描述了驱动与被驱动对象之间的属性连接关系。

对于正常关键帧，在曲线图表视图中的水平轴向表示时间值，垂直轴向表示对象属性值，如图 9-56 所示。但对于受驱动关键帧，在曲线图表视图中的水平轴向表示驱动对象的属性值，垂直轴向表示被驱动对象的属性值，如图 9-57 所示。

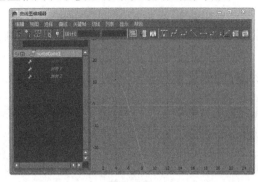 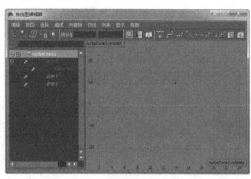

图 9-56   图 9-57

受驱动关键帧功能不只限于一对一的控制方式，可以使用多个驱动对象属性控制同一个被驱动对象属性，也可以使用一个驱动对象属性控制多个被驱动对象属性。

执行"动画>设置受驱动关键帧>设置"命令，弹出"设置受驱动关键帧"对话框，该对话框由菜单栏、驱动列表和功能按钮 3 部分组成，如图 9-58 所示。为对象属性设置受驱动关键帧的工作主要在"设置受驱动关键帧"对话框中完成。

菜单栏 ——

动列表

功能按钮 ——

图 9-58

9.6.1 驱动列表

"驱动者"列表由左、右两个列表框组成。左侧的列表框中显示驱动对象的名称，右侧的列表框中显示驱动对象的可设置关键帧属性。可以从右侧列表框中选择一个属性，该属性将作为设置受驱动关键帧时的驱动属性，如图 9-59 所示。

"受驱动"列表由左、右两个列表框组成。左侧的列表框中显示被驱动对象的名称，右侧的列表框中显示被驱动对象的可设置关键帧属性。可以从右侧列表中选择一个属性，该属性将作为设置受驱动关键帧时的被驱动属性，如图 9-60 所示。

图 9-59   图 9-60

9.6.2 菜单栏

"设置受驱动关键帧"对话框中的菜单栏中包括"加载""选项""关键帧""选择"和"帮助"5 个菜单，各个菜单中的命令如图 9-61 所示。

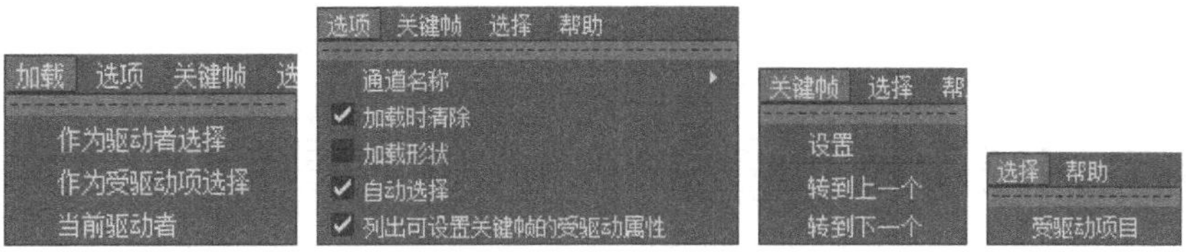

图 9-61

下面简要介绍各菜单中命令的功能。

1. "加载"菜单命令说明

➤ 作为驱动者选择：设置当前选择的对象作为驱动对象被载入"驱动者"列表中。该命令与下面的"加载驱动者"按钮的功能相同。

➤ 作为受驱动项选择：设置当前选择的对象作为受驱动对象被载入"受驱动"列表中。

➤ 当前驱动者：执行该命令，可以从"驱动者"列表中删除当前的驱动对象和属性。

2. "选项"菜单命令说明

➤ 通道名称：设置右侧列表中属性的显示方式，共有"易读""长""短"3 种方式。

➤ 加载时清除：如果勾选该选项，在加载驱动或被驱动对象时，将删除"驱动者"或"受驱动"列表中的当前内容；如果关闭该选项，在加载驱动或被驱动对象时，将添加当前对象到"驱动者"或"受驱动"列表中。

➤ 加载形状：勾选该选项时，只有被加载对象的形状节点属性会出现在"驱动者"或"受驱动"列表窗口右侧的列表中。

➤ 自动选择：当勾选该选项时，如果在"设置受驱动关键帧"对话框中选择一个驱动或驱动对象名称，在场景视图中将自动选择该对象。

➤ 列出可设置关键帧的受驱动属性：当勾选该选项时，只有被载入对象的可设置关键帧属性会出现在"驱动者"列表窗口右侧的列表框中。

3. "关键帧"菜单命令说明

➤ 设置：执行该命令，可以使用当前数值连续选择的驱动与被驱动对象属性。

➤ 转到上/下一个：执行两个命令，可以周期性循环显示当前选择对象的驱动或被驱动属性值。利用这个功能，可以查看对象在每一个驱动关键帧所处的状态。

4. "选择"菜单值包含一个"受驱动项目"命令

在场景视图中选择被驱动对象，这个对象就是在"受驱动"窗口左侧列表框中选择的对象。例如，如果在"受驱动"窗口左侧列表框中选择名称为 nurbsCylinder1 的对象，执行"选择>受驱动项目"命令，可以在场景视图中选择这个名称为 nurbsCylinder1 的被驱动对象。

9.6.3 功能按钮

"设置受驱动关键帧"对话框下方几个功能按钮非常重要，如图 9-62 所示，设置受驱动关键帧动画基本都靠这几个按钮来完成，功能按钮说明如下。

图 9-62

> 关键帧：只有在"驱动者"和"受驱动"窗口右侧列表框中选择了要设置驱动关键帧的对象属性之后，该按钮才可用。

> 加载驱动者：将当前选择的对象作为驱动对象载入"驱动者"列表窗口中。

> 加载受驱动项：将当前选择的对象作为被驱动对象载入"受驱动"列表窗口中。

> 关闭：单击该按钮可以关闭"设置受驱动关键帧"对话框。

9.7 运动路径动画

运动路径动画是 Maya 提供的另一种制作动画的技术手段,运动路径动画可以沿着指定形状的路径曲线平滑地让对象产生运动效果。运动路径动画适用于表现汽车在公路上行驶、飞机在天空中飞行、鱼在水中游动等动画效果。

运动路径动画可以利用一条 NURBS 曲线作为运动路径来控制对象的位置和旋转角度,能被制作成动画的对象类型不仅仅是几何体,也可以利用运动路径来控制摄影灯、灯光、粒子发射器或其他辅助物体沿指定的路径曲线运动。

执行"动画>运动路径"命令,可以看到"运动路径"菜单包含"设置运动路径关键帧""连接到运动路径"和"流动路径对象"3 个子命令,如图 9-63 所示。

图 9-63

9.7.1 设置运动路径关键帧

使用"设置运动路径关键帧"命令可以采用制作关键帧动画的工作流程创建一个运动路径动画。使用这种方法,在创建运动路径动画之前不需要创建作为运动路径的曲线,路径曲线会在设置运动路径关键帧的过程中自动被创建。

自测 5 制作运动路径关键帧动画
源文件：人邮教育\源文件\第 9 章\9-7-1.mb
视　频：人邮教育\视频\第 9 章\9-7-1.swf

STEP 1 执行"文件>打开场景"命令,打开文件"人邮教育\源文件\第 9 章\素材\9-7-1.mb",效果如图 9-64 所示。选择模型,选择"时间滑块"上的第 1 帧,执行"动画>运动路径>设置运动路径关键帧"命令,如图 9-65 所示。

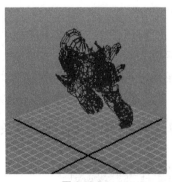

图 9-64

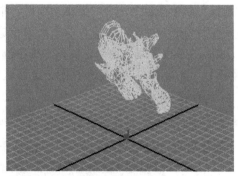

图 9-65

STEP 2 选择"时间滑块"上的第10帧,使用"移动工具",将模型移动到相应的位置,如图 9-66 所示。执行"动画>运动路径>设置运动路径关键帧"命令,可以看到视图会自动创建一条运动路径曲线,如图 9-67 所示。

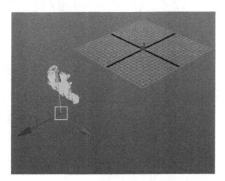

图 9-66

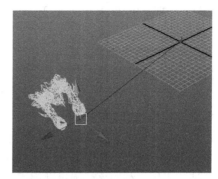

图 9-67

STEP 3 选择"时间滑块"上的第20帧,使用"移动工具",将模型移动到相应的位置,如图 9-68 所示。执行"动画>运动路径>设置运动路径关键帧"命令,可以看到视图中的运动路径曲线,如图 9-69 所示。

图 9-68

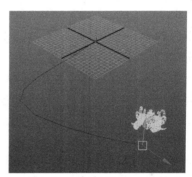

图 9-69

STEP 4 选择曲线,调节曲线形状,可以改变模型运动路径,如图 9-70 所示。单击"向前播放"按钮▶,可以看到模型沿着路径的方向运动,效果如图 9-71 所示。

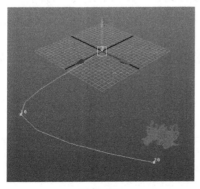

图 9-70

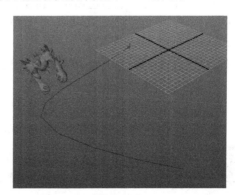

图 9-71

9.7.2 连接到运动路径

使用"连接到运动路径"命令,可以将选定对象连接到当前曲线,当前曲线将成为运动路径。

执行"动画>运动路径>连接到运动路径▢"命令,弹出"连接到运动路径选项"对话框,可以看到相关参数,如图 9-72 所示。连接到运动路径选项的参数说明如下。

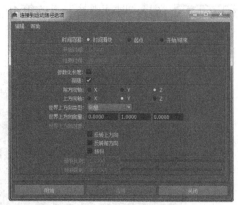

图 9-72

> 时间范围:指定创建运动路径动画的时间范围,共有 3 个选项。

> 开始时间:当选择"起点"或"开始/结束"选项时,该选项才可用,利用该选项可以指定运动路径动画的开始时间。

> 结束时间:当选择"开始/结束"选项时该选项才可用,利用该选项可以指定运动路径动画的结束时间。

> 参数化长度:指定 Maya 用于定位沿曲线移动的对象方法。

> 跟随:当勾选该选项时,在对象沿路径曲线移动时,Maya 不但会计算对象的位置,也将计算对象的运动方向。

> 前方向轴:指定对象哪个局部坐标轴与向前向量对齐,提供了 X、Y 和 Z 三个选项。

> 上方向轴:指定对象哪个局部坐标轴与向上向量对齐,提供了 X、Y 和 Z 三个选项。

> 世界上方向类型:指定上方向向量对方的世界上方向向量类型,共有 5 种类型。

> 世界上方向向量:指定"世界上方向向量"相对于场景的世界空间方向,因为 Maya 默认的世界空间是 Y 轴向上,因此默认值为(0,1,0)。

> 世界向上对象:该选项只有设置"世界上方向类型"为"对象上方向"或"对象旋转上方向"选项时才起作用,可以通过输入对象名称来指定一个世界向上对象,使向上向量总是尽可能尝试对齐对象的原点。

> 反转上方向:当勾选该选项时,"上方向轴"将尝试用向上向量的相反方向对齐它自身。

> 反转前方向:当勾选该选项时,将反转对象沿路径曲线向前运动的方向。

> 倾斜:当勾选该选项时,使对象沿路径曲线运动时,在曲线弯曲位置会朝向曲线曲率中心倾倒。

> 倾斜比例:设置对象的倾斜程度,较大的数值会使对象倾斜效果更加明显。如果输入一个负值,对象将会向外侧倾斜。

> 倾斜限制:限制对象的倾斜角度。如果增大该值,物体可能在曲线曲率大的地方产生过度的倾斜,利用该选项能将倾斜效果限制在一个指定的范围之内。

自测 6　**制作连接到运动路径动画**

源文件:人邮教育\源文件\第 9 章\9-7-2.mb

视　频:人邮教育\视频\第 9 章\9-7-2.swf

STEP 1　执行"文件>打开场景"命令,打开文件"人邮教育\源文件\第 9 章\素材\9-7-2.mb",效果如图 9-73 所示。使用"曲线工具",在视图中创建一条 NURBS 曲线,如图 9-74 所示。

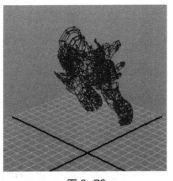
图 9-73

图 9-74

STEP 2 选中模型，按住 Shift 键加选曲线，如图 9-75 所示。执行"动画>运动路径>连接到运动路径"命令，效果如图 9-76 所示。

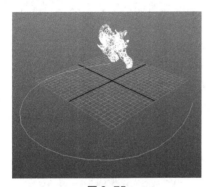
图 9-75

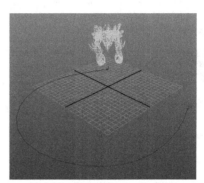
图 9-76

提示　模型在曲线上运动时，在曲线的两端会出现带有数字的两个运动路径标记，这些标记表示模型在开始和结束的运动时间。

STEP 3 单击"向前播放"按钮▶，可以看到模型沿着曲线运动，效果如图 9-77 所示。

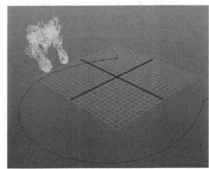
图 9-77

9.7.3　流动路径对象

使用"流动路径对象"命令，可以沿着当前运动路径或当前对象周围创建"晶格"变形器，使对象沿路径曲线运动的同时也能跟随路径曲线曲率的变化改变自身形状，创建出一种流畅的运动路径动画效果。

执行"动画>运动路径>流动路径对象▣"命令,弹出"流动路径对象选项"对话框,可以看到相关参数,如图 9-78 所示,流动路径对象的选项参数说明如下。

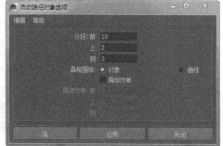

图 9-78

> 分段:代表将创建的晶格部分数。"前""上"和"侧"与创建路径动画时指定的轴相对应。

> 晶格围绕:指定创建晶格物体的位置,提供了"对象"和"曲线"2 个选项。

> 局部效果:当围绕路径曲线创建晶格时,该选项将非常有用。如果创建了一个很大的晶格,多数情况下,可能不希望在对象靠近晶格一端时仍然被另一端的晶格点影响。

> 局部效果:利用"前""上"和"侧"3 个属性数值输入框,可以设置晶格能够影响对象的有效范围。

自测
7

制作穿越动画
源文件:人邮教育\源文件\第 9 章\9-7-3.mb
视 频:人邮教育\视频\第 9 章\9-7-3.swf

STEP 1 执行"文件>打开场景"命令,打开文件"人邮教育\源文件\第 9 章\素材\9-7-3.mb",效果如图 9-79 所示。选中模型,按住 Shift 键加选曲线,如图 9-80 所示。

图 9-79

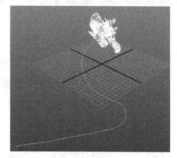

图 9-80

STEP 2 执行"动画>运动路径>连接到运动路径▣"命令,弹出"连接到运动路径选项"对话框,设置相关选项,如图 9-81 所示。选择模型,执行"动画>运动路径>流动路径对象▣"命令,在弹出的"流动路径对象选项"对话框中设置相关选项,如图 9-82 所示。

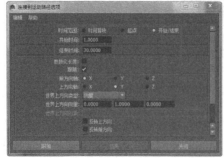

图 9-81

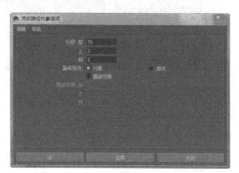

图 9-82

STEP 3 切换到摄影机视图，播放动画，可以看到模型沿着运动路径曲线慢慢穿过摄影机视图之外，如图 9-83 所示。

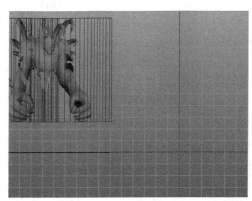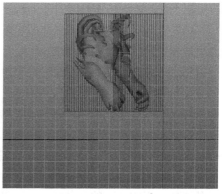

图 9-83

该动画制作方式，很适合用在影视中的字幕文字动画中，便于创造出想要的文字效果。

提示

9.8　约束

"约束"也是角色动画制作中经常使用到的功能，它在角色装配中起到非常重要的作用。使用约束能以一个对象的变换设置来驱动其他对象的位置、方向和比例。根据使用约束类型的不同，得到的约束效果也各不相同。

处于约束关系下的对象，它们之间都是控制与被控制、驱动关系与被驱动的关系，通常把受其他对象控制或驱动的物体称为"被约束物体"，而用来控制或驱动被约束对象的物体称为"目标物体"。

创建约束的过程非常简单，先选择目标物体，再选择被约束物体，然后从"约束"菜单中选择想要执行的约束命令即可。

一些约束锁定了被约束物体的某些属性通道。例如，"目标"约束会锁定了被约束物体的方向通道（旋转 X/Y/Z），被约束锁定的属性通道数值输入框将在"通道盒"或"属性编辑器"窗口中显示为浅蓝色标记。

为了满足动画制作的需要，Maya 提供了常用的几种约束，分别是"点"约束、"目标"约束、"方向"约束、"缩放"约束、"父对象"约束、"几何体"约束、"法线"约束、"切线"约束和"极向量"约束等，如图 9-84 所示。

图 9-84

9.8.1　点

使用"点"约束可以让一个对象跟随另一个对象的位置移动，或使一个对象跟随多个对象的平均位置移动。如果想让一个对象匹配其他对象的运动，使用"点"约束是最有效的方法。

执行"约束>点▣"命令，弹出"点约束选项"对话框，如图9-85所示，点约束选项的参数说明如下。

> 保持偏移：当勾选该选项时，创建"点"约束后，目标对象和被约束对象的相对位置将保持在创建约束之前的状态，即可以保持约束对象之间的空间关系不变。

> 偏移：设置被约束对象相对于目标对象的位置坐标数值。

> 动画层：选择要向其中添加"点"约束的动画层。

图 9-85

> 将层设置为覆盖：勾选该选项时，在"动画层"下拉列表中选择的层会将约束添加到动画层时自动设定为覆盖模式。

> 约束轴：指定约束的具体轴向，既可以单独约束其中的任何轴向，又可以选择"全部"选项来同时约束 X 轴、Y 轴、Z 轴三个轴向。

> 权重：指定被约束物体的位置能被目标物体影响的程度。

9.8.2 目标

使用"目标"约束可以约束一个对象的方向，使被约束对象始终瞄准目标对象。目标约束的典型用法是将灯光或摄影机瞄准约束到一个对象或一组对象上，使灯光或摄影机的旋转方向受对象的位移属性控制，实现跟踪照明或跟踪拍摄效果。在角色装配中，"目标"约束的一种典型用法是建立一个定位器来控制角色眼球的运动。

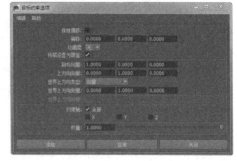

执行"约束>目标▣"命令，弹出"目标约束选项"对话框，如图9-86所示，目标约束选项的参数说明如下。

图 9-86

> 保持偏移：当勾选该选项时，创建"目标"约束后，目标对象和被约束对象的相对位移和旋转将保持在创建约束之前的状态，即可以保持约束对象之间的空间关系和旋转角度不变。

> 偏移：设置被约束对象偏移方向 X、Y、Z 坐标的弧度数值。

> 目标向量：指定"目标向量"相对于被约束对象局部空间的方向，"目标向量"将指向目标点，从而迫使被约束对象确定自身的方向。

> 上方向向量：指定"上方向向量"相对于被约束对象局部空间的方向。

> 世界上方向类型：选择"世界上方向向量"的作用类型，共有 5 个选项。

> 世界上方向向量：指定"世界上方向向量"相对于场景的世界控制方向。

> 世界上方向对象：输入对象名称来指定一个"世界上方向对象"，在创建"目标"约束时，使用"上方向向量"来瞄准该对象的原点。

> 约束轴：指定约束的具体轴向，既可以单独约束 X 轴、Y 轴、Z 轴其中的任何轴向，又可以选择"全部"选项来同时约束 3 个轴向。

> 权重：指定被约束对象的方向能被目标对象影响的程度。

用目标约束控制眼睛的转动

源文件：人邮教育\源文件\第 9 章\9-8-2.mb

视　频：人邮教育\视频\第 9 章\9-8-2.swf

STEP 1 执行"文件>打开场景"命令，打开文件"人邮教育\源文件\第 9 章\素材\9-8-2.mb"，效果如图 9-87 所示。执行"创建>定位器"命令，在场景中创建一个定位器，如图 9-88 所示。

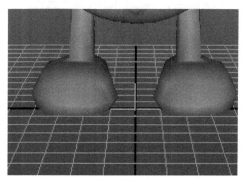

图 9-87　　　　　　　　　　　　　图 9-88

STEP 2 打开"属性编辑器"窗口，将其命名为 left，如图 9-89 所示。选择左眼，按住 Shift 键加选 left 节点，如图 9-90 所示。

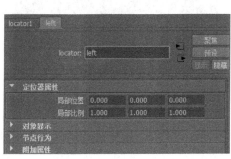

图 9-89　　　　　　　　　　　　　图 9-90

STEP 3 执行"约束>目标"命令，可以看到定位器中心与左眼中心重合，如图 9-91 所示。执行"窗口>大纲视图"命令，打开"大纲视图"窗口，删除所选的节点，如图 9-92 所示。

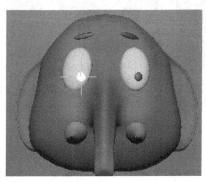

图 9-91　　　　　　　　　　　　　图 9-92

STEP 4 使用相同的操作方法，为右眼创建一个定位器，并命名为 right，如图 9-93 所示。选择两个定位器，按组合键 Ctrl+G，为其创建一个组，并命名为 locator，在"大纲视图"中可以看到组，如图 9-94 所示。

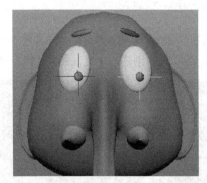

图 9-93

图 9-94

STEP 5 将定位器拖曳到远离眼睛的方向，如图 9-95 所示。分别选中 left 节点和 right 节点，执行"修改>冻结变换"命令，在"通道盒"窗口中可以看到对应的属性值归零处理，如图 9-96 所示。

图 9-95

图 9-96

STEP 6 选择 left 节点，按住 Shift 键加选左眼，如图 9-97 所示。执行"约束>目标□"命令，在弹出的"目标约束选项"对话框中设置相关选项，如图 9-98 所示。

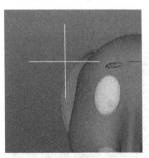

图 9-97

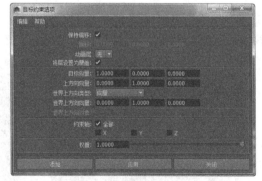

图 9-98

STEP 7 使用"移动工具"，移动 left 节点，可以看到左眼也随之移动，如图 9-99 所示。使用相同的操作方法，为右眼和 right 节点创建"目标"约束，移动 right 节点，右眼也随之移动，效果如图 9-100 所示。

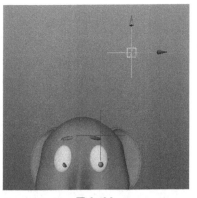

图 9-99

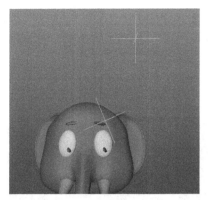

图 9-100

9.8.3 方向

使用"方向"约束可以将每一个对象的方向与另一个或更多其他对象的方向相匹配。该约束对于制作多个物体的同步变换方向非常有用。

执行"约束>方向▢"命令，弹出"方向约束选项"对话框，如图 9-101 所示，方向约束选项的参数说明如下。

图 9-101

> 保持偏移：当勾选该选项时，创建"方向"约束后，被约束对象的相对旋转将保持在创建约束之前的状态，即可以保持约束对象之间的空间关系和旋转角度不变。

> 偏移：设置被约束对象偏移方向 X、Y、Z 坐标的弧度数值。

> 约束轴：指定约束的具体轴向，既可以单独约束 X 轴、Y 轴、Z 轴其中的任何轴向，又可以选择"全部"选项来同时约束 3 个轴向。

> 权重：指定被约束对象的方向能被目标对象影响的程度。

自测 9　　**用方向约束控制模型的旋转**
源文件：人邮教育\源文件\第 9 章\9-8-3.mb
视　频：人邮教育\视频\第 9 章\9-8-3.swf

STEP 1 新建场景，在视图中创建两个圆锥体，如图 9-102 所示。选中两个圆锥体，执行"约束>方向▢"命令，在弹出的"方向约束选项"对话框中设置相关选项，如图 9-103 所示。

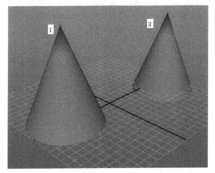

图 9-102

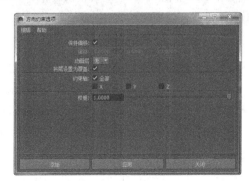

图 9-103

选中圆锥体 2，在"通道盒"窗口中可以看到相关选项被锁定，如图 9-104 所示。使用"旋转工具"，旋转圆锥体 1，可以发现圆锥体 2 随之做相同的旋转，如图 9-105 所示。

图 9-104

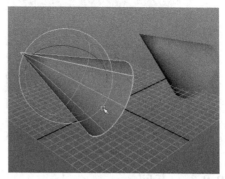

图 9-105

9.8.4 缩放

使用"缩放"约束可以将每一个对象的缩放效果与另一个或更多其他对象的缩放效果相匹配。该约束对于制作多个对象的同步缩放比例非常有用。

执行"约束>缩放■"命令，弹出"缩放约束选项"对话框，如图 9-106 所示，该对话框中的相关设置选项与前面所介绍的对话框中的设置选项相同，此处不再赘述。

9.8.5 父对象

使用"父对象"约束可以将每一个对象的位移和旋转关联到其他对象上，一个被约束对象的运动也能被多个目标对象平均位置约束。当"父对象"约束被应用于一个对象的时候，被约束对象将仍然保持独立，它不会成为目标对象层级或组中的一部分，但是被约束对象的行为看上去好像是目标对象的子对象。

执行"约束>父对象■"命令，弹出"父对象约束选项"对话框，如图 9-107 所示，父约束选项的参数说明如下。

图 9-106

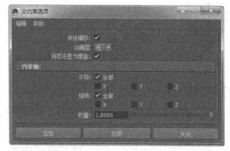

图 9-107

> 平移：设置将要约束位移属性的具体轴向，既可以单独约束 X 轴、Y 轴、Z 轴其中的任何轴向，又可以选择"全部"选项来同时约束 3 个轴向。

> 旋转：设置将要约束旋转属性的具体轴向，既可以单独约束 X 轴、Y 轴、Z 轴其中的任何轴向，又可以选择"全部"选项来同时约束 3 个轴向。

9.8.6 几何体

使用"几何体"约束可以将一个对象限制到 NURBS 曲线、NURBS 曲面或多边形曲面上。

如果想要使被约束对象的自身方向能适应于目标对象表面，也可以在创建"几何体"约束之后再创建一个"正常"约束。

执行"约束>几何体▣"命令，弹出"几何体约束选项"对话框，可以看到相关参数，如图9-108所示。

 提示 "几何体"约束不锁定被约束对象变换、旋转和缩放通道中的任何属性，这表示几何体约束可以很容易地与其他类型的约束同时使用。

9.8.7 法线

使用"法线"约束可以将一个对象的方向，使被约束对象的方向对齐到 NURBS 曲面或多边形曲面的法线向量。当需要一个对象能以自适应方式在形状复杂的表面上移动时，"法线"约束将非常有用。如果没有"法线"约束，制作沿形状复杂的表面移动对象的动画将十分烦琐和费时。

执行"约束>法线▣"命令，弹出"法线约束选项"对话框，可以看到相关参数，如图9-109所示。

图 9-108

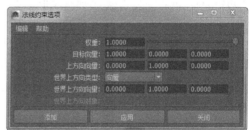
图 9-109

9.8.8 切线

使用"切线"约束可以约束一个对象的方向，使被约束对象移动时的方向总是指向曲线的切线方向。当需要一个对象跟随曲线的方向运动时，"切线"约束将非常有用，例如，可以利用"切线"约束来制作汽车行驶时，轮胎沿着曲线轨迹滚动的效果。

执行"约束>切线▣"命令，弹出"切线约束选项"对话框，可以看到相关参数，如图9-110所示。

9.8.9 极向量

使用"极向量"约束可以让 IK 旋转平面手柄的极向量终点跟随一个对象或多个对象的平均位置移动。在角色装配中，经常使用"极向量"约束将控制角色胳膊或腿部关节链上的 IK 旋转平面手柄的极向量终点约束到一个定位器上，这样做的目的是避免在操作 IK 旋转平面手柄时，由于手柄向量与极向量过于接近或相交所引起关节链意外发生反转的现象。

执行"约束>极向量▣"命令，弹出"极向量约束选项"对话框，可以看到相关参数，如图9-111所示。

图 9-110　　　　　　　　　　　　　　　　　　　　图 9-111

9.9　骨架系统

　　Maya 提供了一套非常优秀的动画控制系统，即骨架。动物的外部形体是由骨架、肌肉和皮肤组成的，从功能上来说，骨架主要起着支撑动物躯体的作用，它本身不能产生运动。动物的运动实际上都是由肌肉来控制的，在肌肉的带动下，筋腱拉动骨架沿着各个关节产生转动或在某些局部发生移动，从而表现出整个形体的运动状态。但在数字空间中，骨架、肌肉和皮肤的功能与现实中是不同的。数字角色的形态只由一个因素来决定，就是角色的三维模型，也就是数字空间中的皮肤。一般情况下，数字角色是没有肌肉的，控制数字角色运动的就是三维软件里提供的骨架系统。所以，通常所说的角色动画，就是制作数字角色骨架的动画，骨架控制着皮肤，或是由骨架控制着肌肉，再由肌肉控制皮肤来实现角色动画。

　　总体来说，在数字空间中只有两个因素最重要，一是模型，它控制着角色的形体；二是骨架，它控制角色的运动。肌肉系统在角色动画中只是为了让角色在运动时，让形体的变形更加符合解剖学原理，也就是使角色动画更加生动。例如，人的骨架和动物的骨架如图 9-112所示。

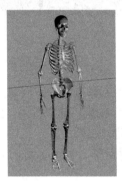

图 9-112

9.9.1　了解骨架结构

　　骨架是由"关节"和"骨"两部分构成的。关节位于骨与骨之间的连接位置，由关节的移动或旋转来带动与其相关的骨的运动，每个关节可以连接一个或多个骨，关节在场景视图中显示为球形线框结构物体，如图 9-113 所示。骨是连接在两个关节之间的物体结构，它能起到传递关节运动的作用，骨在场景视图中显示为棱锥状线框结构对象，如图 9-114 所示。另外，骨也可以指示出关节之间的父子层级关系，位于棱锥尖端位置处的关节为子级。

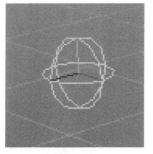
图 9-113

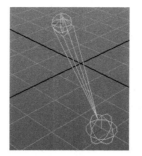
图 9-114

1. 关节链

"关节链"又称为"骨架链"，它是一系列关节和与之相连接的骨的组合。在一条关节链中，所有的关节和骨之间都是呈线性连接的，也就是说，如果从关节链中的第 1 个关节开始绘制一条路径曲线到最后一个关节结束，可以使该关节链中的每个关节都经过这条曲线，如图 9-115 所示。

提示

在创建关节链时，首先创建的关节将成为该关节链中层级最高的关节，称为"父关节"，只要对这个父关节进行移动或旋转操作，就会使整体关节链发生位置或方向上的变化。

2. 肢体链

"肢体链"是多条关节链连接在一起的组合。与关节链不同，肢体链是一种"树状"结构，其中所有的关节和骨之间并不是呈线性方式连接的。也就是说，无法绘制出一条经过肢体链中所有的关节的路径曲线，如图 9-116 所示。

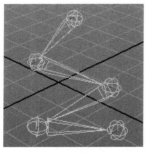
图 9-115

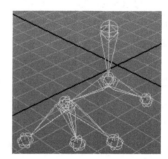
图 9-116

在肢体链中，层级最高的关节称为"根关节"，每个肢体链中只能存在一个根关节，但是可以存在多个父关节。其实，父关节和子关节是相对而言的，在关节链中任意的关节都可以成为父关节或子关节，只要在一个关节的层级之下有其他关节存在，这个位于上一级的关节就是其层级之下关节的父关节，而这个位于层级之下的关节就是其层级之上的关节的子关节。

9.9.2　父子关系

在 Maya 中，可以把父子关系理解成一种控制与被控制的关系。也就是说，把存在控制关系的对象中处于控制地位的对象称为父对象，把被控制的对象称为子对象。父对象和子对象之间的控制关系是单向的，前者可以控制后者，但后者不能控制前者。同时还要注意，一个父对象可以同时控制若干个子对象，但一个子对象不能同时被两个或两个以上的父对象控制。

对于骨架，不能仅仅局限于它的外观上的状态和结构。在本质上，骨架上的关节其实是在定义一个"空间位置"，而骨架就是这一系列空间位置以层级的方式所形成的一种特殊关系，连接关节的骨只有这种关系的外在表现。

9.9.3　创建骨架

在角色动画制作中，创建骨架通常就是创建肢体链的过程，创建骨架都使用"关节工具"来完成。

执行"骨架>关节工具▢"命令，弹出"工具设置"对话框，如图 9-117 所示，关节工具的参数说明如下。

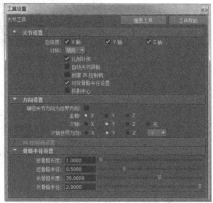

图 9-117

➤ 自由度：指定被创建关节的哪些局部旋转轴向能被自由旋转，共有 X、Y 和 Z 三个选项。

➤ 对称：可以在创建关节时启用或禁用对称。通过选项，可以指定创建对称连接时其具有的轴。

➤ 比例补偿：勾选该选项时，在创建关节链后，当对位于层级上方的关节进行比例缩放操作时，位于其下方的关节和骨架不会自动按比例缩放。

➤ 自动关节限制：当勾选该选项时，被创建关节的一个局部旋转轴向将被限制，使其只能在 180°范围之内旋转。

➤ 创建 IK 控制柄：当勾选该选项时，"IK 控制柄设置"卷展栏下的相关选项才起作用。

➤ 可变骨骼半径设置：勾选该选项时，可以在"骨骼半径设置"卷展栏下设置短/长骨骼的长度和半径。

➤ 投影中心：勾选该选项时，可以控制投影中心。

➤ 确定关节方向为世界方向：勾选该选项后，被创建的所有关节局部旋转轴向将与世界坐标轴向保持一致。

➤ 主轴：设置被创建关节的局部旋转主轴方向。

➤ 次轴：设置被创建关节的局部旋转次轴方向。

➤ 次轴世界方向：为使用"关节工具"创建的所有关节的第 2 个旋转轴设定世界轴（正或负）方向。

➤ 短骨骼长度：设置一个长度数值来确定哪些骨为短骨骼。

➤ 短骨骼半径：设置一个数值作为短骨的半径尺寸，它是骨半径的最小值。

➤ 长骨骼长度：设置一个长度数值来确定哪些骨为长骨骼。

➤ 长骨骼半径：设置一个数值作为长骨的半径尺寸，它是骨半径的最大值。

◤自测 10　**用关节工具创建人体骨架**
源文件：人邮教育\源文件\第 9 章\9-9-3.mb
视　频：人邮教育\视频\第 9 章\9-9-3.swf

STEP 1 新建场景，执行"骨架>关节工具"命令，在视图中单击鼠标左键，创建第一个关节，如图 9-118 所示。在该关节上方单击鼠标左键，创建第 2 个关节，效果如图 9-119 所示。

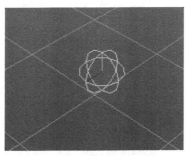

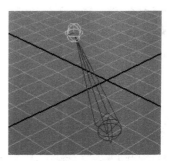

图 9-118   图 9-119

STEP 2 单击鼠标左键，继续创建第 3 个关节点，如图 9-120 所示。按键盘上的向上方向键一次，选择位于当前选择关节上一层级的关节，如图 9-121 所示。

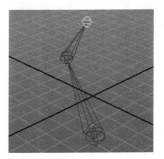

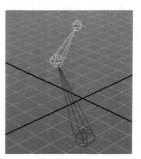

图 9-120   图 9-121

STEP 3 在其右侧位置依次单击两次鼠标左键，创建出第 4 个和第 5 个关节，如图 9-122 所示。使用相同的操作方法，创建出其他的肢体链分支，如图 9-123 所示。

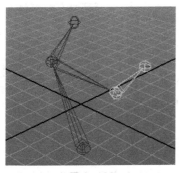

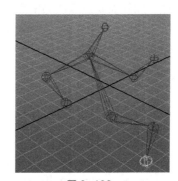

图 9-122   图 9-123

提示　　可以使用相同的方法继续创建出其他位置的肢体链分支，不过这里还有一种方法。可以按 Enter 键结束肢体链的创建。下面将采用添加关节的方法在现有肢体链中创建关节链分支。

STEP 4 执行"骨架>关节工具"命令，在想要添加关节链的现有关节上单击鼠标左键，如图 9-124 所示。依次单击 2 次鼠标左键，创建出第 10 个和第 11 个关节，按 Enter 键结束创建，效果如图 9-125 所示。

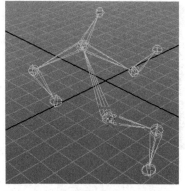

图 9-124

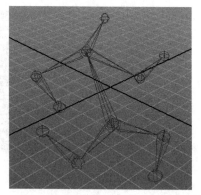

图 9-125

提示

使用这种方法可以在已经创建完成的关节链上随意添加新的分支，并且能在指定的关节位置处对新旧关节链进行自动连接。

9.10　角色蒙皮

所谓"蒙皮"就是"绑定皮肤"，当完成了角色建模、骨架创建和角色装配工作之后，就可以着手对角色模型进行蒙皮操作了。蒙皮就是将角色模型与骨架建立绑定连接关系，使角色模型能够跟随骨架运动产生类似皮肤的变形效果。

蒙皮后的角色模型表面被称为"皮肤"，它可以使用 NURBS 曲面、多边形表面或细分表面。蒙皮后角色模型表面上的点被称为"蒙皮物体点"，它可以是 NURBS 曲面的 CV 控制点、多边形表面顶点、细分表面顶点或晶格点。

经过角色蒙皮操作后，就可以为高精度的模型制作动画了。Maya 提供了 3 种类型的蒙皮方式。执行"蒙皮>绑定蒙皮"命令，可以看到"绑定蒙皮"菜单下的命令，如图 9-126 所示。"平滑绑定""交互式蒙皮绑定"和"刚性绑定"，它们各自具有不同的特性，分别适合应用在不同的场合。

图 9-126

9.10.1　蒙皮前的准备工作

在蒙皮之前，需要充分检查模型和骨架的状态，以保证模型和骨架能最正确地绑在一起，这样在以后的动画制作中才不至于出现异常情况。在检查模型时需要从以下三方面入手。

第一方面，首先要测试的就是角色模型是否适合制作动画，或者说检查角色模型在绑定之后是否能完成预定的动作。模型是否适合制作动画，主要从模型的布线方面进行分析。在动画制作中，凡是角色模型需要弯曲或褶皱的地方都必须要有足够多的线来划分，以供变形处理。在关节位置至少需要 3 条线的划分，这样才能实现基本的弯曲效果。而在关节处划分的线呈扇形分布是最合理的。

第二方面，分析完模型的布线情况后要检查模型是否"干净整洁"。所谓"干净"是指模型上除了必要的历史信息外不含无用的历史信息；所谓"整洁"就是要对模型的各个部分进行精准的命名。

提示 由于变形效果是基于历史信息的，所以在绑定或者用变形器变形前都要清除模型上的无用历史信息，以此来保证变形效果的正确解算。

第三方面，检查骨架系统的设置是否存在问题，各部分骨架是否已经全部正确清晰地进行了命名，这对后面的蒙皮和动画制作有很大的影响，一个不太复杂的任务角色，用于控制其运动的骨架节点也有数十个之多，如果骨架没有清晰的命名而是采用默认的joint1、join2、join3方式，那么在编辑蒙皮时，就要找到对应位置的骨架节点进行命名。骨架节点的名称没有统一的标准，但要求看到名称时就能准确找到骨架节点的位置。

9.10.2　平滑绑定

"平滑绑定"方式能使骨架链中的多个关节共同影响被蒙皮模型表面（皮肤）上同一个蒙皮物体点，提供一种被平滑的关节连接变形效果。从理论上讲，一个被平滑绑定后的模型表面会受到骨架链中所有关节的共同影响，但在对模型进行蒙皮操作之前，可以利用选项参数设置来决定只有最靠近相应模型表面的几个关节才能对蒙皮物体点产生变形影响。

执行"蒙皮>绑定蒙皮>平滑绑定▢"命令，弹出"平滑绑定选项"对话框，可以看到相关参数，如图9-127所示。

图9-127

提示 在默认状态下，平滑绑定权重的分配是按照标准化原则进行的，所谓权重标准化原则就是无论一个蒙皮物体点受几个关节的共同影响，这些关节对该蒙皮物体点影响力（蒙皮权重）的总和始终等于1。

9.10.3　交互式蒙皮绑定

"交互式蒙皮绑定"可以通过一个包裹物体来实时改变绑定的权重分配，这样可以大大减少权重分配的工作量。

执行"蒙皮>绑定蒙皮>交互式蒙皮绑定▢"命令，弹出"交互式蒙皮绑定选项"对话框，可以看到对话框的参数与"平滑绑定选项"对话框中的参数一致，如图9-128所示。

9.10.4　刚性绑定

"刚性绑定"是通过骨架链中的关节去影响被蒙皮模型表面（皮肤）上的蒙皮物体点，提供一种关节连接变形效果。与平滑绑定方式不同，在刚性绑定中，每个蒙皮物体点只能受到一个关节的影响，而在平滑绑定中每个蒙皮物体点能受到多个关节的共同影响。正因如此，刚性绑定在关节位置处产生的变形效果相对比较僵硬，但是刚性绑定比平滑绑定具有更少的数据处理量和更容易的编辑修改方式。另外可以借助变形器对刚性绑定进行辅助控制，使刚性绑定物体表面也能获得平滑的变形效果。

执行"蒙皮>绑定蒙皮>刚性绑定▢"命令，弹出"刚性绑定选项"对话框，可以看到相关参数，如图9-129所示。

图 9-128

图 9-129

自测 11 制作运动路径盘旋动画

源文件：人邮教育\源文件\第 9 章\9-10.mb

视　频：人邮教育\视频\第 9 章\9-10.swf

STEP 1 执行"文件>打开场景"命令，打开文件"人邮教育\源文件\第 9 章\素材\9-10.mb"，效果如图 9-130 所示。执行"创建>多边形基本体>螺旋线"命令，在视图中创建一个螺旋体，如图 9-131 所示。

图 9-130

图 9-131

STEP 2 选择螺旋体，在"属性编辑器"对话框中设置相关选项，如图 9-132 所示。使用"移动工具"，将螺旋体移动到柱子模型上，如图 9-133 所示。

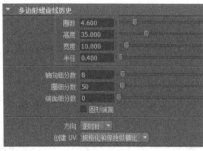

图 9-132

图 9-133

STEP 3 单击鼠标右键，在弹出的菜单中选择"边"命令，进入螺旋体模型的边级别，如图 9-134 所示。在一条横向边上双击鼠标左键，选择一整条边，如图 9-135 所示。

STEP 4 执行"修改>转化>多边形边到曲线"命令，将选中的边转换成曲线，如图 9-136 所示。选择螺旋体模型，按 Delete 键将其删除，效果如图 9-137 所示。

图 9-134

图 9-135

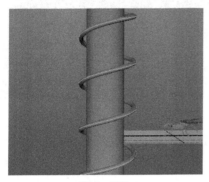

图 9-136

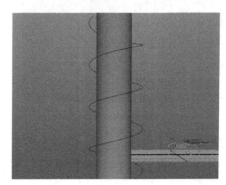

图 9-137

STEP 5 切换到"曲面"模块，选择曲线，执行"编辑曲线>重建曲线▣"命令，在弹出的"重建曲线选项"对话框中设置相关选项，如图 9-138 所示。单击"重建"按钮，并执行"编辑曲线>反转曲线方向"命令，如图 9-139 所示。

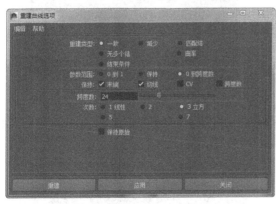

图 9-138

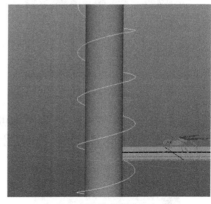

图 9-139

STEP 6 单击鼠标右键，在弹出菜单中选择"控制顶点"命令，如图 9-140 所示。使用"移动工具"，将曲线的结束点进行延长，如图 9-141 所示。

STEP 7 切换到"动画"模块，选择蝴蝶模型，按 Shift 键加选曲线，如图 9-142 所示。执行"动画>运动路径>连接到运动路径▣"命令，在弹出的"连接到运动路径选项"对话框中设置相关选项，如图 9-143 所示。

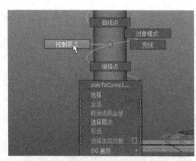

图 9-140

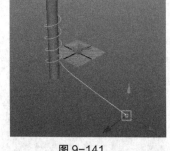

图 9-141

图 9-142

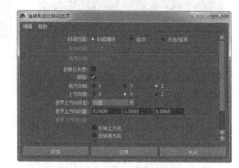

图 9-143

STEP 8 单击"添加"按钮，在视图中可以看到设置的效果，如图 9-144 所示。选择蝴蝶模型，执行"动画>运动路径>流动路径对象□"命令，并在弹出的"流动路径对象选项"对话框中设置相关选项，如图 9-145 所示。

图 9-144

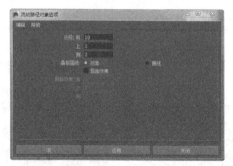

图 9-145

STEP 9 单击"流"按钮，在视图中可以看到设置效果，如图 9-146 所示。选择柱子模型，并在"通道盒"窗口中设置相关选项，如图 9-147 所示。

图 9-146

图 9-147

STEP 10 完成该动画的制作，单击"向前播放"按钮▶，可以看到蝴蝶沿着运动路径曲线围绕柱子盘旋上升，效果如图 9-148 所示。

图 9-148

9.11 本章小结

本章讲解了 Maya 的动画技术，内容非常多，主要包括基础动画和高级动画两大部分，是异常重要的一章。基础动画包括关键帧动画、变形动画和受驱动关键帧动画等；高级动画包含骨架设定和蒙皮技术。当然仅仅阅读本章的内容是无法完全掌握动画技术的，还要对这些重要技术进行强化练习。

9.12 课后测试题

一、选择题

1. 什么绑定是通过骨架链中的关节去影响被蒙皮模型表面（皮肤）上的蒙皮物体点，提供一种关节连接变形效果？（　　）

    A. 平滑绑定　　　　B. 交互式蒙皮绑定　　C. 蒙皮绑定　　　　D. 刚性绑定

2. 对父子关系的描述正确的是哪项？（　　）

    A. 一个父对象可以同时控制若干个子对象，但一个子对象不能同时被两个或两个以上的父对象控制

    B. 一个父对象不能同时控制若干个子对象，但一个子对象能同时被两个或两个以上的父对象控制

    C. 一个父对象不能同时控制若干个子对象，一个子对象也不能同时被两个或两个以上的父对象控制。

    D. 一个父对象可以同时控制若干个子对象，一个子对象也能同时被两个或两个以上的父对象控制。

3. 哪种约束可以约束一个对象的方向，使被约束对象始终瞄准目标对象？（　　）

    A. 方向　　　　　　B. 点　　　　　　　C. 目标　　　　　D. 缩放

二、判断题

1. 在创建关节链时，首先创建的关节将成为该关节链中层级最高的关节，称为"父关节"。（　　）

2. 父关节和子关节是绝对的，都是固定的对象。（　　）

3. 用于创建线变形的 NURBS 曲线称为"影响线"。（　　）

三、简答题

1. 简单描述约束的作用和 Maya 中约束的种类。

2. 介绍运动路径动画的功能。

第 10 章
动力学与流体

PART 10

本章简介

　　本章详细讲解 Maya 的动力学和 Maya 流体的运用。这部分内容比较多，主要包含粒子系统、动力场、柔体、刚体和流体，大家只需要掌握重点内容的运用即可。

本章重点

- 掌握粒子系统的运用
- 掌握场的运用
- 掌握柔体与刚体的运用
- 掌握流体的创建与编辑方法

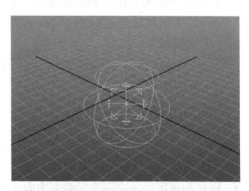

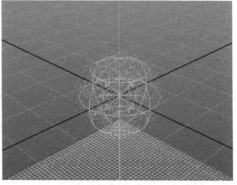

10.1 粒子系统

Maya 作为最优秀的动画制作软件之一，其中一个重要原因就是其令人称道的粒子系统。Maya 的粒子系统相当强大，一方面它允许使用相对较少的输入命令来控制粒子的运动，另外还可以与各种动画工具混合使用，例如与场、关键帧、表达式等结合起来使用，同时 Maya 的粒子系统即使在控制大量粒子时也能进行交互式作业；另一方面，粒子具有速度、颜色和寿命等属性，可以通过控制这些要素来获得理想的粒子效果。

 提示　粒子是 Maya 的一种物理模拟，其运用非常广泛，如火山喷发、夜空中绽放的礼花、秋天漫天飞舞的枫叶等，都可以通过粒子系统来实现。

10.1.1 粒子工具

顾名思义，"粒子工具"就是用来创建粒子的。执行"粒子>粒子工具□"命令，弹出"工具设置"对话框，如图 10-1 所示，粒子工具的参数说明如下。

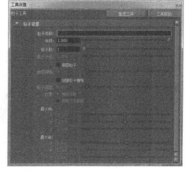

图 10-1

➤ 粒子名称：为即将创建的粒子命名。命名粒子有助于在"大纲视图"窗口中识别粒子。

➤ 保持：该选项会影响粒子的速度和加速度属性，一般情况下都采用默认值 1。

➤ 粒子数：设置要创建的粒子的数量，默认值为 1。

➤ 最大半径：如果设置的"粒子数"大于 1，则可以将粒子随机分布在单击的球形区域中。如要选择球形区域，可以将"最大半径"设定为大于 0 的值。

➤ 草图粒子：勾选该选项后，拖曳光标可以绘制连续的粒子流的草图。

➤ 草图间隔：用于设定粒子之间的像素间距。值为 0 时将提供接近实线的像素；值越大，像素之间的间距也越大。

➤ 创建粒子栅格：创建一系列格子阵列式的粒子。

➤ 粒子间距：当启用"创建粒子栅格"选项时才可用，可以在栅格中设定粒子之间的间距。

➤ 放置：有"使用光标"和"使用文本字段"2 个选项。如果设置该选项为"使用光标"，则使用光标方式创建阵列；如果设置该选项为"使用文本字段"，则使用文本方式创建粒子阵列。

➤ 最小角：设置 3D 粒子栅格中左下角的 X、Y、Z 坐标。

➤ 最大角：设置 3D 粒子栅格中右上角的 X、Y、Z 坐标。

自测 1 | **单击鼠标创建粒子**
源文件：人邮教育\源文件\第 10 章\10-1-1.mb
视　频：人邮教育\视频\第 10 章\10-1-1.swf

STEP 1 新建场景，执行"粒子>粒子工具"命令，在场景视图中任意位置单击鼠标左键，创建粒子，如图 10-2 所示。按 Enter 键结束粒子创建过程，可以看到所创建的粒子效果，如图 10-3 所示。

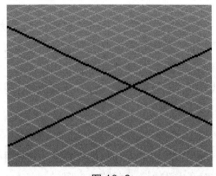

图 10-2

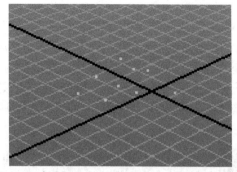

图 10-3

STEP 2 执行"粒子>粒子工具□"命令，弹出"工具设置"对话框，设置如图 10-4 所示。关闭"工具设置"对话框，在视图中任意位置单击鼠标左键，可以看到创建粒子的效果，如图 10-5 所示。

图 10-4

图 10-5

提示

读者可以自行调整粒子数和最大半径这两个数值，观察每次单击鼠标创建出的粒子状态，按 Enter 键结束粒子创建过程，一套粒子对象被创建完毕。目前创建了两套粒子对象，在大纲视图中可以清晰地看到。

10.1.2 创建发射器

"创建发射器"命令可以创建出粒子发射器，同时可以选择发射器的类型。执行"粒子>创建发射器□"命令，弹出"发射器选项（创建）"对话框，如图 10-6 所示。"发射器名称"选项用于设置所创建发射器的名称。命名发射器有助于在"大纲视图"对话框识别发射器。

1. 基本发射器属性

展开"基本发射器属性"卷展栏，如图 10-7 所示，基本发射器属性的参数说明如下。

➤ 发射器类型：设定要创建的发射器的类型，包含"泛向""方向"和"体积"3 种类型。

➤ 速率（粒子数/秒）：设置发射器发射粒子的平均速率，值越大，发射器每秒钟发射的粒子数量就越多。

➤ 对象大小决定的缩放率：只有发射器类型是曲面、曲线或体积时，该选项才可使用。如果勾选该选项，将根据发射粒子的对象体积的大小来调整发射粒子的速率，对象体积越大，发射速率就越大，该属性默认为关闭状态。

图 10-6   图 10-7

- 需要父对象 UV（NURBS）：该选项仅适用于 NURBS 曲面发射器。如果启用该选项，则可以使用父对象 UV 驱动一些其他参数（如颜色或不透明度）的值。
- 循环发射：通过该选项可以重新启动发射的随机编号序列。如果设置该选项为"无（禁用 timeRandom）"，则随机编号生成器不会重新启动；如果设置该选项为"帧（启用 timeRandom）"，则序列会以在下面的"循环间隔"选项中指定的帧数重新启动。
- 循环间隔：定义当使用"循环发射"时重新启动随机编号序列的间隔（帧数）。

2. 距离/方向属性

展开"距离/方向属性"卷展栏，如图 10-8 所示，距离/方向属性的参数说明如下。

- 最大距离：设置发射器执行发射的最大距离。
- 最小距离：设置发射器执行发射的最小距离。

提示

发射器发射出来的粒子将随机分布在"最大距离"和"最小距离"之间。

- 方向 X/Y/Z：设置相对于发射器的位置和方向的发射方向。这 3 个选项仅适用于"方向"发射器和"体积"发射器。
- 扩散：设置发射扩散角度，仅适用于"方向"发射器。该角度定义粒子随机发射的圆锥形区域，可以输入 0～1 之间的任意值。值为 0.5 表示 90°，值为 1 表示 150°。

3. 基础发射速率属性

展开"基础发射速率属性"卷展栏，如图 10-9 所示。基础发射速率属性的参数说明如下。

图 10-8   图 10-9

- 速率：为已发射粒子的初始发射速度设置速度倍增。值为 1 时速度不变，值为 0.5 时速度减半，值为 2 时速度加倍。
- 速率随机：通过"速率随机"属性可以为发射速度添加随机性，而无须使用表达式。
- 切线速率：为曲面和曲线发射设置发射速度的切线分量的大小。
- 法线速率：为曲面和曲线发射设置发射速度的法线分量的大小。

4. 体积发射器属性

展开"体积发射器属性"卷展栏，如图 10-10 所示。该卷展栏下的参数仅适用于"体积"发射器。体积发射器属性的参数说明如下。

- ➤ 体积形状：指定要将粒子发射到的体积形状，包括"立方体""球体""圆柱体""圆锥体"和"圆环"5 种。
- ➤ 体积偏移 X/Y/Z：设置将发射体积从发射器的位置偏移。如果旋转发射器，会同时旋转偏移方向，因为它是在局部空间内操作。
- ➤ 体积扫描：定义除"立方体"外的所有体积的旋转范围，其取值范围为 0°～360°。
- ➤ 截面半径：仅适用于"圆环"体积形状，用于定义圆环的实体部分的厚度（相对于圆环的中心环的半径）。
- ➤ 离开发射体积时消亡：如果启用该选项，则发射的粒子将在离开体积时消亡。

5. 体积速率属性

展开"体积速率属性"卷展栏，如图 10-11 所示。该卷展栏下的参数仅适用于"体积"发射器，体积速率属性的参数说明如下。

图 10-10

图 10-11

- ➤ 远离中心：制定粒子离开"立方体"或"球体"体积中心点的速度。
- ➤ 远离轴：制定粒子离开"圆柱体""圆锥体"或"圆环"体积的中心轴的速度。
- ➤ 沿轴：指定粒子沿所有体积的中心轴移动的速度，中心轴定义为"立方体"和"球体"体积的 Y 正轴。
- ➤ 绕轴：指定粒子绕所有体积的中心轴移动的速度。
- ➤ 随机方向：为粒子的"体积速率属性"方向和初始速度添加不规则性，有点像"扩散"对其他发射器类型的作用。
- ➤ 方向速率：在由所有体积发射器的"方向 X""方向 Y""方向 Z"属性指定的方向上增加速度。
- ➤ 大小决定的缩放速率：如果启用该选项，则当增加体积的大小时，粒子的速度也会相应加快。

自测 2　调节方向发射器的方向
源文件：人邮教育\源文件\第 10 章\10-1-2.mb
视　频：人邮教育\视频\第 10 章\10-1-2.swf

STEP 1 新建场景，执行"粒子>创建发射器"命令，在场景视图中可以看到效果，如图 10-12 所示。选中已创建的粒子发射器，打开"属性编辑器"窗口，设置"发射器类型"为"方向"，如图 10-13 所示。

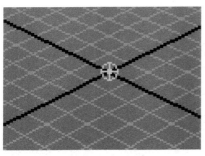

图 10-12

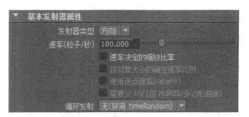

图 10-13

STEP 2 按快捷键 T，开启功能手柄，单击用于显示速率的蓝色实心小方块，可以显示出速率数值，如图 10-14 所示。单击用于切换方向属性的蓝色圆圈，可以切换到方向属性显示，如图 10-15 所示。

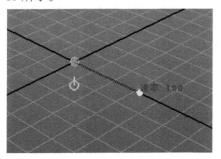

图 10-14

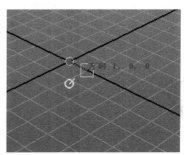

图 10-15

STEP 3 拖动用于调节粒子发射方向的浅蓝色方框，可以快速调节粒子的发射方向，如图 10-16 所示。

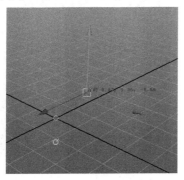

图 10-16

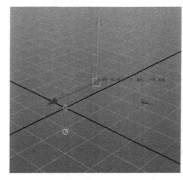

图 10-17

提示

浅蓝色方框与发射器之间的灰色连线就代表粒子的发射方向。

10.1.3 从对象发射

"从对象发射"命令可以指定一个物体作为发射器来发射粒子，这个物体既可以是几何对象，也可以是物体上的点。打开"发射器选项（从对象发射）"对话框，如图 10-18 所示。"从发射器类型"下拉列表中可以观察到，"从对象发射"的发射器共有 4 种，分别是"泛向""方向"表面"和"曲线",如图 10-19 所示。

图 10-18

图 10-19

提示

"发射器选项(从对象发射)"对话框中的参数与"创建发射器(选项)"对话框中的参数相同,这里不再赘述。

自测
3

从对象发射粒子

源文件:人邮教育\源文件\第 10 章\10-1-3.mb

视 频:人邮教育\视频\第 10 章\10-1-3.swf

STEP 1 新建场景,在场景视图中创建相应的物体对象,如图 10-20 所示。选中立方体,执行"粒子>从对象发射"命令,在立方体中心位置出现发射器,如图 10-21 所示。

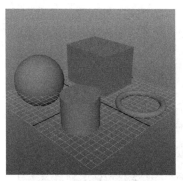
图 10-20

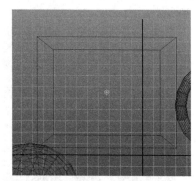
图 10-21

STEP 2 单击动画播放按钮,可以看到动画的效果,如图 10-22 所示。选中球体,执行"粒子>从对象发射□"命令,弹出"发射器选项(从对象发射)"对话框,设置"发射器类型"为"方向",如图 10-23 所示。

提示

默认状态下,发射类型为泛向,会将几何体的所有顶点都作为发生源产生粒子。

STEP 3 关闭"发射器选项"对话框,单击动画播放按钮,可以看到动画的效果,如图 10-24 所示。选中圆柱体,执行"粒子>从对象发射□"命令,弹出"发射器选项(从对象发射)"

对话框，设置"发射器类型"为"表面"，如图 10-25 所示。

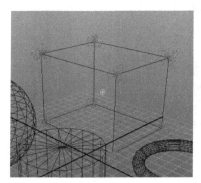

图 10-22

图 10-23

图 10-24

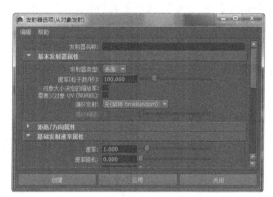

图 10-25

STEP 4 关闭"发射器选项"对话框，单击动画播放按钮，可以看到动画的效果，如图 10-26 所示。选中圆环，执行"粒子>从对象发射□"命令，弹出"发射器选项（从对象发射）"对话框，设置"发射器类型"为"曲线"，如图 10-27 所示。

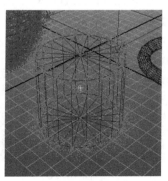

图 10-26

图 10-27

STEP 5 关闭"发射器选项"对话框，单击动画播放按钮，可以看到动画的效果，如图 10-28 所示。为每个物体都设置了粒子发射后，可以看到不同发射器类型的效果，如图 10-29 所示。

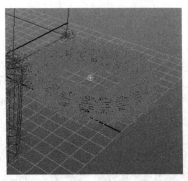
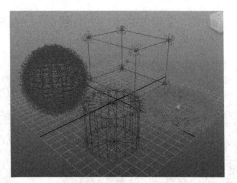

图 10-28   图 10-29

10.1.4 使用选定发射器

执行"粒子>使用选定发射器"命令，可以连接粒子与发射器，使发射器发射所选粒子。该命令可以让多个发射器发射相同的粒子。例如，为粒子设定好了颜色、渲染类型等属性，使用该命令可以使不同的发射器发射相同属性的粒子。如果设定发射器的发射率、发射方向及类型等属性，就可以得到很丰富的效果；也可以利用该命令让同一个发射器同时发射出多种不同类型的粒子，这样就可以创建出更多丰富的特效，如爆炸时会有烟，还有固体碎片等，这样就需要多种粒子从同一个发射器发射。

10.1.5 逐点发射速率

当场景中的粒子是从曲线、曲面或多边形等对象发射粒子，并且粒子发射类型为全方向和方向性时，执行"粒子>逐点发射速率"命令，可以修改发射粒子的每个点的发射速率。

提示

"逐点发射速率"命令只能在点上发射粒子，不能在曲面或曲线上发射粒子。

10.1.6 使碰撞

使粒子与多边形或 NURBS 表面发生碰撞，但是粒子不会穿过表面。执行"粒子>使碰撞"命令，可以模拟出水流倒进杯子中时所发生的一系列碰撞现象，也可以模拟出雨滴落到地面与地面碰撞溅起的水花。由于碰撞，粒子可能会再分裂，产生出新的粒子或者导致粒子死亡，这些效果都可以通过粒子系统来完成。碰撞不仅可以在粒子和粒子之间发生，也可以在粒子和物体之间发生。

执行"粒子>使碰撞▢"命令，弹出"碰撞选项"对话框，如图 10-30 所示，碰撞选项的参数说明如下。

图 10-30

➤ 弹性：设定粒子在碰撞时的弹性大小，该值为 0 时，粒子没有弹性；该值为 1 时，粒子的弹性最大；该值在 0～1 之间时，粒子将以折射的方式穿透表面；该值大于 1 或小于 –1 时，将增加粒子速度。

➤ 摩擦力：设定粒子与表面碰撞时，表面摩擦力的大小，该值为 0 时，碰撞表面的摩擦力为 0；该值为 1 时，碰撞表面的摩擦力最大。如果将弹性设置为 0，摩擦力设置为 1，粒子将不会做任何弹跳运动。

> 偏移：用来创建粒子与对象碰撞时的偏移值。

10.1.7 粒子碰撞事件编辑器

执行"粒子>粒子碰撞事件编辑器"命令，可以弹出"粒子碰撞事件编辑器"对话框，在该编辑器中，可以为 Maya 中的粒子和 n 粒子创建、编辑和删除碰撞事件。该编辑器中的属性可以描述粒子碰撞的细节，如粒子在碰撞后发射新的粒子数量等。

执行"粒子>粒子碰撞事件编辑器"命令，弹出"粒子碰撞事件编辑器"对话框，如图 10-31 所示，粒子碰撞事件编辑器的参数说明如下。

图 10-31

> 对象：在该栏中将会显示场景中所有粒子的名称。
> 事件：该栏中显示在左栏中所选粒子对应的事件名称。
> 更新对象列表：当添加或删除粒子对象和事件时，单击该按钮可以更新列表内容。
> 选定对象：显示所选定的对象名称。
> 选定事件：显示所选定的事件名称。
> 设置事件名称：可以修改所选事件的名称，事件名称显示在事件窗口中，事件名称不能包含空格。
> 新建事件：单击该按钮可以为选定的粒子增加新的碰撞事件。
> 所有碰撞：单击该按钮，创建一个新的碰撞事件。
> 碰撞编号：只有取消勾选所有碰撞选项，该选项才会被激活，在该项的输入框中输入粒子的碰撞序号，将当前事件应用于指定的碰撞。
> 类型：设置事件的类型。如果设置该选项为"发射"，则表示当粒子与物体发生碰撞时，粒子保持原有的运动状态，并且在碰撞之后能够发射新的粒子；如果设置该选项为"分割"，则表示当粒子与物体发生碰撞时，粒子在碰撞的瞬间会分裂成新的粒子。
> 随机粒子数：勾选该选项，每次碰撞时创建出来的目标粒子的数量是随机的。
> 粒子数：该参数值用来设定发生碰撞时，通过一个单一的碰撞事件创建出的目标粒子的数量。
> 扩散：控制从碰撞事件中创建的目标粒子的扩散。
> 目标粒子：为碰撞事件指定目标粒子对象。
> 继承速度：设置事件后产生的新粒子继承碰撞粒子速度的百分比。
> 原始粒子消亡：勾选该选项后，当粒子与物体发生碰撞时会消亡。
> 事件程序：可以用于输入当指定的粒子（拥有事件的粒子）与对象碰撞时将被调用的 MEI 脚本事件程序。

10.1.8 目标

使用"目标"命令为粒子设置一个目标，使粒子跟随某个对象运动。

执行"粒子>目标■"命令，弹出"目标选项"对话框，如图 10-32 所示，目标选项的参数说明如下。

> 目标权重：设定被吸引到目标的后续对象的所有粒子

图 10-32

数量。可以将"目标权重"设定为 0～1 之间的值，当该值为 0 时，说明目标的位置不影响后续粒子；当该值为 1 时，会立即将后续粒子移动到目标对象位置。

➢ 使用变换作为目标：使粒子跟随对象的变换，而不是其粒子、CV、顶点或晶格点。

10.1.9 实例化器（替换）

"实例化器（替换）"功能可以使用物体模型来代替粒子，创建出物体集群，使其继承粒子的动画规律和一些属性，并且可以受到动力场的影响。

执行"粒子>实例化器（替换）▢"命令，弹出"粒子实例化器选项"对话框，如图 10-33 所示，粒子实例化器选项的参数说明如下。

➢ 粒子实例化器名称：设置粒子替换生成的替换节点的名字。

➢ 旋转单位：设置粒子替换旋转时的旋转单位，可以选择"度"或"弧度"，默认为"度"。

➢ 旋转顺序：设置粒子替代后的旋转顺序。

图 10-33

➢ 细节级别：用来设置粒子替换的模型级别，包括"几何体""边界框"和"边界框"3个选项。

➢ 循环：设置该选项为"无"，表示实例化单个对象；设置该选项为"顺序"，表示循环"实例化对象"列表中的对象。

➢ 循环步长单位：如果使用的是对象序列，可以选择是将"帧"数还是"秒"数用于"循环步长"值。

➢ 循环步长：如果使用的是对象序列，可以输入粒子年龄间隔，序列中的下一个对象按该间隔出现。

➢ 实例化对象：当前准备替换的对象列表，排列序号为 0～n。

➢ 添加当前选择：单击该按钮可以为"实例化对象"列表添加选定对象。

➢ 移除项目：从"实例化对象"列表中移出选择的对象。

➢ 上移：向上移动选择的对象序号。

➢ 下移：向下移动选择的对象序号。

➢ 允许所有数据类型：勾选该选项后，可以扩展属性的下拉列表，扩展下拉列表中包括数据类型与选项数据类型不匹配的属性。

➢ 要实例化的粒子对象：选择场景中要被替代的粒子对象。

10.1.10 精灵向导

每一个精灵粒子都是一个矩形平面，可以为其贴上纹理贴图或图像序列，可以快速、方便地渲染出群集动画。

执行"粒子>精灵向导"命令，弹出"精灵向导"对话框，如图 10-34 所示，精灵向导的参数说明如下。

➢ 精灵文件：单击该选项右侧的"浏览"按钮，可以选择要赋予精灵粒子的图片或序列文件。

➢ 基础名称：显示选择的图片或图片序列文件的名称。

图 10-34

提示 注意，必须是先在场景中选择粒子以后，执行"粒子>精灵向导"命令，才能打开"精灵向导"对话框。

10.1.11 连接到时间

执行"粒子>连接到时间"命令，可以将时间与粒子连接起来，使粒子受到时间的影响。当粒子的"当前被时间"与Maya时间脱离时，粒子本身不受Maya力场和时间的影响，只有将粒子的时间与Maya连接起来后，粒子才可以受到力场的影响并产生粒子动画。

10.2 动力场

使用动力场可以模拟出各种物体因受到外力作用而产生的不同特性。在Maya中，动力场并非可见物体，就像物理学中的力一样，看不见，也摸不着，但是可以影响场景中能够看到的物体。在动力学的模拟过程中，并不能通过人为设置关键帧来对物体制作动画，这时力场就可以成为制作动力学对象的动画工具。不同的力场可以创建不同形式的运动，如使用"重力"场或"一致"场可以在一个方向上影响动力学对象。也可以创建"漩涡"场和"径向"场等，就好比对物体施加了各种不同种类的二代力一样，所以可以把场作为外力来使用，如图10-35所示。

图 10-35

10.2.1 空气

"空气"场是由点向外某一方向产生的推动力，可以把受到影响的物体沿着这个方向向外推出，如同被风吹走一样。Maya提供了3种类型的"空气"场，分别是"风""尾迹"和"扇"。

执行"场>空气 □"命令，弹出"空气选项"对话框，如图10-36所示，空气选项的参数说明如下。

➢ 空气场名称：为要创建的空气场设定一个名称。

➢ 风：以默认状态设置空气力场的属性，模拟风的效果。

➢ 尾迹：产生阵风效果。

图 10-36

- 扇：产生风扇吹出的风一样的效果。
- 幅值：设置空气场的强度。所有 10 个动力场都用该参数来控制力场对受到影响物体作用的强弱，该值越大，力的作用越强。

提示　"幅值"选项可以取负值，负值代表相反的方向。对于"牛顿"场，正值代表力场，负值代表斥力场；对于"径向"场，正值代表斥力场，负值代表引力场；对于"阻力"场，正值代表阻碍当前运动，负值代表加速当前运动。

- 衰减：在一般情况下，力的作用会随距离的加大而减弱。
- 方向 X/Y/Z：指定空气流动的方向。
- 速率：设置空气场中的粒子或物体的运动速度。
- 继承速度：控制空气场作为子物体时，力场本身的运动速率给空气带来的影响。
- 继承旋转：控制空气场作为子物体时，空气场本身的旋转给空气带来的影响。
- 仅组件：如果勾选该选项，那么空气力场所施加的力是由方向、速度和继承速度 3 个属性共同决定的，并且力仅用于加快运动的速度。移动速度比空气力场慢的对象将会受到影响，而比空气力场快的对象将继续保持原有速度不变。
- 启用扩散：决定是否应用扩散角度。如果勾选该选项，那么只有通过扩散属性指定区域内的相关联的对象会受到空气力场的影响，空气力场的影响范围是以类似于圆锥形向外成放射状扩散。如果取消勾选该选项，那么在最大距离内的所有相关联对象都将受到空气力场的影响，该运动在方向上是统一的。
- 扩散：当勾选启用扩散选项时，空气力场的影响范围以圆锥形向外成放射状扩散。
- 使用最大距离：勾选该选项后，可以激活下面的"最大距离"选项。
- 最大距离：设置空气力场影响范围的最大距离。
- 体积形状：用于设置体积的形状，包括"无""立方体""球体""圆柱体""圆锥体"和"圆环体" 6 种类型。
- 体积排除：勾选该选项后，体积定义空间中场对粒子或刚体没有任何影响的区域。
- 体积偏移 X/Y/Z：设置体积偏移力场的距离。体积偏移是在局部坐标空间中工作的，因此在旋转场时，所设定的体积偏移也将随之旋转。

提示　注意，偏移体积仅更改体积的位置（因此，也会更改场影响的粒子），不会更改用于计算场力、衰减等的实际场位置。

- 体积扫描：定义除立方体、曲线体积形状之外的所有体积形状的旋转范围，该值的范围为 0°～360°。
- 截面半径：设定圆环体、曲线体积形状的截面半径，通过对场的缩放可改变该半径的大小。

自测
4
创建空气场
源文件：人邮教育\源文件\第 10 章\10-2-1.mb
视　频：人邮教育\视频\第 10 章\10-2-1.swf

STEP 1　新建场景，执行"粒子>粒子工具"命令，在场景视图中创建粒子流，如图 10-37

所示。按 Enter 键，结束粒子流的创建，可以看到所创建的粒子流效果，如图 10-38 所示。

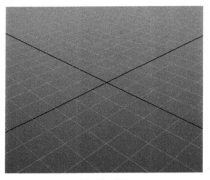

图 10-37

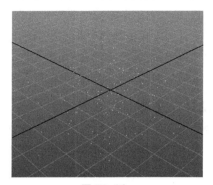

图 10-38

STEP 2 执行"场>空气"命令，为粒子流创建空气场，如图 10-39 所示。单击动画播放按钮，可以看到动画的效果，如图 10-40 所示。

图 10-39

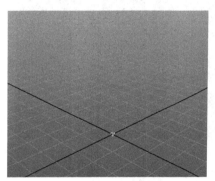

图 10-40

10.2.2　阻力

物体在穿越不同密度的介质时，由于阻力的改变，物体的运动速率也会发生变化。"阻力"场可以用来给运动中的动力学对象添加一个阻力，从而改变物体的运动速度。

执行"场>阻力▣"命令，弹出"阻力选项"对话框，如图 10-41 所示，阻力选项的参数说明如下。

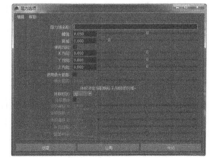

图 10-41

➢ 阻力场名称：设置阻力场名字。

➢ 幅值：设置阻力场的强度。

➢ 衰减：当阻力场远离物体时，阻力场的强度就越小。

➢ 使用方向：设置阻力场的方向。

➢ X/Y/Z 方向：沿 X 轴、Y 轴和 Z 轴设定阻力的影响方向。必须启用"使用方向"选项后，这 3 个选项才可用。

提示

　　"阻力选项"对话框中的其他参数在前面的"空气选项"对话框中已经介绍过，这里不再赘述。

10.2.3 重力

"重力"场主要用来模拟物体受到万有引力作用而向某一方向进行加速运动的状态。使用默认参数值，可以模拟物体受地心引力的作用而产生自由落体的运动效果。

执行"场>重力▣"命令，弹出"重力选项"对话框，如图10-42所示，"重力选项"对话框中的选项与前面介绍的"阻力选项"对话框中的选项相似。

10.2.4 牛顿

"牛顿"场可以用来模拟物体在相互作用的引力和斥力下的作用，相互接近的物体间会产生引力和斥力，其值的大小取决于物体的质量。

执行"场>牛顿▣"命令，弹出"牛顿选项"对话框，如图10-43所示。"牛顿选项"对话框中的选项与前面介绍的"阻力选项"对话框中的选项相似。

图 10-42

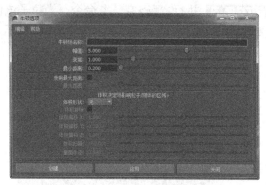

图 10-43

10.2.5 径向

"径向"场可以将周围各个方向的物体向外输出。"径向"场可以用于控制爆炸等由中心向外辐射散发的各种现象，同样将"幅值"选项设置为负值时，也可以用来模拟把四周散开的物体聚集起来的效果。

执行"场>径向▣"命令，弹出"径向选项"对话框，如图10-44所示。"径向选项"对话框中的选项与前面介绍的"阻力选项"对话框中的选项相似。

10.2.6 湍流

"湍流"场是经常用到的一种动力场，使用"湍流"场可以使范围内的物体产生随机运动效果，常常应用在粒子、柔体和刚体中。

执行"场>湍流▣"命令，弹出"湍流选项"对话框，如图10-45所示，湍流选项的参数说明如下。

➤ 频率：该值越大，物体无规则运动的频率就越高。

➤ 相位X/Y/Z：设定湍流场的相位移，这决定了中断的方向。

➤ 噪波级别：值越大，湍流越不规则。"噪波级别"属性指定了要在噪波表中执行的额外查找的数量，值为0时表示仅执行一次查找。

➤ 噪波比：指定了连续查找的权重，权重得到累积。例如，如果将"噪波比"设定为0.5，则连续查找的权重为（0.5，0.25），以此类推；如果将"噪波级别"设定为0，则"噪波比"不起作用。

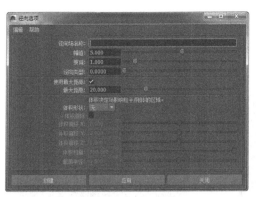

图 10-44

图 10-45

自测 5	创建湍流场
	源文件：人邮教育\源文件\第 10 章\10-2-6.mb
	视　频：人邮教育\视频\第 10 章\10-2-6.swf

STEP 1 新建场景，执行"粒子>粒子工具"命令，在场景视图中创建粒子流，如图 10-46 所示。按 Enter 键，结束粒子流的创建，可以看到所创建的粒子流效果，如图 10-47 所示。

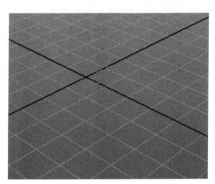

图 10-46

图 10-47

STEP 2 选中粒子，执行"场>湍流"命令，为粒子添加湍流场，如图 10-48 所示。单击动画播放按钮，可以看到动画的效果，如图 10-49 所示。

图 10-48

图 10-49

STEP 3 在通道盒窗口中对相关选项进行设置，如图 10-50 所示。单击播放按钮，可以看到动画的效果，如图 10-51 所示。

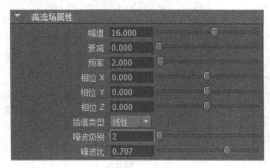

图 10-50　　　　　　　　　　图 10-51

10.2.7　一致

　　"一致"场可以将所有受到影响的物体向同一个方向移动，靠近均匀中心的物体将受到更大程度的影响。

　　执行"场>一致▢"命令，弹出"一致选项"对话框，如图 10-52 所示。"一致选项"对话框中的选项与前面介绍的"阻力选项"对话框中的选项相似。

提示

对于单一的物体，一致场所起的作用与重力场类似，都是向某一个方向对物体进行加速运动。重力场、空气场和一致场的一个重要区别是：重力场和空气场是处于同一个重力场的运动状态下的，且与物体的质量无关，而处于同一个空气场和一致场中的物体的运动状态受到本身质量大小的影响，质量越大，位移、速度变化就越慢。

10.2.8　漩涡

　　受到"漩涡"场影响的物体将以漩涡的中心围绕指定的轴进行旋转，利用"漩涡"场可以很轻易地实现各种漩涡状的效果。

　　执行"场>漩涡▢"命令，弹出"漩涡选项"对话框，如图 10-53 所示。"漩涡选项"对话框中的选项与前面介绍的"阻力选项"对话框中的选项相似。

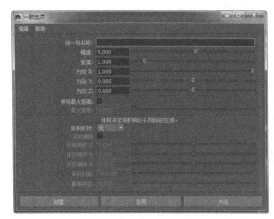

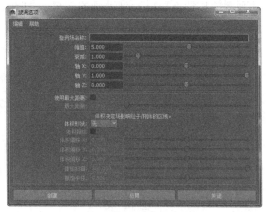

图 10-52　　　　　　　　　　图 10-53

10.2.9 体积轴

在体积轴场中可按照不同方向移动对象，对象的运动与体积轴相关。通过体积轴场可以创建类似粒子流绕过障碍物、太阳耀斑、蘑菇云、爆炸、龙卷风及火箭发射等效果。

执行"场>体积轴□"命令，弹出"体积轴选项"对话框，如图 10-54 所示，体积轴选项的参数说明如下。

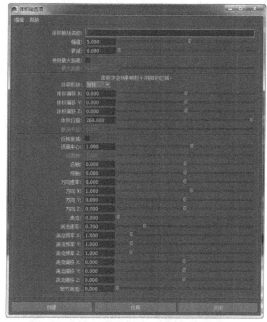

图 10-54

- ➢ 反转衰减：勾选该选项，并且同时将衰减参数设置为一个大于 0 的值时，那么体积轴的力度在体积边缘处是最强的，到中心处将逐渐减小为 0；如果取消勾选该选项，那么体积轴的力度在体积中心处是最强的。

- ➢ 远离中心：设定粒子从立方体或球体中心离开时的速度，通过应用该属性可创建爆炸的效果。

- ➢ 远离轴：设定粒子从圆柱体、圆锥体或圆环体的中心轴离开的速度。

- ➢ 沿轴：指定粒子沿所有体积中心轴运动的速度。

- ➢ 绕轴：指定粒子环绕所有体积中心轴运动的速度，当与圆柱体体积形状结合使用时，通过该属性可创建涡流气体的效果。

- ➢ 方向速率：设定在 X/Y/Z 方向属性所指方向上的速度。

- ➢ 方向 X/Y/Z：在该属性所指定的方向上移动粒子。

- ➢ 湍流：即湍流的强度，用来模拟扰乱风场。

- ➢ 湍流速率：指定湍流随时间更改的速度。湍流每 1 秒进行一次无缝循环。

- ➢ 湍流频率 X/Y/Z：控制适用于发射器边界体积内部的湍流函数的重复次数，低值会创建非常平滑的湍流。

- ➢ 湍流偏移 X/Y/Z：使用该选项可以在体积内平移湍流，为其设置动画可以模拟吹动的湍流风。

- ➢ 细节湍流：设置第 2 个更高频率湍流的相对强度，第 2 个湍流的速度和频率均高于第 1 个湍流。当"细节湍流"不为 0 时，模拟运行可能有点慢，因为要计算第 2 个湍流。

制作体积轴场效果

源文件：人邮教育\源文件\第 10 章\10-2-9.mb

视　频：人邮教育\视频\第 10 章\10-2-9.swf

STEP 1 新建场景，执行"粒子>粒子工具"命令，在视图中连续单击鼠标左键，创建出多个粒子，如图 10-55 所示。选中所有粒子，执行"粒子>体积轴□"命令，弹出"体积轴选项"对话框，设置如图 10-56 所示。

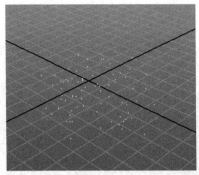
图 10-55

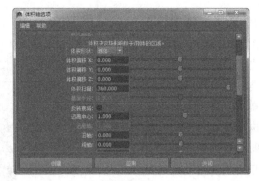
图 10-56

STEP 2 完成设置后，单击"创建"按钮，可以看到动画的效果，如图 10-57 所示。在"属性编辑器"窗口中选择 volume AxisField1 体积轴场，如图 10-58 所示。

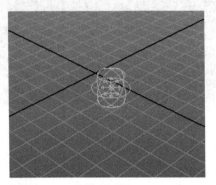
图 10-57

图 10-58

STEP 3 使用"缩放工具"将其放大一些，可以看到体积轴场的效果，如图 10-59 所示。单击动画播放按钮，可以看到体积轴场中的粒子动画效果，如图 10-60 所示。

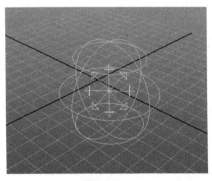
图 10-59

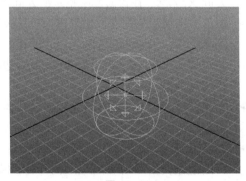
图 10-60

10.2.10 体积曲线

"体积曲线"场可以沿曲线的各个方向移动对象，以及定义绕该曲线的半径，在该半径范围内轴场处于活动状态。

10.2.11 将选定对象作为场源

执行"场>将选定对象作为场源"命令，该命令的作用是设定场源，这样可以让力场从所选物体处于开始产生作用，并将力场设定为所选物体的子物体。

如果选择物体后再创建一个场，物体会受到场的影响，但是物体与场之间并不存在父子关系。在执行"将选定对象作为场源"命令之后，物体不受力场的影响，必须执行"场>影响选定对象"命令后，物体才会受到场的影响。

10.2.12　影响选定对象

执行"场>影响选定对象"命令，该命令的作用是连接所选物体与所选力场，使物体受到力场的影响。

执行"窗口>关系编辑器>动力学关系"命令，弹出"动力学关系编辑器"对话框，在该对话框中也可以连接所选物体与力场，如图10-61所示。

图10-61

10.3　柔体

柔体是将几何体物体表面的 CV 点或顶点转换成柔体粒子，然后通过对不同部位的粒子给予不同权重值的方法来模拟自然界中的柔软物体，这是一种动力学解算方法。标准粒子和柔体粒子有些不同，一方面柔体粒子互相连接时有一定的几何形状；另一方面，它们又以固定形状而不是以单独的点的方式集合体现在屏幕上和最终渲染中。柔体可以用来模拟有一定几何外形但又不是很稳定且容易变形的物体，如旗帜和波纹等，如图10-62所示。

在 Maya 中，如果要创建柔体，需要切换到"动力学"模块，在"柔体/刚体"菜单中就可以创建柔体，如图10-63所示。

图10-62

图10-63

10.3.1　创建柔体

创建柔体、力场和表达式都可以影响柔体。柔体的产生是在对象表面的顶点或 CV 附着上粒子，当粒子受到场的影响时，会带动顶点或 CV，从而达到变形的效果。可以使用柔体来制作凹凸不平的表面。

执行"柔体/刚体>创建柔体▢"命令，弹出"软性选项"对话框，如图10-64所示，柔体选项的参数说明如下。

0-64

- 创建选项：选择柔体的创建方式，包含"生成柔体""复制，将副本生成柔体"和"复制，将原始生成柔体"3种。
- 复制输入图表：使用任一复制选项创建柔体时，可以复制上游节点。如果原始对象中包含依存关系，希望能够在副本中使用和编辑的依存关系图输入，可以启用该选项。
- 隐藏非柔体对象：在使用"复制，将副本生成柔体"或者"复制，将原始生成柔体"命令时，勾选该选项，可以将非柔体的对象进行隐藏。

提示　　　如果以后需要显示隐藏的非柔体对象，可以在"大纲视图"窗口中选择该对象，执行"显示>显示>显示当前选择"命令。

- 将非柔体作为目标：在使用"复制，将副本生成柔体"或者"复制，将原始生成柔体"命令时，勾选该选项，可以将非柔体对象设置为目标，使柔体跟踪目标或向目标对象移动。

提示　　　如果在关闭"将非柔体作为目标"选项的情况下创建柔体，仍可以为粒子创建目标。选择柔体粒子，按住 Shift 键选择要成为目标的对象，执行"粒子>目标"命令，可以创建出目标对象。

- 权重：只有勾选"设置非柔体为目标"选项时，才能激活权重属性。该属性用来设置柔体被目标对象吸引的程度。数值越大，柔体越接近目标；数值越小，柔体的弯曲变形效果越明显。

提示　　　如果不启用"隐藏非柔体对象"选项，则可以在"大纲视图"窗口中选择柔体，而不选择非柔体。如果无意中将场应用于非柔体，它会变成默认情况下受该场影响的刚体。

10.3.2　创建弹簧

因为柔体内部是由粒子构成的，所以只用权重来控制是不够的，会使柔体显得过于松散。为粒子创建弹簧，可以增加粒子的弹性运动。为柔体添加弹簧后，可以改善柔体的变形效果。

执行"柔体/刚体>创建弹簧▢"命令，弹出"弹簧选项"对话框，如图 10-65 所示，弹簧选项的参数说明如下。

- 弹簧名称：设置创建的弹簧名称，便于在大纲中查找。
- 添加到现有弹簧：添加弹簧到一个已有的弹簧

图 10-65

266

上，而不是添加到一个新弹簧上。

➤ 不复制弹簧：如果一个弹簧已经存在，勾选该选项，可以避免在两点之间再次创建弹簧。只有勾选了"添加到现有弹簧"选项，该属性才有效果。

➤ 设置排除：选择多个对象时，会基于点之间的平均长度，使用弹簧将来自选定对象的点链接到每隔一个对象中的点。

➤ 创建方法：创建方法共有3种，分别是"最小值/最大值""全部"和"线框"。

➤ 最小/最大距离：在创建方式中选择"最小值/最大值"选项时才能使用这两个选项，它们用来设置创建的弹簧的最小值和最大值的范围。

➤ 线移动长度：在创建方式中选择"线框"选项时，才能使用该选项，使用该选项可以设置在网络粒子之间创建弹簧的数量。

➤ 使用逐弹簧刚度：勾选该选项，可以设置单个弹簧的刚度，并且后面的刚度属性失效。

➤ 使用逐弹簧阻尼：勾选该选项，可以设置单个弹簧的阻尼，并且后面的阻尼属性失效。

➤ 使用逐弹簧静止长度：勾选该选项，可设置单个弹簧的静止长度，并且后面的静止长度属性失效。

➤ 刚度：统一设置弹簧的刚度。如果弹簧的刚度过大，弹簧可能会过度伸展和压缩。

➤ 阻尼：统一设置弹簧的阻尼。数值越大，弹簧的伸缩变化越小。

➤ 静止长度：统一设置弹簧静止时的长度，在弹簧对象中将每个弹簧都设置为相同的静止长度值。

➤ 末端1权重：设置弹簧在起点受到的弹簧力的比重。当数值为0时，表示起点不受弹簧力的影响；当数值为1时，表示起点受弹簧力的影响最大。

➤ 末端2权重：设置弹簧在末点受到的弹簧力的比重。当数值为0时，表示末点不受弹簧力的影响；当数值为1时，表示末点受弹簧力的影响最大。

10.3.3 绘制柔体权重工具

"绘制柔体权重工具"主要用于修改柔体的权重，与骨架、蒙皮中的权重工具相似。

执行"柔体/刚体>绘制柔体权重工具■"命令，弹出"工具设置"对话框，如图10-66所示。

创建柔体时，只有当设置"创建选项"为"复制，将副本生成柔体"或"复制，将原始生成柔体"方式时，并开启"将非柔体作为目标"选项时，才能使用"绘制柔体权重工具"修改柔体的权重。

图10-66

STEP 1 新建场景，在视图中创建一个NURBS曲面平面，打开右侧的"通道盒"窗口，对相关选项进行设置，如图10-67所示，在场景中可以看到该NURBS曲面平面的效果，如图10-68所示。

图 10-67

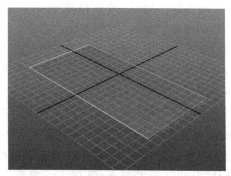

图 10-68

STEP 2 继续设置 U、V 方向的分段数为 30,如图 10-69 所示。在场景中可以看到该 NURBS 曲面平面的效果,如图 10-70 所示。

图 10-69

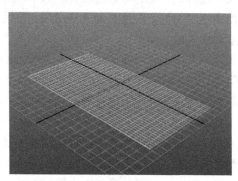

图 10-70

STEP 3 选中当前 NURBS 曲面平面,将 Maya 切换到"动力学"模块,执行"柔体/刚体>创建柔体▢"命令,弹出"软性选项"对话框,设置如图 10-71 所示。完成设置后,单击"创建"按钮,在场景中可以看到对象的效果,如图 10-72 所示。

图 10-71

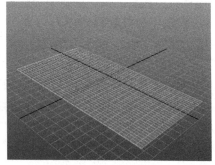

图 10-72

STEP 4 选中柔体上的粒子,执行"场>湍流▢"命令,弹出"湍流选项"对话框,设置如图 10-73 所示。完成设置后,单击"创建"按钮,可以看到对象的效果,如图 10-74 所示。

STEP 5 选中 NURBS 曲面平面,执行"柔体/刚体>绘制柔体权重工具▢"命令,弹出"工具设置"对话框,设置如图 10-75 所示。完成设置后,关闭"工具设置"对话框,可以看到对象的效果,如图 10-76 所示。

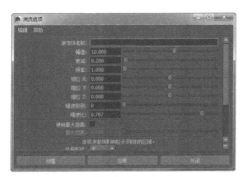

图 10-73

图 10-74

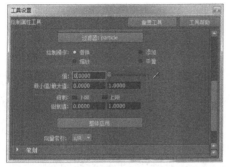

图 10-75

图 10-76

 提示　　绘制权重前，必须在物体组元下选中该 NURBS 曲面平面，否则权重绘制工具无效。

STEP 6 在场景中从平面右端开始涂抹，一直涂抹到最左端，如图 10-77 所示。单击动画播放按钮，可以看到动画的效果，如图 10-78 所示。

图 10-77

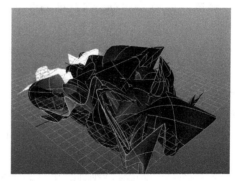

图 10-78

 提示　　这里需要注意的是，一旦开始了动画，就不应再添加平面的段数，否则会得到不可控制的柔体效果。并且，柔体的碰撞与刚体的碰撞不同，刚体是与另一刚体之间发生碰撞；而柔体则必须自己来定义碰撞，就像使用标准粒子群一样。

10.4　刚体

刚体是把几何体对象转换为坚硬的多边形对象表面来进行动力学解算的一种方法，它可以用来模拟物理学中的动量碰撞等效果。在 Maya 中，如果要创建与编辑刚体，需要切换到"动力学"模块，执行"柔体/刚体"菜单中的相关命令，就可以完成刚体的创建与编辑操作。

10.4.1　创建主动刚体

主动刚体拥有一定的质量，可以受到动力场、碰撞和非关键帧化的弹簧影响，从而改变运动状态。

执行"柔体/刚体>创建主动刚体■"命令，弹出"刚性选项"对话框，如图 10-79 所示，其参数分为 3 大部分，分别是"刚体属性""初始设置"和"性能属性"。

1. 刚体属性

展开"刚体属性"卷展栏，如图 10-80 所示，刚体属性的参数说明如下。

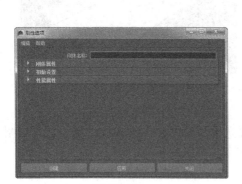

图 10-79

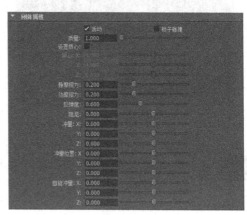

图 10-80

- ➤ 活动：使刚体成为主动刚体。如果关闭该选项，则刚体为被动刚体。
- ➤ 粒子碰撞：如果已使粒子与曲面发生碰撞，且曲面为主动刚体，则可以启用或禁用"粒子碰撞"选项，从而设定刚体是否对碰撞力做出反应。
- ➤ 质量：设定主动刚体的质量。质量越大，对碰撞对象的影响也就越大。Maya 将忽略被动刚体的质量属性。
- ➤ 设置质心：该选项仅适用于主动刚体。
- ➤ 质心 X/Y/Z：指定主动刚体的质心在局部空间坐标中的位置。
- ➤ 静摩擦力：设定刚体组织从另一刚体的静止接触中移动的阻力大小。值为 0 时，则刚体可自由移动；值为 1 时，则移动将减小。
- ➤ 动摩擦力：设定移动刚体阻止从另一刚体曲面中移动的阻力大小。值为 0 时，则刚体可自由移动；值为 1 时，则移动将减小。

提示　　当两个刚体接触时，则每个刚体的"静摩擦力"和"动摩擦力"均有助于其运动。如果要调整刚体在接触中的滑动和翻滚，可以尝试使用不同的"静摩擦力"和"动摩擦力"值。

- 反弹度：设定刚体的弹性。
- 阻尼：设定与刚体移动方向相反的力。该属性类似于阻力，它会在其他对象接触之前、接触之中以及接触之后影响对象的移动。正值会减弱移动；负值会加强移动。
- 冲量 X/Y/Z：使用幅值和方向，在"冲量 X/Y/Z"中指定的局部空间位置的刚体上创建瞬时力。数值越大，力的幅值就越大。
- 冲量位置 X/Y/Z：在冲量冲击的刚体局部空间中指定位置。如果冲量冲击质心以外的点，则刚体除了随其速度更改而移动以外，还会围绕质心旋转。
- 自旋冲量 X/Y/Z：朝 X、Y、Z 值指定的方向，将瞬时旋转力应用于刚体的质心，这些值将设定幅值和方向。值越大，旋转力的幅值就越大。

2. 初始设置

展开"初始设置"卷展栏，如图 10-81 所示，初始设置的参数说明如下。

- 初始自旋 X/Y/Z：设定刚体的初始角速度，这将自旋该刚体。
- 设置初始位置：勾选该选项后，可以激活下面的"初始位置 X""初始位置 Y"和"初始位置 Z"选项。
- 初始位置 X/Y/Z：设定刚体在世界空间中的初始位置。
- 设置初始方向：勾选该选项后，可以激活下面的"初始方向 X""初始方向 Y"和"初始方向 Z"选项。
- 初始方向 X/Y/Z：设定刚体的初始局部空间方向。
- 初始速度 X/Y/Z：设定刚体的初始速度和方向。

3. 性能属性

展开"性能属性"卷展栏，如图 10-82 所示，性能属性的参数说明如下。

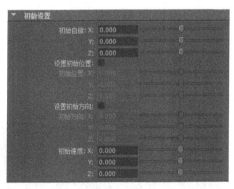

图 10-81

图 10-82

- 替代对象：允许选择简单的内部"立方体"或"球体"作为刚体计算的替代对象，原始对象仍在场景中可见。如果使用替代对象"球体"或"立方体"，则播放速度会提高，但碰撞反应将与实际对象不同。
- 细分因子：Maya 会在设置刚体动态动画之前在内部将 NURBS 对象转化为多边形。"细分因子"将设定转化过程中创建的多边形的近似数量。数量越小，创建的几何体越粗糙，且会降低动画精确度，但可以提高播放速度。
- 碰撞层：可以用碰撞层来创建相互碰撞的对象专用组。只有碰撞层编号相同的刚体才会相互碰撞。
- 缓存数据：勾选该选项时，刚体在模拟动画时的每一帧位置和方向数据都将被存储起来。

10.4.2 创建被动刚体

将选择的对象设置为被动刚体，被动刚体不会受到动力场的影响，但是可以设置位移属性和旋转属性的关键帧。

执行"柔体/刚体>创建被动刚体▢"命令，弹出"刚性选项"对话框，其参数与主动刚体的参数完全相同，如图 10-83 所示。

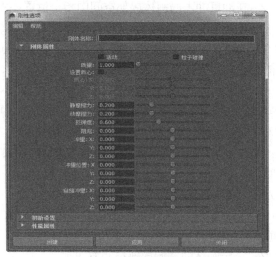

图 10-83

提示

勾选"活动"选项可以使刚体成为主动刚体；关闭"活动"选项，则刚体为被动刚体。

10.4.3 创建钉子约束

将选择的单个主动刚体固定在空间的某个位置，用来模拟钉子固定对象的效果，但可围绕钉子旋转。该命令只对主动刚体有效，不能对被动刚体进行钉约束。

执行"柔体/刚体>创建钉子约束▢"命令，弹出"约束选项"对话框，如图 10-84 所示，钉子约束的参数说明如下。

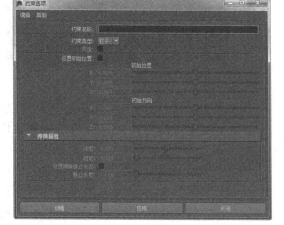

➢ 约束名称：设置约束的名称。

➢ 约束类型：约束的类型包括"钉子""固定""铰链""弹簧"和"屏障"5 种。

➢ 穿透：勾选该选项，刚体运动可以相互穿透，并提供解算速度，如果不勾选，刚体一接触就会发生碰撞。该选项对"钉约束"和"屏障约束"无效。

➢ 设置初始位置：勾选该选项，可以设置约束的初始位置。

图 10-84

➢ 初始位置 X/Y/Z：设置约束的初始位置。

➢ 初始方向 X/Y/Z：设置约束的初始方向，该参数只有使用"铰链约束"和"屏障约束"

时有效。

➢ 刚度：设置弹簧约束中弹簧的刚度，数值越大，弹簧施加给对象的力越大。

➢ 阻尼：设置弹簧约束中弹簧的阻尼，数值越大，弹簧使刚体越快静止，数值为 0 或负数时，增加弹簧对刚体的作用力，刚体会一直运动。

➢ 设置弹簧静止长度：勾选该选项，可激活"静止长度"选项，设置弹簧静止时的长度。

➢ 静止长度：设置弹簧静止长度。

10.4.4　创建固定约束

使用"创建固定约束"命令可以将两个主动刚体或将一个主动刚体与一个被动刚体链接在一起，其作用就如同金属钉通过两个对象末端的球关节将其连接，"固定"约束经常用来创建类似机器臂中的链接效果。

执行"柔体/刚体>创建固定约束▣"命令，弹出"约束选项"对话框，如图 10-85 所示。"创建固定约束"命令的参数与"创建钉子约束"命令的参数完全相同，只不过"约束类型"默认为"固定"类型。

10.4.5　创建铰链约束

"创建铰链约束"命令是通过一个铰链沿指定的轴约束刚体。可以使用"铰链"约束创建诸如铰链门、连接列车车厢的链或时钟的钟摆之类的效果。可以在一个主动或被动刚体以及工作区中的一个位置创建"铰链"约束，也可以在两个主动刚体、一个主动刚体和一个被动刚体之间创建"铰链"约束。

执行"柔体/刚体>创建铰链约束▣"命令，弹出"约束选项"对话框，如图 10-86 所示。"创建铰链约束"命令的参数与"创建钉子约束"命令的参数完全相同，只不过"约束类型"默认为"铰链"类型。

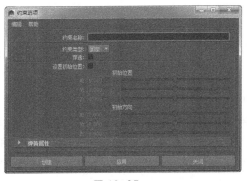
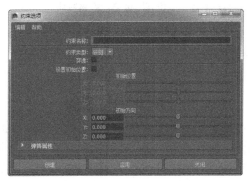

图 10-85　　　　　　　　　　　　　　　图 10-86

10.4.6　创建弹簧约束

使用"创建弹簧约束"命令可以将弹簧添加到柔体中，从而为柔体提供一个内部结构并改善变形控制，弹簧的数目及其刚度会改变弹簧的效果。此外，还可以将弹簧添加到常规粒子中。

执行"柔体/刚体>创建弹簧约束▣"命令，弹出"约束选项"对话框，如图 10-87 所示。"创建弹簧约束"命令的参数与"创建钉子约束"命令的参数完全相同，只不过"约束类型"默认为"弹簧"类型。

10.4.7 创建屏障约束

使用"创建屏幕约束"命令可以创建无限屏幕平面，超出后，刚体重心将不会移动。可以使用"屏障约束"来创建阻塞其他对象的对象，例如墙或地板。可以使用"屏障"约束替代碰撞效果来节省处理时间，但是对象将偏转，且不会弹开平面。注意，"屏障"约束仅适用于单个活动刚体；它不会约束被动刚体。

执行"柔体/刚体>创建屏幕约束▢"命令，弹出"约束选项"对话框，如图10-88所示。"创建屏障约束"命令的参数与"创建钉子约束"命令的参数完全相同，只不过"约束类型"默认为"屏障"类型。

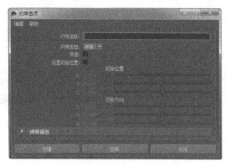

图 10-87

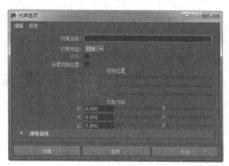

图 10-88

10.4.8 设置主动关键帧

执行"柔体/刚体>设置主动关键帧"命令，可以为刚体或柔体设置主动关键帧。将动力学与设置关键帧混合使用，来控制对象的运动。例如，在模拟从高空坠落的动画时，可以使用设置关键帧的方式来控制对象的路线，在对象落地时，使用动力学来控制其碰撞、弹跳等复杂的动画效果。

10.4.9 设置被动关键帧

执行"柔体/刚体>设置被动关键帧"命令，可以为柔体或刚体设置被动关键帧。通过设置被动关键帧，可以将控制从动力学切换到"平移"和"旋转"关键帧。动力学可与设置关键帧混合使用，来控制对象的动画。

10.4.10 断开刚体连接

如果使用了"设置主动关键帧"和"设置被动关键帧"命令来切换动力学动画与关键帧动画，执行"柔体/刚体>断开刚体连接"命令，可以打断刚体与关键帧之间的连接，从而使"设置主动关键帧"和"设置被动关键帧"控制的关键帧动画失效，而只有刚体动画对物体起作用。

10.5 流体

流体最早是工程力学的一门分支学科，用来计算没有固定形态的物体在运动中的受力状态。随着计算机图形学的发展，流体也不再是现实学科的附属物了。Maya的"动力学"模块中的流体功能是一个非常强大的流体动画特效制作工具，使用流体可以模拟出没有固定形态的物体的运动状态，如云雾、爆炸、火焰和海洋等。

在 Maya 中，流体可分为两大类，分别是 2D 流体和 3D 流体。

 提示 如果没有容器，流体将不能生存和发射粒子。Maya 中的流体指的是单一的流体，也就是不能让两个或两个以上的流体相互作用。Maya 提供了很多自带的流体特效文件，可以直接调用。

10.5.1 创建 3D 容器

"创建 3D 容器"命令主要用来创建 3D 容器。执行"流体效果>创建 3D 容器▢"命令，弹出"创建 3D 容器选项"对话框，如图 10-89 所示，创建 3D 容器选项的参数说明如下。

➤ X/Y/Z 分辨率：设置容器中流体显示的分辨率，分辨率越高，流体越清晰。

➤ X/Y/Z 大小：设置容器的大小。

10.5.2 创建 2D 容器

"创建 2D 容器"命令主要用来创建 2D 容器。执行"流体效果>创建 2D 容器▢"命令，弹出"创建 2D 容器选项"对话框，如图 10-90 所示，可以看到相关参数与上述一致。

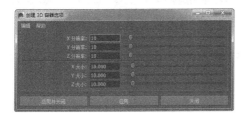

图 10-89

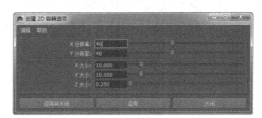

图 10-90

10.5.3 添加/编辑内容

执行"流体效果>添加/编辑内容"命令，在该命令的子菜单中包括"发射器""从对象发射""渐变""绘制流体工具""连同曲线"和"初始状态"命令，如图 10-91 所示。

1. 发射器

为所选择的流体容器创建流体发射器。执行"流体效果>添加/编辑内容>发射器▢"命令，弹出"发射器选项"对话框，如图 10-92 所示，发射器选项的参数说明如下。

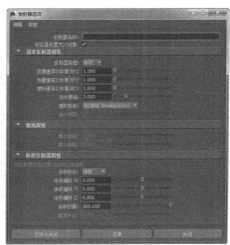

图 10-91

图 10-92

- 发射器名称：设置流体发射器的名称。
- 将容器设置为父对象：勾选该选项，即可将发射器作为所选容器的子对象，选择该容器就会自动选择该发射器。
- 发射器类型：发射器类型分为两种，分别是"泛向"和"体积"。
- 密度速率（体素/秒）：用于设置发射器平均每秒发射到网格的密度值，如果该值为负，那么将减少网格的密度。
- 热量速率（体素/秒）：用于设置发射器平均每秒发射到网格的温度值，如果设置该值为负，那么将减少网格的热量。
- 燃料速率（体素/秒）：用于设置发射器平均每秒发射到网格的燃料值，如果该值为负，那么将减少网格的燃料。

提示

"体素"是"体积"和"像素"的缩写，表示把平面的像素推广到立体空间中，可以理解为立体空间内体积的最小单位。另外，密度是流体的可见特性；热量的高低可以影响一个流体的反应；速度是流体的运动特性；燃料是密度定义的可发生反应的区域。密度、热量、燃料和速度是动力学流体必须模拟的，可以通过用速度的力量来推动容器内所有的物体。

- 流体衰减：设置发射器发射流体粒子的衰减值。对于"体积"发射器，该衰减是基于距离体积轴的远近来计算的，对于"泛向"发射器，衰减是基于发射点和发射的最小距离和最大距离值决定的。
- 循环发射：在一段间隔（以帧为单位）后重新启动随机数流。
- 循环间隔：指定相邻两次循环所需要的帧数，如果将"循环发射"选项设置为"无"，则没有任何效果。
- 最大距离：设定从发射器到粒子发射的结束位置的最大距离，该值越大，发射的粒子就越远。不适用于"体积"发射器。
- 最小距离：设定从发射器到粒子开始发射位置的最小距离。不适用于"体积"发射器。
- 体积形状：如果选择体积发射器，那么该属性可设置发射器的体积形状，包括"立方体""球体""圆柱体""圆锥体"和"圆环体"。
- 体积偏移X/Y/Z：设定体积偏移发射器的距离，这个距离基于发射器的局部坐标。旋转发射器时，设定的体积偏移也会随之旋转。
- 体积扫描：设定发射体积的旋转角度。
- 截面半径：仅用于"圆环体"发射器体积形状，定义圆环截面的半径，该值越大，半径越大。

2.从对象发射

从曲线或对象的表面上发射流体。执行"流体效果>添加/编辑内容>从对象发射▢"命令，弹出"从对象发射选项"对话框，如图 10-93 所示，从对象发射选项的参数说明如下。

图 10-93

> 发射器类型：选择流体发射器的类型，包含"泛向""表面"和"曲线"3种。

如果设置该选项为"泛向"，则这种发射器可以从各个方向发射流体；如果设置该选项为"表面"，则这种发射器可以从对象的表面发射流体；如果设置该选项为"曲线"，则这种发射器可以从曲线上发射流体。

提示　必须保证曲线和表面在流体容器内，否则它们不会发射流体。如果曲线和表面只有一部分在流体容器内部，则只有在容器内部的部分才会发射流体。其他参数上面内容已经介绍过，这里不再赘述。

3.渐变

为流体的密度、速度、温度和燃料设置梯度渐变效果。执行"流体效果>添加/编辑内容>渐变▣"命令，弹出"流体渐变选项"对话框，如图10-94所示，渐变选项的参数说明如下。

> 密度：设定流体密度的梯度渐变，包含"恒定""x渐变""y渐变""z渐变""-x渐变""-y渐变""-z渐变"和"中心渐变"8种。
> 速度：设定流体发射梯度渐变的速度。
> 温度：设定流体温度的梯度渐变。
> 燃料：设定流体燃料的梯度渐变。

4.绘制流体工具

绘制流体的密度、速度、温度和燃料等属性。执行"流体效果>添加/编辑内容>绘制流体工具▣"命令，弹出"工具设置"对话框，如图10-95所示，绘制流体工具的参数说明如下。

图10-94

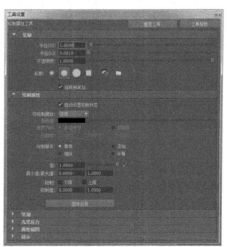

图10-95

> 自动设置初始状态：如果启用该选项，那么在退出"绘制流体工具"更改当前时间或更改当前选择时，会自动保存流体的当前状态；如果禁用该选项，并且在播放或单步执行模拟之前没有设定流体的初始状态，那么原始绘制的值将丢失。
> 可绘制属性：设置要绘制的属性，共有以下8个选项，包括"密度""密度和颜色""密度和燃料""速度""温度""燃料""颜色"和"衰减"。
> 颜色值：当设置"可绘制属性"为"颜色"或"密度和颜色"时，该选项才可用，主

要用来设置绘制的颜色。

➤ 速度方向：使用"速度方向"设置可以选择如何定义所绘制的速度笔画的方向。

如果设置该选项为"来自笔画"，则速度向量值的方向来自沿当前绘制切片的笔刷的方向；如果设置该选项为"按指定"，则选择该选项时，可以激活下面的"已指定"数值输入框，可以通过输入 X、Y、Z 的数值来指定速度向量值。

➤ 绘制操作：选择一个操作以定义希望绘制的值如何受影响。

如果设置该选项为"替换"，则使用指定的明度值和不透明度替换绘制的值；如果设置该选项为"添加"，则将指定的明度值和不透明度与绘制的当前体素值相加；如果设置该选项为"缩放"，则按明度值和不透明度因子缩放绘制的值；如果设置该选项为"平滑"，则将值更改为周围的值的平均值。

➤ 值：设定执行任何绘制操作时要应用的值。

➤ 最小值/最大值：设定可能的最小和最大绘制值。默认情况下，可以绘制介于 0～1 之间的值。

➤ 钳制：选择是否要将值钳制在指定的范围内，而不管绘制时设定的"值"数值。

如果设置该选项为"下限"，则将"下限"值钳制为指定的"钳制值"；如果设置该选项为"上限"，则将"上限"值钳制为指定的"钳制值"。

➤ 钳制值：为"钳制"设定"上限"和"下限"值。

➤ 整体应用：单击该按钮，可以将笔刷设置应用于选定节点上的所有属性值。

5. 连同曲线

使用辅助曲线来控制流体的密度、速度、燃料和温度等属性。执行"流体效果>添加/编辑内容>连同曲线□"命令，弹出"使用曲线设置流体内容选项"对话框，如图 10-96 所示，连同曲线的参数说明如下。

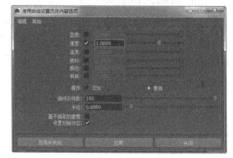

图 10-96

➤ 密度：设定置入 NURBS 曲线的流体密度值，默认值为 1。

➤ 速度：设定置入 NURBS 曲线的流体的速度值（大小和矢量），默认值为 1。

➤ 温度：设定置入 NURBS 曲线的流体的温度值，默认值为 1。

➤ 燃料：设定置入 NURBS 曲线的流体的燃料值，默认值为 1。

➤ 颜色：设定置入 NURBS 曲线的流体的颜色，默认颜色为红色。

➤ 衰减：设定置入 NURBS 曲线的流体的衰减值（如果不希望流体在体积中只显示一部分的话，可以在容器中使用一条 NURBS 曲线来指定一个衰减区域）。

➤ 操作：该属性包括两个选项，分别是"添加"和"替换"，即添加或替换受影响体积元素上的流体，默认选择替换选项。

➤ 曲线采样数：设置沿 NURBS 曲线计算的采样数。

➤ 半径：定义流体沿 NURBS 曲线插入时的半径。

➤ 基于曲率的速度：选择该选项时，流体粒子的速度将受到 NURBS 曲线的曲率影响，曲率大的地方速度减慢，曲率小的地方速度加快。当取消勾选时，速度保持稳定状态，并且所有速度箭头的长度都相同，默认未勾选该选项。

➤ 设置初始状态：当应用于流体时，设置所选流体容器的初始状态。

6. 初始状态

调用 Maya 自带的流体实例的初始状态，通过该方式可快速定义流体的初始状态。执行"流体效果>添加/编辑内容>初始状态□"命令，弹出"初始状态选项"对话框，如图 10-97 所示。

图 10-97

"流体分辨率"选项用于设置流体分辨率的方式，如果设置该选项为"按现状"，则将当前流体容器的初始状态设置为该流体实例的分辨率；如果设置该选项为"从初始状态"，则将当前流体容器的分辨率设定为流体实例初始状态的分辨率。

自测 8	制作流体火球动画
	源文件：人邮教育\源文件\第 10 章\10-5.mb
	视　频：人邮教育\视频\第 10 章\10-5.swf

STEP 1 执行"流体效果>创建 3D 容器"命令，在视图中创建一个 3D 容器，如图 10-98 所示。按组合键 Ctrl+A，打开 3D 容器的"属性编辑器"窗口，设置如图 10-99 所示。

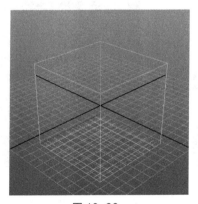

图 10-98

图 10-99

STEP 2 在场景视图中可以看到该 3D 容器的效果，如图 10-100 所示。选择 3D 容器，执行"流体效果>添加/编辑内容>发射器□"命令，弹出"发射器选项"对话框，对相关选项进行设置，如图 10-101 所示。

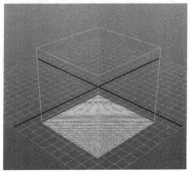

图 10-100

图 10-101

STEP 3 完成设置后，单击"应用并关闭"按钮，可以看到为 3D 容器添加流体发射器的效果，如图 10-102 所示。打开 3D 容器的"属性编辑器"窗口，在"动力学模拟"卷展栏中对相关选项进行设置，如图 10-103 所示。

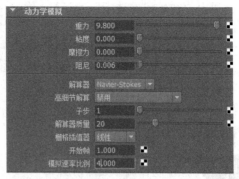

图 10-102

图 10-103

STEP 4 单击打开"内容详细信息"卷展栏，在"速度"卷展栏中对相关选项进行设置，如图 10-104 所示。在"大纲视图"窗口中选择 fluidEmitter1 节点，在其"属性编辑器"窗口中对相关选项进行设置，如图 10-105 所示。

图 10-104

图 10-105

STEP 5 单击动画播放按钮，在视图中可以看到流体的效果，如图 10-106 所示。打开 fluidShape1 流体的"属性编辑器"窗口，展开"内容详细信息"卷展栏中的"密度"卷展栏，对相关选项进行设置，如图 10-107 所示。

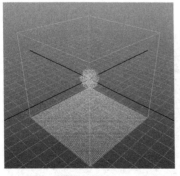

图 10-106

图 10-107

STEP 6 继续对"温度"和"燃料"卷展栏中的相关选项进行设置，如图 10-108 所示。

展开"着色"卷展栏中的"颜色"卷展栏，对相关选项进行设置，如图 10-109 所示。

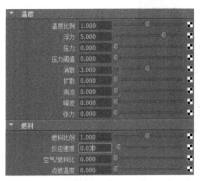

图 10-108

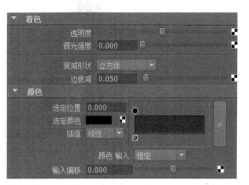

图 10-109

STEP 7 展开"白炽度"卷展栏，对相关选项进行设置，如图 10-110 所示。展开"不透明度"卷展栏，对相关选项进行设置，如图 10-111 所示。

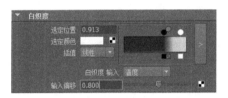

图 10-110

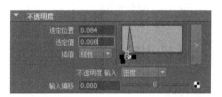

图 10-111

提示

"白炽度"卷展栏的第一个色标的"选定位置"为 0.642、"选定颜色"为黑色，第二个色标的"选定位置"为 0.717、"选定颜色"为 RGB（229，51，0），第三个色标的"选定位置"为 0.913、"选定颜色"为 RGB（765，586，230），"不透明度"卷展栏另一"选定位置"为 0.1976、"选定值"为 0.0000。

STEP 8 展开"着色质量"卷展栏和"显示"卷展栏，对相关选项进行设置，如图 10-112 所示。单击播放按钮，可以看到流体粒子的效果，如图 10-113 所示。

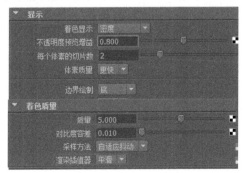

图 10-112

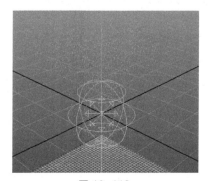

图 10-113

STEP 9 渲染当前场景，可以看到流体火球的动画效果，如图 10-114 所示。

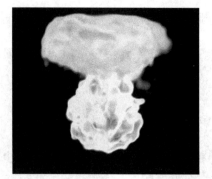

图 10-114

10.6　本章小结

　　本章主要讲解了 Maya 的动力学和流体的运用。虽然本章的内容比较多，但是并不是很难，重点知识也比较突出。本章没有对每个重点知识都安排示例，是因为很多知识都是相同的，所以大家在学习实例制作时，需要做到举一反三。

10.7　课后测试题

一、选择题

1. 按键盘上的（　　　）键可以结束创建粒子的过程。

　　A. Enter　　　　　　B. Insert　　　　　　C. Alt　　　　　　D. 空格

2. 以下属于从对象发射的发射器是（　　　）。

　　A. 泛向　　　　　　B. 方向　　　　　　C. 表面　　　　　　D. 曲面

3. 下列选项不属于弹簧创建方法的是（　　　）。

　　A. 最小最大　　　　B. 全部　　　　　　C. 线框　　　　　　D. 泛向

二、判断题

1. 粒子碰撞事件编辑器可以为 Maya 中的粒子和 n 粒子创建、编辑和删除碰撞事件。

（　　　）

2. 物体在穿越不同密度的介质时，由于重力的改变，物体的运动速率也会发生变化。

（　　　）

三、简答题

1. 简述粒子系统的作用。

2. 简单列出通过体积轴场可创建的效果。